标准培训教程系列丛书

Photoshop图像处理标准培训教程

石燕芬 王铮 主编

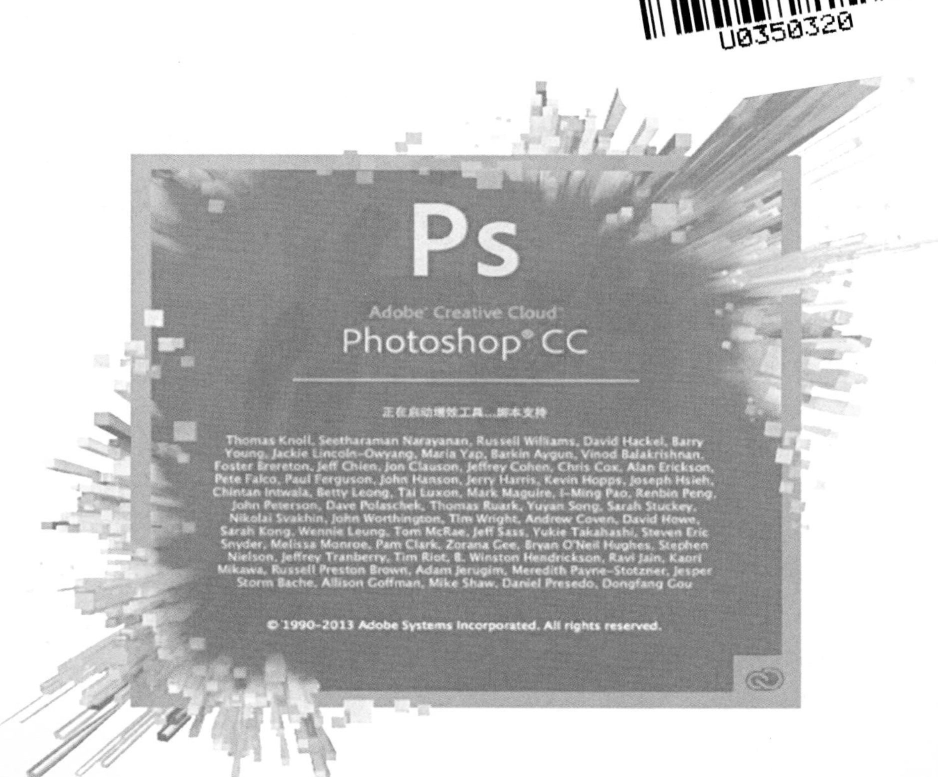

北京日报出版社

图书在版编目（CIP）数据

Photoshop 图像处理标准培训教程 / 石燕芬，王铮主编. -- 北京 : 北京日报出版社, 2018.7
ISBN 978-7-5477-2960-1

Ⅰ. ①P… Ⅱ. ①石… ②王… Ⅲ. ①图象处理软件－技术培训－教材 Ⅳ. ①TP391.413

中国版本图书馆 CIP 数据核字(2018)第 081894 号

Photoshop 图像处理标准培训教程

出版发行：北京日报出版社
地　　址：北京市东城区东单三条 8-16 号东方广场东配楼四层
邮　　编：100005
电　　话：发行部：（010）65255876
　　　　　总编室：（010）65252135
印　　刷：北京京华铭诚工贸有限公司
经　　销：各地新华书店
版　　次：2018 年 7 月第 1 版
　　　　　2018 年 7 月第 1 次印刷
开　　本：787 毫米×1092 毫米　1/16
印　　张：20.75
字　　数：430 千字
定　　价：68.00 元　（随书赠送光盘一张）

内容提要

本书是一本介绍 Photoshop CC2017 的标准培训教程，集编者多年的教学与设计经验于一体，全面介绍了 Photoshop CC2017 的各项功能。全书分为 14 章，分别介绍了软件的功能与用途、图像编辑、图像的绘制与修饰、图像的处理与修复、图像颜色的调整、图层的应用、文字编辑、通道与蒙版、路径与滤镜的应用、三维模型的应用、动画与 Bridge 的应用、动作与网络的应用等，第 14 章结合了软件的综合功能和实际应用制作了 5 个完整的精彩案例。

本书讲解清晰、注解明了，并且附带了书中部分案例的多媒体教学视频，使读者可以轻松地学习各个章节的重难点知识。本书知识结构合理、语言通俗易懂，具有很强的实用性和针对性，不仅可作为广大平面设计爱好者日常学习的参考书，还可作为培训班以及大中专院校相关专业的重要教材。

前　言

在茫茫书海中，或许您正在为寻找一本讲解全面、案例丰富的平面设计类图书而苦恼，或许您正在为自己能否做出书中的案例效果而担忧，或许您正在为了购买一本入门教材而仔细挑选，或许您正为自己缺乏设计信心而发愁，又或许……

现在，我们立足于软件基础和实际应用，推出了《Photoshop 图像处理标准培训教程》。本书不仅详细讲解了 Photoshop CC2017 的软件功能及其应用，还在讲解功能的同时为大家配置了典型案例，让大家边学边练，快速上手，使读者能够在短时间内掌握 Photoshop 软件的核心操作与设计技能。

❑ 本书特色

内容翔实 讲解透彻

本书软件功能讲解细致、实例操作通俗易懂，通过简洁生动的语言介绍相应软件的使用方法和操作技巧，以激发读者的学习兴趣，提高大家的操作能力。

案例教学 注重实用

全书在讲解完相关知识点后，适时配合“课堂实战”，对所学知识进行综合演练和应用。通过综合实例引导读者，让大家将所学知识快速应用到实际的工作当中去，真正将书中的知识学会、学活、学精。

超值光盘 简单易学

本书随书赠送一张配套的交互式多媒体教学光盘，提供书中案例的多媒体语音视频讲解，以及所有实例的素材和效果文件，让大家学习起来更加简单、轻松。

❑ 本书内容

Photoshop 是集图像编辑修改、图像制作、广告创意、图像输入与输出于一体的图形图像处理软件，深受广大平面设计人员和电脑美术爱好者的喜爱。本书是以最新版 Photoshop CC2017 为基础，将全书内容分为 14 章，分别介绍了 Photoshop 的功能与用途、图像编辑方法、图像的绘制与修饰、图像的处理与修复、图像颜色的调整、图层的应用、文字的编辑、通道与蒙版的应用、路径的应用、滤镜的应用、三维模型的应用、动画与 Bridge 的应用、动作与网络的应用等内容，并且在全书最后结合 Photoshop 软件的综合功能和实际应用制作了 5 个完整的精彩案例，让大家即学即用，迅速成长为 Photoshop 图像处理的行家里手。

❑ 随书光盘

本书随书赠送一张配套的交互式多媒体教学光盘，不仅将所有实例及在制作实例时所用到的素材文件等内容都收录在光盘中，还精心录制了所有重点案例的操作视频，并配有音频讲解，读者可以通过观看视频讲解更加方便地学习，光盘内容主要分以下几部分：

❋ 素材文件：书中所有大小实例的效果图文件都按章收录在随书光盘中的“素材”文

件夹下。

❋ 效果文件：书中实例所使用到的图形源文件都收录在随书光盘中的“效果”文件夹下。

❋ 视频文件：书中所有案例的多媒体视频文件都收录在随书光盘中的“多媒体视频”文件夹下，读者可以通过观看视频讲解快速掌握软件的操作。

❑ 读 者 对 象

本书专为 Photoshop 的初、中级读者编写，适合以下读者学习使用：

❋ 从事平面设计的工作人员。

❋ 对图像处理感兴趣的业余爱好者。

❋ 电脑培训班中学习平面设计的学员。

❋ 大中专院校相关专业的学生。

❑ 编 者 信 息

本书由石燕芬、王铮主编，同时参与编写的还有徐晓红、姜卫东等人。由于编写时间仓促，加之作者水平有限，书中难免存在疏漏与不妥之处，欢迎各位读者来信咨询和指正，我们将认真听取您的宝贵意见，推出更多精品计算机图书。

编　者

目　录

第1章　走进Photoshop CC2017的魔法世界……1

1.1　初识Photoshop CC2017……1
1.2　Photoshop的相关概念……3
1.2.1　位图和矢量图……3
1.2.2　分辨率……5
1.2.3　图像的色彩模式……5
1.3　安装Photoshop CC2017……6
1.3.1　硬件要求……6
1.3.2　安装软件……7
1.3.3　启动软件……8
1.4　Photoshop CC2017的工作界面……8
1.4.1　全新的开始工作区……8
1.4.2　工具箱……10
1.4.3　工具选项栏……11
1.4.4　菜单栏……11
1.4.5　状态栏……17
1.4.6　选项卡组……17
1.5　Photoshop CC2017的新增功能……18
1.5.1　新建文档功能……18
1.5.2　支持表情字体……19
1.5.3　支持Trajan Color 字体……19
1.5.4　智能的人脸识别液化滤镜……19
1.5.5　属性面板……20
1.5.6　“搜索”对话框……21
1.6　Photoshop CC2017的基本操作……21
1.6.1　新建图像文件……21
1.6.2　打开图像文件……27
1.6.3　保存文件……28
1.6.4　关闭文件……29
课堂实战——存储为JPEG文件……29
1.7　掌握Photoshop的基本技法……30
1.7.1　放大和平移视图……30
1.7.2　使用辅助工具……31
1.7.3　屏幕显示……32
课堂实战——将大图像改小并排版……33
课堂总结……36
课后巩固……36

第2章　Photoshop CC2017的图像编辑……38

2.1　选取图像……38
2.1.1　创建规则选区……38
2.1.2　创建不规则选区……39
2.1.3　按颜色创建选区……41
2.1.4　使用快速蒙版创建选区……42
2.1.5　使用通道创建选区……42
2.1.6　使用路径创建选区……44
2.2　编辑选区……45
2.2.1　移动选区……45
2.2.2　反选选区……46
2.3　修改选区……47
2.3.1　边界……47
2.3.2　平滑……48
2.3.3　扩展……49
2.3.4　收缩……50
2.3.5　羽化……50
2.3.6　变换选区……51
2.3.7　储存与载入选区……52
课堂实战——使用选区绘制标识……53
2.4　编辑选区中的对象……55
2.4.1　移动图像……55
2.4.2　裁剪图形……55
2.4.3　清除图像……56
2.4.4　复制、剪切和粘贴图像……56
2.4.5　描边……57
课堂总结……58
课后巩固……58

第3章　图像的绘制与修饰……60

3.1　使用画笔工具……60
3.1.1　设置画笔参数……60

3.1.2 创建和删除画笔 62

3.1.3 载入画笔 63

课堂实战——绘制魔法星星 64

3.2 使用铅笔工具 67

3.3 使用橡皮工具 68

3.3.1 橡皮擦工具 68

3.3.2 背景橡皮擦工具 69

3.3.3 魔术橡皮擦工具 69

3.4 形状工具组 70

3.4.1 绘制矩形 71

3.4.2 绘制圆角矩形 71

3.4.3 绘制其他形状 72

课堂实战——使用几何形状工具绘制盾牌形状 72

3.5 填充工具组 76

3.5.1 油漆桶工具 76

3.5.2 渐变工具 77

3.5.3 修改渐变参数 78

3.6 历史记录工具组 80

3.6.1 历史记录画笔工具 80

3.6.2 历史记录艺术画笔工具 81

课堂总结 82

课后巩固 82

第 4 章 图像的处理与修复 84

4.1 使用修复工具组 84

4.1.1 使用污点修复画笔工具 84

4.1.2 使用修复画笔工具 85

4.1.3 使用修补工具 86

4.1.4 使用红眼工具 87

4.2 图章工具组 88

4.2.1 使用仿制图章工具 88

4.2.2 “仿制源”选项卡 89

课堂实战——使用“仿制源”工具 89

4.2.3 使用图案图章工具 90

4.3 模糊工具组 92

4.3.1 使用模糊工具 92

4.3.2 使用锐化工具 93

4.3.3 使用涂抹工具 95

4.4 使用加深工具组 96

4.4.1 使用加深工具 96

4.4.2 使用减淡工具 97

4.4.3 使用海绵工具 97

课堂实战——打造完美肌肤 98

课堂总结 102

课后巩固 102

第 5 章 图像颜色的调整 104

5.1 颜色的生成原理 104

5.1.1 加色原理 104

5.1.2 减色原理 105

5.1.3 色轮 105

5.2 颜色的基本设置 105

5.2.1 “颜色”选项卡 106

5.2.2 “色板”选项卡 106

5.2.3 查看图像色彩的分布 107

5.3 图像色彩的调整 108

5.3.1 色彩平衡 108

5.3.2 色相/饱和度 110

5.3.3 替换颜色 112

5.3.4 匹配颜色 114

5.3.5 通道混合器 116

5.3.6 照片滤镜 118

5.3.7 阴影/高光 118

5.3.8 HDR 色调 120

5.3.9 曝光度 120

课堂实战——调整曝光不足的照片 121

5.4 调整图像的色调 125

5.4.1 亮度/对比度 125

5.4.2 色阶 126

5.4.3 曲线 128

5.4.4 色调均化 130

5.4.5 色调分离 130

5.5 特殊色调的调整 131

5.5.1 反相 131

5.5.2 去色 132

5.5.3 黑白 132

5.5.4 阈值 133

5.5.5 渐变映射 133

课堂实战——制作怀旧风格照片 134

课堂总结 136

课后巩固……136

第6章　图层的应用……138

6.1　认识图层……138
6.1.1　图层的概念……138
6.1.2　图层选项卡……139
6.1.3　图层的类型……139
6.2　图层的操作……141
6.2.1　新建图层……141
6.2.2　删除图层……142
6.2.3　复制图层……143
6.2.4　合并图层……143
6.2.5　重命名图层……145
6.2.6　锁定/解锁图层……145
6.2.7　图层的对齐与分布……146
6.2.8　调整图层的叠放顺序……147
6.3　图层组……148
6.3.1　创建组……148
6.3.2　重命名组……149
6.3.3　合并组……149
6.3.4　取消图层编组……149
6.4　图层的高级应用……150
6.4.1　图层混合……150
6.4.2　图层样式……156
6.4.3　管理图层样式……160
6.5　智能对象……161
6.5.1　创建智能对象……161
6.5.2　导出智能对象……162
课堂实战——制作逼真文身效果……162
课堂总结……165
课后巩固……165

第7章　文字的编辑……167

7.1　输入文本……167
7.1.1　输入水平或垂直文字……167
7.1.2　创建文字形选区……169
7.1.3　创建段落文本……169
7.1.4　点文本与段落文本的转换……170
7.2　编辑文本……170
7.2.1　调整文本的行间距……170
7.2.2　调整文本的字间距……171
7.2.3　字符样式……171
7.2.4　文字的栅格化……171
课堂实战——使用点文本制作门面广告……172
7.3　特效文字……175
7.3.1　变形文字……175
7.3.2　路径变形文字……175
7.3.3　在路径内部添加文本……176
7.3.4　使用 Open Type SVG 字体……176
课堂实战——制作草绿长毛文字……178
课堂总结……182
课后巩固……182

第8章　通道与蒙版的应用……184

8.1　初识通道……184
8.2　Alpha 通道……185
8.2.1　新建 Alpha 通道……185
8.2.2　将选区保存为通道……186
8.2.3　编辑 Alpha 通道……186
8.2.4　将通道作为选区载入……187
8.2.5　复制与删除通道……187
8.2.6　创建专色通道……188
8.3　通道的分离与合并……189
8.3.1　分离通道……189
8.3.2　合并通道……190
8.4　应用图像与计算……190
课堂实战——使用通道处理风景图像……192
8.5　蒙版……194
8.5.1　图层蒙版……194
8.5.2　矢量蒙版……196
8.5.3　快速蒙版……196
8.5.4　蒙版的编辑……197
课堂实战——通天大道……197
课堂总结……200
课后巩固……200

第9章　路径的应用……202

9.1　初识路径……202
9.1.1　路径与形状的区别……202
9.1.2　形状图层……203

9.1.3 路径……203

9.2 路径的绘制……203

9.2.1 钢笔工具……204

9.2.2 绘制直线……205

9.2.3 绘制曲线……205

9.2.4 自由钢笔工具……206

课堂实战——使用钢笔工具抠选图形……207

9.3 编辑路径……208

9.3.1 添加锚点工具……209

9.3.2 删除锚点工具……209

9.3.3 转换点工具……209

9.4 选择及变换路径……210

9.4.1 直接选择工具……210

9.4.2 路径选择工具……211

9.4.3 变换路径……211

9.5 路径选项卡……214

9.5.1 新建路径……214

9.5.2 填充路径……214

9.5.3 描边路径……215

9.5.4 删除路径……215

9.5.5 将选区转换为路径……216

课堂实战——制作邮票效果……217

课堂总结……218

课后巩固……219

第 10 章 滤镜的应用……221

10.1 滤镜库……221

10.2 特殊滤镜……222

10.2.1 "调整边缘"抽出……222

10.2.2 液化……224

10.2.3 消失点滤镜……228

10.3 内置滤镜……228

10.3.1 风格化滤镜组……228

10.3.2 画笔描边滤镜组……229

10.3.3 模糊滤镜组……229

10.3.4 扭曲滤镜组……229

10.3.5 锐化滤镜组……230

10.3.6 视频滤镜组……230

10.3.7 素描滤镜组……230

10.3.8 纹理滤镜组……231

10.3.9 艺术效果滤镜组……231

10.3.10 杂色滤镜组……232

10.3.11 渲染滤镜组……232

10.3.12 其他滤镜组……233

10.4 智能滤镜……233

10.4.1 创建智能滤镜……233

10.4.2 停用与清除智能滤镜……234

10.4.3 编辑智能滤镜选项……234

课堂实战——闪电特效……234

课堂总结……237

课后巩固……237

第 11 章 三维模型的应用……239

11.1 创建三维模型……239

11.1.1 创建自带三维模型……239

11.1.2 创建 3D 明信片……240

11.1.3 导入外来三维模型……241

课堂实战——创建 3D 凸纹……241

11.2 三维编辑工具……245

11.2.1 3D 旋转相机工具……245

11.2.2 3D 滚动相机工具……246

11.2.3 3D 平移相机工具……246

11.2.4 3D 对象滑动工具……247

11.2.5 3D 对象比例工具……247

11.3 材质与灯光……248

11.3.1 3D 和属性选项卡……248

11.3.2 投影设置……249

11.3.3 材质贴图设置……250

11.3.4 3D 灯光设置……250

11.4 3D 图层的操作……253

11.4.1 栅格化 3D 图层……253

11.4.2 导出 3D 图层……254

11.4.3 将 3D 图层转换为智能对象……255

课堂总结……255

课后巩固……255

第 12 章 动画与 Bridge 的应用……257

12.1 动画……257

12.1.1 "时间轴"选项卡……257

12.1.2 时间轴动画……258

12.1.3 关键帧动画 ······ 260
课堂实战——制作雨天效果 ······ 263
12.2 Bridge ······ 266
12.2.1 Bridge 界面介绍 ······ 266
12.2.2 局部放大图像 ······ 267
12.2.3 更改显示模式 ······ 268
课堂总结 ······ 268
课后巩固 ······ 268

第 13 章 动作与网络的应用 ······ 270

13.1 “动作”选项卡 ······ 270
13.2 应用动作 ······ 271
13.2.1 创建并应用动作 ······ 272
13.2.2 应用系统默认动作 ······ 273
13.2.3 修改动作中的参数 ······ 274
13.2.4 插入停止 ······ 275
13.2.5 载入动作 ······ 277
13.3 自动化工具 ······ 278
13.3.1 批处理 ······ 278
13.3.2 裁剪并修齐照片 ······ 280
13.3.3 联系表 ······ 280
13.3.4 Photomerge ······ 281
13.3.5 限制图像 ······ 283
13.3.6 更改条件模式 ······ 284
13.4 网络应用 ······ 284
13.4.1 优化网络图像 ······ 284
13.4.2 创建切片 ······ 285
13.4.3 编辑切片 ······ 286
课堂实战——制作折扇 ······ 289
课堂总结 ······ 291
课后巩固 ······ 291

第 14 章 Photoshop 商业案例演练 ······ 293

14.1 产品广告 ······ 293
14.2 包装设计 ······ 299
14.3 网页元素制作 ······ 306
14.4 电影海报制作 ······ 311
14.5 房产广告 ······ 314
课堂总结 ······ 318
课后巩固 ······ 318

附录 习题答案 ······ 320

第 1 章 走进 Photoshop CC2017 的魔法世界

本章导读

Photoshop 是 Adobe 公司旗下著名的图像处理软件之一，它集图像编辑修改、图像制作、广告创意、图像输入与输出于一体，深受广大平面设计人员和电脑美术爱好者的喜爱。2016 年，Adobe 公司在 Photoshop CC2015 的基础上直接升级，发布了 Photoshop CC2017。

Photoshop CC2017 标准版适合摄影师以及印刷设计人员使用，Photoshop CC2017 扩展版除了包含标准版的功能外，仍然添加了用于创建和编辑 3D 以及基于动画内容的突破性工具。

学习目标

- 认识 Photoshop CC2017
- 安装 Photoshop CC2017
- 熟悉 Photoshop CC2017 的工作界面
- 了解 Photoshop CC2017 的新增功能
- 掌握 Photoshop CC2017 的基本操作

1.1 初识 Photoshop CC2017

多数人对于 Photoshop 的了解仅限于“一个很好的图像编辑软件”，并不知道 Photoshop 在其他方面的应用。实际上，Photoshop 的应用领域十分广泛，在图像、图形、文字、视频、出版等多方面都有所涉及。

🕮 平面设计

平面设计是 Photoshop 应用最为广泛的领域之一，无论是我们正在阅读的图书封面，还是在大街上看到的海报，这些具有丰富图像色彩的平面印刷品，基本上都需要 Photoshop 软件对其图像进行处理，如图 1-1 所示。

🕮 照片修复

Photoshop 具有强大的图像修复功能。利用该功能，可以快速修复一张破损的老照片，也可以修复人脸上的斑点等缺陷，如图 1-2 所示。

🕮 特效设计

Photoshop 具有强大的特效设计功能。在设计过程中 Photoshop 可以对图形、图片、文字等进行特效设计。在 Photoshop 中通过对图层样式的不同效果设置可以快速实现不同的特效效果，如图 1-3 所示。

图 1-1 平面设计

图 1-2 照片修复

📖 包装设计

Photoshop 的排版设计也是丰富多彩的，在包装领域的应用尤为突出，利用图层之间的切换关系，用户可以灵活的排版各个元素的位置，如图 1-4 所示。

图 1-3 特效设计

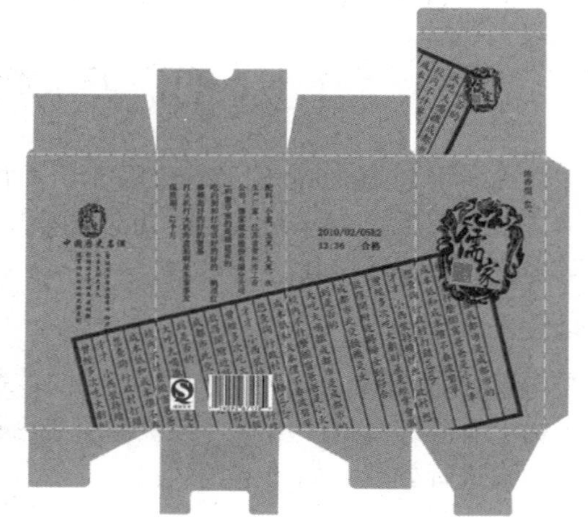
图 1-4 包装设计

📖 绘画

由于 Photoshop 具有良好的绘画与调色功能，许多插画设计制作者往往使用铅笔绘制草稿，然后用 Photoshop 填色的方法来绘制插画。除此之外，近年来非常流行的像素画也多为设计师使用 Photoshop 创作的作品，如图 1-5 所示。

📖 界面设计

界面设计是一个新兴的领域，已经受到越来越多的软件企业及开发者的重视，虽然目前未形成一种全新的职业，但相信不久的将来一定会出现专业的界面设计师职业。由于当前还没有用于界面设计的专业软件，因此绝大多数设计者使用的都是 Photoshop，如图 1-6 所示。

图 1-5　插画设计

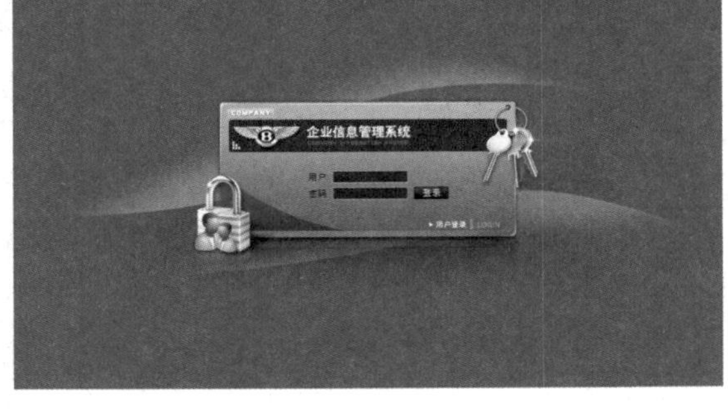

图 1-6　界面设计

1.2 Photoshop 的相关概念

对于经常进行图像处理的用户来说，关于图像的一些概念并不陌生。本节将对图像的相关术语进行归纳总结，以更系统的讲解方式使之展现在读者面前。

1.2.1 位图和矢量图

计算机中的图像大致分为矢量图形和位图图像两类，现分别介绍如下：

📖 矢量图形

矢量图形又称为向量图形，内容以线条和色块为主。由于其线条的形状、位置、曲率、粗细都是通过数学公式进行描述和记录的，因而矢量图形与分辨率无关，能进行无限的缩放，而不会遗漏细节或降低清晰度，更不会出现锯齿状的边缘，而且占用的磁盘空间也很少，非常适合网络传输。但是它不易于制作色调丰富的图像，也不易于在不同软件之间交换文件。

矢量图形在标志设计、插图设计以及工程绘图上占有很大的优势。制作和处理矢量图形的软件一般有 CorelDRAW、FreeHand、Illustrator 和 AutoCAD 等。如图 1-7 所示为矢量软件绘制出的图形。

图 1-7 矢量图形

📖 位图图像

位图图像又称为点阵图像，它是由许多个点组成的，这些点被称为“像素(Pixel)”。这些不同颜色的点按照一定次序进行排列，就组成了五彩斑斓的图像。

位图图像可以精确地记录图像色彩的细微层次，逼真地再现真实世界，弥补了矢量图像的缺陷，并且可以在不同的软件之间交换。但是此类图像占用的磁盘空间较大，在执行缩放或旋转操作时容易失真，且无法制作出真正的 3D 图像。保存位图图像文件时，需要记录每一点的位置和色彩数据，因此图像像素越多，文件就越大，占用的磁盘空间也就越大。

大多数的工具软件都适用于位图，因此位图文件可以方便地在不同的软件间进行交换。制作和处理位图图像的常用软件有 Adobe Photoshop、Fireworks、Painter 和 Ulead PhotoImpact 等。如图 1-8 所示为使用位图软件绘制出的图像。

图 1-8 位图软件绘制出的图像

1.2.2 分辨率

分辨率（Resolution，港台称之为解析度）指屏幕图像的精密度，是指显示器所能显示像素的多少。由于屏幕上的点、线和面都是由像素组成的，因此显示器可显示的像素越多，画面就越精细，屏幕区域内能显示的信息也就越多，所以分辨率是个非常重要的性能指标。如果把整个图像想象成是一个大型的棋盘，那么分辨率的表示方式就是所有经线和纬线交叉点的数目。如图 1-9 所示为不同分辨率显示的图像效果。

图 1-9　不同分辨率的显示效果

1.2.3 图像的色彩模式

Photoshop 提供了一组描述自然界中的光及其色调的模式，通过这些模式既可以将颜色以一种特定的方式表示出来，又可以用一定的颜色模式存储这些颜色。

🕮 RGB 彩色模式

RGB 彩色模式是屏幕显示的最佳颜色，由红、绿、蓝三种颜色组成，每一种颜色都有 0～255 种的亮度变化。

🕮 CMYK 彩色模式

CMYK 彩色模式由青色、洋红、黄色和黑色组成，又叫减色模式。一般打印输出及印刷都使用这种模式，所以打印图片一般都采用 CMYK 模式。

🕮 HSB 彩色模式

HSB 彩色模式是将色彩分解为色调、饱和度和亮度，通过调整色调、饱和度和亮度得到颜色的变化。

🕮 Lab 彩色模式

Lab 模式由三个通道组成，但不是 R、G、B 通道。它的一个通道是亮度，即 L；另外两

个是色彩通道，用A和B来表示。A通道包括的颜色是从深绿色（底亮度值）到灰色（中亮度值）再到亮粉红色（高亮度值）；B通道则是从亮蓝色（底亮度值）到灰色（中亮度值）再到黄色（高亮度值）。因此，这种色彩混合后将产生明亮的色彩。

📖 索引颜色模式

这种颜色模式用一个颜色表存放并索引图像中的颜色，最多可使用256种颜色，图像质量不高，占空间较少。

📖 灰度模式

灰度模式即只用黑色和白色显示图像，像素0为黑色，像素255为白色。

📖 位图模式

位图模式中像素不是由字节表示，而是由二进制表示的，即黑色和白色由二进制表示，因此其所占磁盘空间最小。

1.3 安装Photoshop CC2017

Adobe Photoshop CC2017是Adobe公司目前推出的新版本图形图像处理软件，它在原有版本的基础上新增了许多实用且方便的功能，在很大程度上提高了用户的工作效率。下面将着重对Photoshop CC2017的安装方法进行介绍。

1.3.1 硬件要求

软件的运行，需要有硬件的支持，Photoshop CC2017比以前的版本对硬件的要求更高。需要说明的是，下面介绍的硬件系统配置只作为推荐，若稍低于该配置，也不会影响其安装，但不能保证某些功能的正常运行。

- CPU：Intel Core 2或AMD Athlon 64处理器，2 GHz或更快处理器。
- 操作系统：推荐使用Windows 7（Service Pack 1）、Windows 8或Windows10。
- 内存：使用2GB或更大的内存(推荐使用8 GB)。
- 硬盘：32位安装需要2.6 GB或更大可用硬盘空间；64位安装需要3.1GB或更大的硬盘空间；安装过程中会需要更多可用空间(无法在使用区分大小写的文件系统的卷上安装)。
- 显示器：1680×1050屏幕(推荐1920×1080)。
- 显卡：配备符合条件的硬件加速OpenGL图形卡、16位颜色和512 MB VRAM。推荐使用2GB，某些GPU加速功能需要Shader Model 3.0。
- Adobe Photoshop Extended中32位平台和VRAM小于512 MB的计算机上将禁用3D功能。32位Windows系统上不支持视频功能。
- 光驱：DVD-ROM驱动器。
- 多媒体功能所必需的QuickTime-7.4.5。
- Bridgelpin一些功能依赖能够支持Directx 9且至少具有512MB VRAM的图形卡。
- 网络：必须具备Internet连接并完成注册，才能激活软件、验证会员资格和访问在线服务。

1.3.2 安装软件

在安装软件之前，请确保关闭系统中正在运行的所有应用程序（包括 Adobe 应用程序、Microsoft Office 应用程序和浏览器窗口），建议在安装过程中临时关闭病毒防护。

安装 Photoshop CC2017 的具体操作步骤如下：

（1）将购买的安装光盘中的文件拷贝到本地磁盘，双击安装程序图标，初始化安装程序，如图 1-10 所示。

（2）初始化完成后，弹出许可协议界面，如图 1-11 所示。

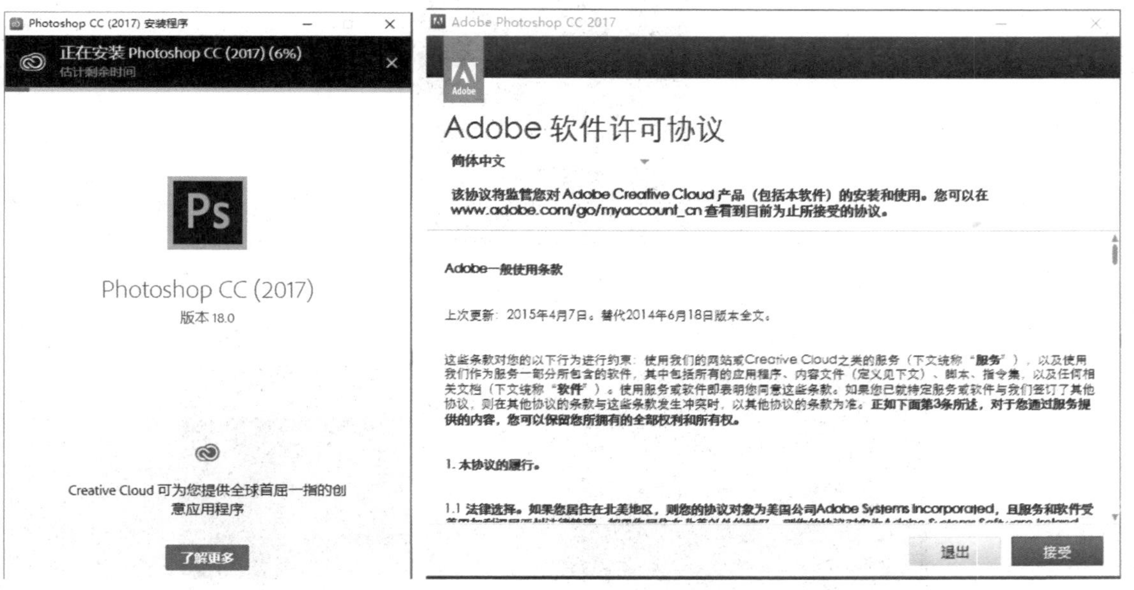

图 1-10　初始化安装程序　　　　图 1-11　许可协议界面

（3）单击“接受”按钮，进入输入序列号界面，如图 1-12 所示。

（4）输入序列号后，单击“下一步”按钮，进入需要登录界面，如图 1-13 所示。此时单击“以后登录”，将再次弹出许可协议界面。继续单击“接受”按钮，再次弹出如图 1-13 所示的登录界面，此时单击“现在登录”，进入 Internet 连接界面，根据提示再次输入序列号，待软件完成激活后，单击“关闭”按钮即可。

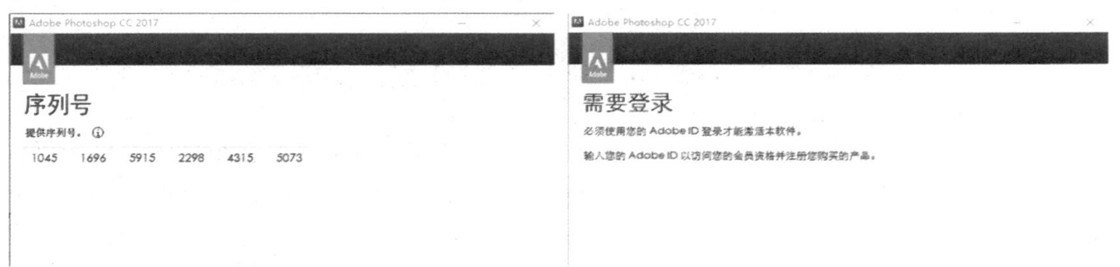

图 1-12　输入序列号界面　　　　图 1-13　安装选项界面

1.3.3 启动软件

Photoshop CC2017 和其他软件的启动方法一样，它可以通过单击“开始”按钮来启动，其具体操作步骤如下：

（1）单击“开始”|“Adobe Photoshop CC2017”命令，如图 1-14 所示。

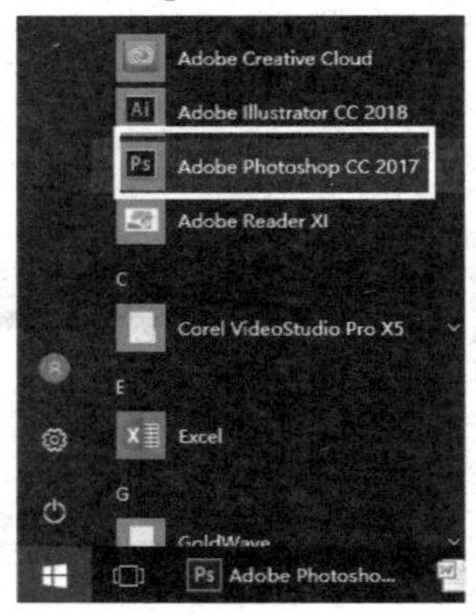

图 1-14 运行程序

（2）随后即可启动 Photoshop CC2017，如图 1-15 所示为 Photoshop CC2017 的启动界面。

图 1-15 启动界面

1.4 Photoshop CC2017 的工作界面

启动 Photoshop CC2017 后，将进入其操作界面，用户可以在此进行图形图像的处理工作。了解 Photoshop CC2017 的操作界面非常重要，本节将对 Photoshop CC2017 的操作界面作详细的介绍。

1.4.1 全新的开始工作区

启动 Photoshop CC2017 后，将出现全新的预览面板，可以显示最近打开的文件和近期作品，左边有“最近使用项”“CC 文件”选项、“新建”“打开”按钮，右上角是用户头像，

如图 1-16 所示。

图 1-16　开始工作区

📖 “最近使用项”选项

安装 Photoshop CC2017 软件后第一次启动时，将默认打开“最近使用项”选项界面，会显示“开始新任务”快捷按钮。再启动 Photoshop 软件时，此处将自动显示最近打开的文件和作品缩略图，如图 1-16 所示。

单击任一作品，即可进入 Photoshop CC2017 的工作窗口。如图 1-17 所示。

图 1-17　Photoshop CC2017 的工作窗口

📖 "CC 文件"选项

Creative Cloud 简称 CC。Adobe Creative Cloud 账户可在线存储，所以您的资源可以在任何地方和任何设备或计算机上使用。可以在计算机、平板计算机或智能手机的网页浏览器直接预览许多创意素材类型。这些素材类型包括：PSD、AI、INDD、JPG、PDF、GIF、PNG、Photoshop Touch 以及许多其他类型。在图 1-16 界面中单击"CC 文件"选项，将打开使用 CC 文件界面，如图 1-18 所示。在该界面中单击"在 Web 上查看"按钮，即可打开登录界面，输入 Adobe ID 号和密码即可使用 Creative Cloud 资源。

图 1-18 "CC 文件"选项

📖 "新建"按钮

用户单击"新建"按钮，即可新建一个".psd"文件。新建文件的具体操作方法将在 1.6.1 节详细讲解。

📖 "打开"按钮

用户单击"打开"按钮，将弹出"打开"对话框。在该对话框中用户可以选择并打开已有的文档和图片，具体操作方法将在 1.6.2 节详细讲解。

1.4.2 工具箱

工具箱中集合了处理图像时需要的所有工具，如选区工具、绘图工具、文字工具、图像编辑工具及其他辅助工具。在默认状态下，工具箱位于窗口的左侧，如图 1-19 所示。

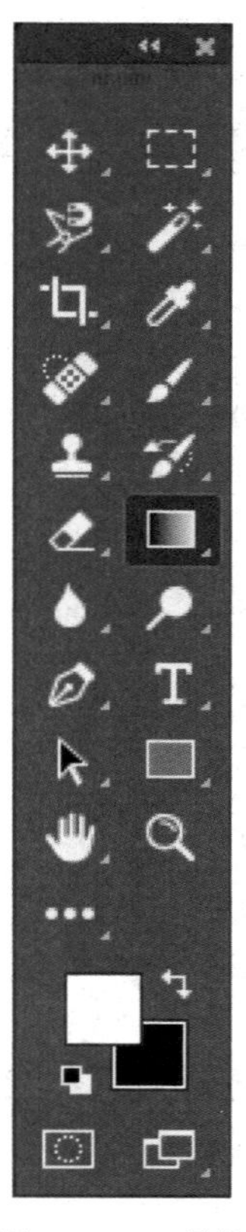

图 1-19 工具箱

专家提醒

用鼠标单击工具栏中的■按钮，界面会显示“编辑工具栏”按钮，鼠标单击进入“自定义工具栏”对话框，用户可以在此找到所有应用工具的隐藏位置，也可对其快捷键进行设置。当工具栏中找不到■按钮时，长按工具栏中最后一个工具选项，可打开其他隐藏的使用工具以及“自定义工具栏”对话框。

1.4.3 工具选项栏

工具选项栏又称工具属性栏，通常位于菜单栏下方。它是各工具的参数控制中心，当在工具箱中选择一项工具后，便会在菜单栏下方出现与之相对的工具选项栏。工具选项栏用于设置当前所选工具的参数，如图 1-20 示为选区工具的选项栏。

图 1-20 工具选项栏

1.4.4 菜单栏

菜单栏中集合了 Photoshop 中的各种命令，熟悉和掌握菜单栏是非常必要的。与之前的版本相比，Photoshop CC2017 的菜单栏发生了一定的变化，如图 1-21 所示。对广大用户来说，该版本的菜单栏比之前的版本更加方便快捷。

Ps 文件(F) 编辑(E) 图像(I) 图层(L) 文字(Y) 选择(S) 滤镜(T) 3D(D) 视图(V) 窗口(W) 帮助(H)

图 1-21 菜单栏

📖 “文件”菜单

“文件”菜单主要用于完成 Photoshop CC2017 文件的相关操作，如文件的打开、关闭、存储、导入、置入以及打印等，如图 1-22 所示。

📖 “编辑”菜单

“编辑”菜单主要用于在处理图像时执行剪切、拷贝、粘贴、变换以及定义图案等操作，如图 1-23 所示。

新建(N)...	Ctrl+N
打开(O)...	Ctrl+O
在 Bridge 中浏览(B)...	Alt+Ctrl+O
打开为...	Alt+Shift+Ctrl+O
打开为智能对象...	
最近打开文件(T)	▸
关闭(C)	Ctrl+W
关闭全部	Alt+Ctrl+W
关闭并转到 Bridge...	Shift+Ctrl+W
存储(S)	Ctrl+S
存储为(A)...	Shift+Ctrl+S
签入(I)...	
恢复(V)	F12
导出(E)	▸
生成	▸
在 Behance 上共享(D)...	
搜索 Adobe Stock...	
置入嵌入的智能对象(L)...	
置入链接的智能对象(K)...	

图 1-22 “文件”菜单

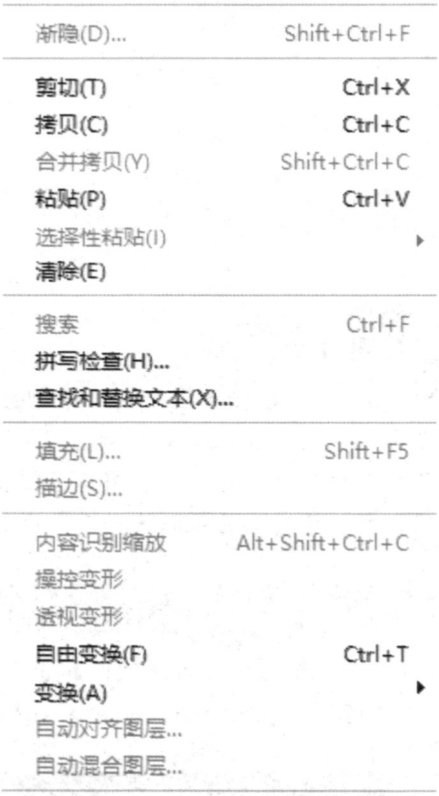

渐隐(D)...	Shift+Ctrl+F
剪切(T)	Ctrl+X
拷贝(C)	Ctrl+C
合并拷贝(Y)	Shift+Ctrl+C
粘贴(P)	Ctrl+V
选择性粘贴(I)	▸
清除(E)	
搜索	Ctrl+F
拼写检查(H)...	
查找和替换文本(X)...	
填充(L)...	Shift+F5
描边(S)...	
内容识别缩放	Alt+Shift+Ctrl+C
操控变形	
透视变形	
自由变换(F)	Ctrl+T
变换(A)	▸
自动对齐图层...	
自动混合图层...	

图 1-23 “编辑”菜单

📖 “图像”菜单

“图像”菜单主要用于设置有关图像的各项属性，包括设置图像的颜色模式、颜色、色调、图像大小、画布大小等，如图 1-24 所示。

📖 “文字”菜单

“文字”菜单主要用于文字格式的设置，包括单个汉字或段落的设置。设置格式功能有消除锯齿、文本排列方向、文字变形、语言选项和文字样式等，如图 1-25 所示。

模式(M) ▸
调整(J) ▸
自动色调(N) Shift+Ctrl+L
自动对比度(U) Alt+Shift+Ctrl+L
自动颜色(O) Shift+Ctrl+B
图像大小(I)... Alt+Ctrl+I
画布大小(S)... Alt+Ctrl+C
图像旋转(G) ▸
裁剪(P)
裁切(R)...
显示全部(V)
复制(D)...
应用图像(Y)...
计算(C)...
变量(B) ▸
应用数据组(L)...
陷印(T)...
分析(A) ▸

图 1-24 “图像”菜单

从 Typekit 添加字体(A)...
面板 ▸
消除锯齿 ▸
文本排列方向 ▸
OpenType ▸
创建 3D 文字(D)
创建工作路径(C)
转换为形状(S)
栅格化文字图层(R)
转换文本形状类型(T)
文字变形(W)...
匹配字体...
字体预览大小 ▸
语言选项 ▸
更新所有文字图层(U)
替换所有缺欠字体
解析缺失字体(F)...

图 1-25 “文字”菜单

📖 “图层”菜单

“图层”菜单主要用于执行有关图层的各种操作，包括新建、复制、图层蒙版、矢量蒙版、链接图层、合并图层等，如图 1-26 所示。

📖 “选择”菜单

“选择”菜单主要用于完成相应的选择操作，如修改、取消、存储选区和载入选区等，如图 1-27 所示。

新建(N)	▶
复制图层(D)...	
删除	▶
快速导出为 PNG	Shift+Ctrl+'
导出为...	Alt+Shift+Ctrl+'
重命名图层...	
图层样式(Y)	▶
智能滤镜	▶
新建填充图层(W)	▶
新建调整图层(J)	▶
图层内容选项(O)...	
图层蒙版(M)	▶
矢量蒙版(V)	▶
创建剪贴蒙版(C)	Alt+Ctrl+G
智能对象	▶
视频图层	▶
栅格化(Z)	▶
新建基于图层的切片(B)	
图层编组(G)	Ctrl+G
取消图层编组(U)	Shift+Ctrl+G
隐藏图层(R)	Ctrl+,
排列(A)	▶

图 1-26 “图层”菜单

全部(A)	Ctrl+A
取消选择(D)	Ctrl+D
重新选择(E)	Shift+Ctrl+D
反选(I)	Shift+Ctrl+I
所有图层(L)	Alt+Ctrl+A
取消选择图层(S)	
查找图层	Alt+Shift+Ctrl+F
隔离图层	
色彩范围(C)...	
焦点区域(U)...	
选择并遮住(K)...	Alt+Ctrl+R
修改(M)	▶
扩大选取(G)	
选取相似(R)	
变换选区(T)	
在快速蒙版模式下编辑(Q)	
载入选区(O)...	
存储选区(V)...	
新建 3D 模型(3)	

图 1-27 “选择”菜单

📖 “滤镜”菜单

“滤镜”菜单主要用于执行各种滤镜命令。执行“滤镜”命令，可以快速得到许多奇妙的图像效果。滤镜是 Photoshop 中一个非常引人注目的功能，是制作图像特效不可缺少的工具，如图 1-28 所示。

📖 “3D”菜单

“3D”菜单主要用于 3D 图层的建立、合并、导出以及对 3D 模型渲染上色等。此外，还可以通过对参数的设置来控制、添加、修改场景以及灯光和材质等，如图 1-29 所示。

上次滤镜操作(F)	Alt+Ctrl+F
转换为智能滤镜(S)	
滤镜库(G)...	
自适应广角(A)...	Alt+Shift+Ctrl+A
Camera Raw 滤镜(C)...	Shift+Ctrl+A
镜头校正(R)...	Shift+Ctrl+R
液化(L)...	Shift+Ctrl+X
消失点(V)...	Alt+Ctrl+V
3D	▶
风格化	▶
模糊	▶
模糊画廊	▶
扭曲	▶
锐化	▶
视频	▶
像素化	▶
渲染	▶
杂色	▶
其它	▶
浏览联机滤镜...	

图 1-28 “滤镜”菜单

从文件新建 3D 图层(N)...	
合并 3D 图层(D)	
导出 3D 图层(E)...	
在 Sketchfab 上共享 3D 图层...	
获取更多内容(X)...	
从所选图层新建 3D 模型(L)	
从所选路径新建 3D 模型(P)	
从当前选区新建 3D 模型(U)	
从图层新建网格(M)	▶
编组对象	
将场景中的所有对象编组	
将对象移到地面(J)	
封装地面上的对象	
从图层新建拼贴绘画(W)	
生成 UV...	
绘画衰减(F)...	
绘画系统	▶
在目标纹理上绘画(T)	▶
选择可绘画区域(B)	
创建绘图叠加(V)	▶
拆分凸出(I)	
将横截面应用到场景	
为 3D 打印统一场景	
简化网格...	
从此来源添加约束	▶
显示/隐藏多边形(H)	▶
从 3D 图层生成工作路径(K)	

图 1-29 “3D”菜单

📖 “视图”菜单

“视图”菜单主要用于对 Photoshop CC2017 的显示方式、显示内容进行控制。这些操作对图像本身没有任何影响，而且能够很好地协助用户顺利地进行图像的处理工作，如图 1-30 所示。

📖 “窗口”菜单

“窗口”菜单主要用于控制打开的图像文档，控制选项卡的显示、隐藏以及排列方式等，最下端是当前文档的名称。使用其中的“工作区”命令可以对当前窗口的布局进行保存和恢复，如图 1-31 所示。

校样颜色(L)	Ctrl+Y
色域警告(W)	Shift+Ctrl+Y
像素长宽比(S) ▸	
像素长宽比校正(P)	
32 位预览选项...	
放大(I)	Ctrl++
缩小(O)	Ctrl+-
按屏幕大小缩放(F)	Ctrl+0
按屏幕大小缩放画板(F)	
100%	Ctrl+1
200%	
打印尺寸(Z)	
屏幕模式(M) ▸	
✔ 显示额外内容(X)	Ctrl+H
显示(H) ▸	
标尺(R)	Ctrl+R
✔ 对齐(N)	Shift+Ctrl+;
对齐到(T) ▸	
锁定参考线(G)	Alt+Ctrl+;
清除参考线(D)	
清除所选画板参考线	
清除画布参考线	
新建参考线(E)...	
新建参考线版面...	
通过形状新建参考线(A)	
锁定切片(K)	
清除切片(C)	

图 1-30 “视图”菜单

3D	
Device Preview	
测量记录	
导航器	
动作	Alt+F9
段落	
段落样式	
仿制源	
工具预设	
画笔	F5
画笔预设	
库	
历史记录	
路径	
色板	
时间轴	
属性	
调整	
通道	
✔ 图层	F7
图层复合	
信息	F8
修改键	
颜色	F6
样式	
直方图	
注释	
字符	
字符样式	
字形	
✔ 选项	
✔ 工具	
1 11-2.JPG	

图 1-31 “窗口”菜单

📖 “帮助”菜单

“帮助”菜单主要用于为初学者提供一些软件操作的相关问题及解决方法，如图 1-32 所示。

Photoshop 联机帮助(H)...　F1
Photoshop CC 学习和支持...
关于 Photoshop CC(A)...
关于增效工具(B)
查找增效工具和扩展...
系统信息(I)...
AMTEmu by PainteR
更新...

图 1-32　“帮助”菜单

1.4.5 状态栏

状态栏位于图像窗口的底部，用于显示图像文件的显示比例、文件大小、操作状态和提示信息等，如图 1-33 所示。

根据用户的需要，还可以定制状态栏。方法是在状态栏上单击小箭头符号，在弹出的快捷菜单中选择需要显示的内容即可，如图 1-34 所示。

66.67%　文档:5.79M/5.79M　>

图 1-33　状态栏

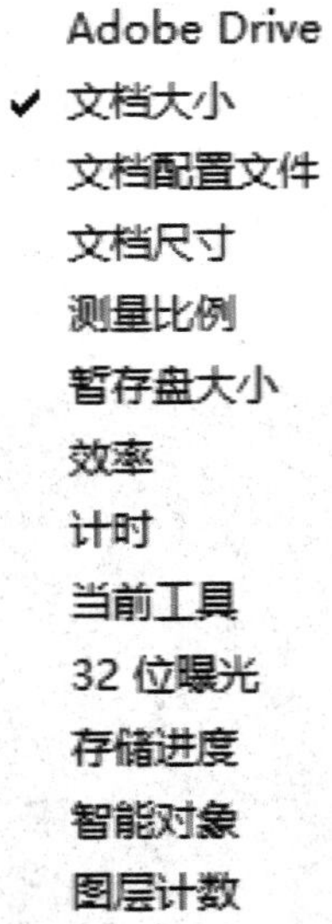

Adobe Drive
✔ 文档大小
文档配置文件
文档尺寸
测量比例
暂存盘大小
效率
计时
当前工具
32 位曝光
存储进度
智能对象
图层计数

图 1-34　定制状态栏

1.4.6 选项卡组

选项卡组是用于配合图像编辑、查看以及设置的窗口。默认显示的选项卡组有“基本功能”选项卡组（如图 1-35 所示）、“图形和 Web”选项卡组等，选项卡组默认放置在界面的右边，单击工具选项栏最右边的“选项卡组”图标，可在各选项卡组中选择切换。

图 1-35 “基本功能”选项卡组

1.5 Photoshop CC2017 的新增功能

在 Photoshop CC2017 版本中，除前面讲过的全新开始工作区界面外，还增加了很多新的功能，如新建文档、支持表情字体、支持 Trajan Color 字体、智能的人脸识别液化滤镜、属性面板、“搜索”对话框等。

1.5.1 新建文档功能

Photoshop CC2017 的新建文档功能在之前版本的基础上有了全新的改进。更加的可视化，形象明了，分类更加清晰。另外，还增加了许多预设模板，如：“照片打印”“图稿和插图”“Web”“移动设置”“胶版和视频”等预设。用户还可以联网直接搜 Stock 上的设计模板，如图 1-36 所示。

图 1-36 新建文档

1.5.2 支持表情字体

在 Photoshop CC2017 中，内置了支持 Emojione、Segoe UI Emoji 表情字体，用户可以直接输入表情包，而且还可以当做矢量字体进行编辑。单击工具选项栏最右边的“选项卡组”图标，在弹出的下拉列表中选择“图形和 Web”命令，打开“字形”选项卡，选择 Emojione 字体，如图 1-37 所示。选中喜欢的表情包双击即可完成输入。另外，还可以创建复合字形和创建字符变体。

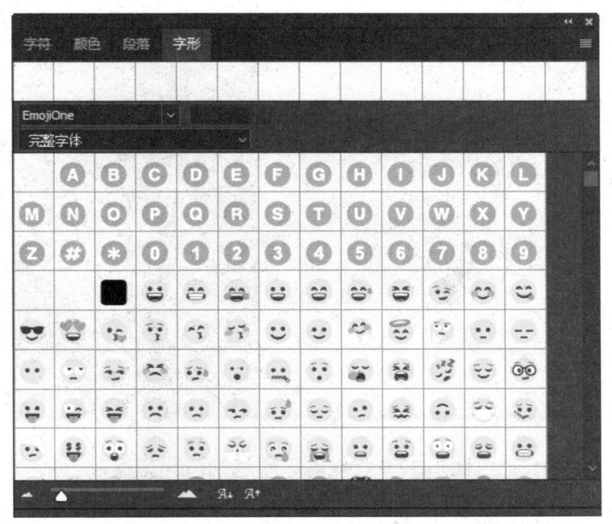

图 1-37 “图形和 Web”选项卡组中的“字形”选项卡

1.5.3 支持 Trajan Color 字体

而除了上面讲的两种字体外，Photoshop CC2017 还内置了 Trajan Color 字体，它在字形中直接提供了多种渐变和颜色，如图 1-38 所示。

PHOTOSHOP

图 1-38 Trajan Color 字体

1.5.4 智能的人脸识别液化滤镜

Photoshop CC2017 液化滤镜中的人脸识别功能，有了很大的增强，如在处理单只眼睛时，如果做“大小眼”，让左眼大，右眼小，选择菜单“滤镜”|“液化”命令，打开“液化”对话框。首先在该对话框左侧的工具栏上单击“脸部工具”按钮，打开“属性”面板，如图 1-39 所示。在“人脸识别液化”选项区中可进行对人脸部位进行设置。在这里可设置眼睛的大小、高度、宽度、斜度等。若对单只眼进行设置则取消中间的按钮，就可以单独对一只眼进行设置。

图 1-39　智能的人脸识别液化滤镜

1.5.5　属性面板

Photoshop CC2017 的新增功能还有在“基本功能”选项卡组中增加了“属性”选项卡，这样如果用户当前选中的是文字，属性面板就是文字属性层，能做基本的调整；如果选中的是图片，就显示像素属性；如果选中的是形状，就显示形状属性。非常的多元化、智能化，如图 1-40 所示。

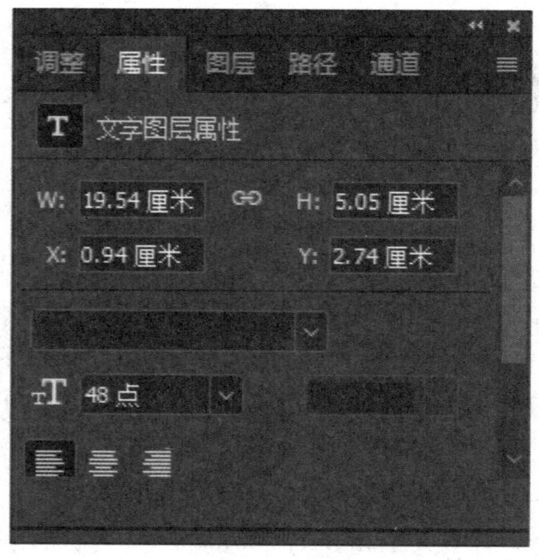

图 1-40　“属性”选项卡

1.5.6 “搜索”对话框

在 Photoshop CC2017 中，软件自带的搜索功能，是 Photoshop 软件的又一大进步。支持的搜索对象包括：Photoshop 用户界面元素，如操作命令快捷键、学习资源、Stock 图库三大类，在搜索面板上既可以在一个界面查看搜索结果，也可以分类查看，非常方便。不会的操作也可以直接在软件中搜索答案，提高学习效率。选择菜单“编辑”|“搜索”命令或单击选项工具栏最右边的图标，都可打开“搜索”对话框，如图 1-41 所示。

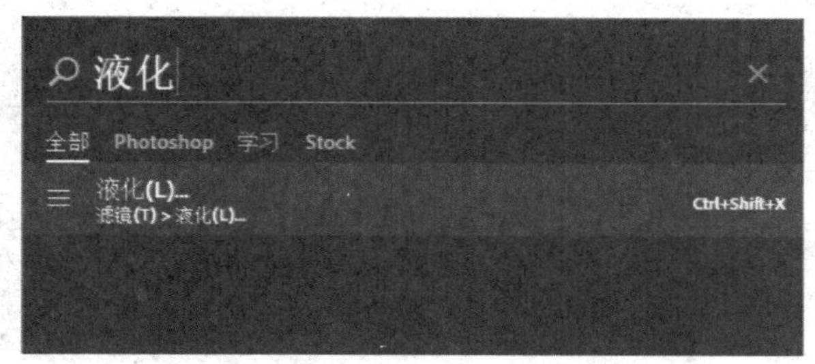

图 1-41 “搜索”对话框

Photoshop CC2017 除以上介绍的新增功能外，还增强了许多其他的功能，如匹配字体、抠图功能、图层计数、界面颜色等都做了改进。

1.6 Photoshop CC2017 的基本操作

学习任何一个软件都是从学习基本的操作入手，逐步学会综合应用。本节将对 Photoshop CC2017 的基本操作进行详细介绍，使读者对其有一个全面而具体的了解。

1.6.1 新建图像文件

在绘制一幅新图像之前，首先需要新建图像文件。在 Photoshop CC2017 中，用户不仅可以根据自己已有的文档大小创建，还可从预先设置格式文档的预设开始，也可以利用模板和启动器创建文档。

根据预设和模板样式创建文档

（1）启动 Photoshop CC2017，在开始工作区界面中单击“创建”按钮，如图 1-16 所示。若启动 Photoshop CC2017 后在工作界面中，可执行“文件”|“新建”命令，如图 1-42 所示。

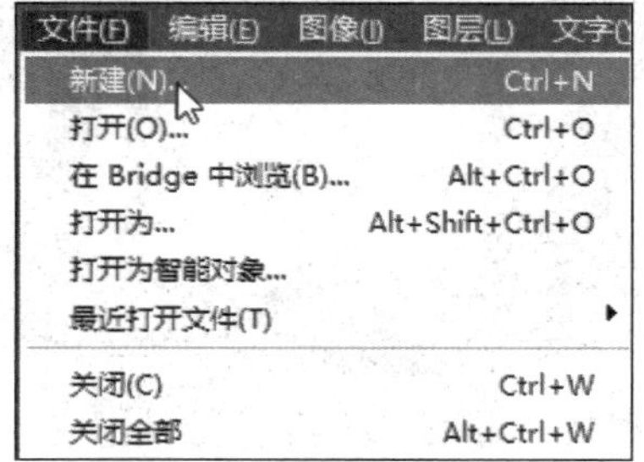

图 1-42 通过菜单新建文件

（2）执行以上任一操作后，用户均可以看到一个全新的“新建文档”对话框，如图 1-43 所示。

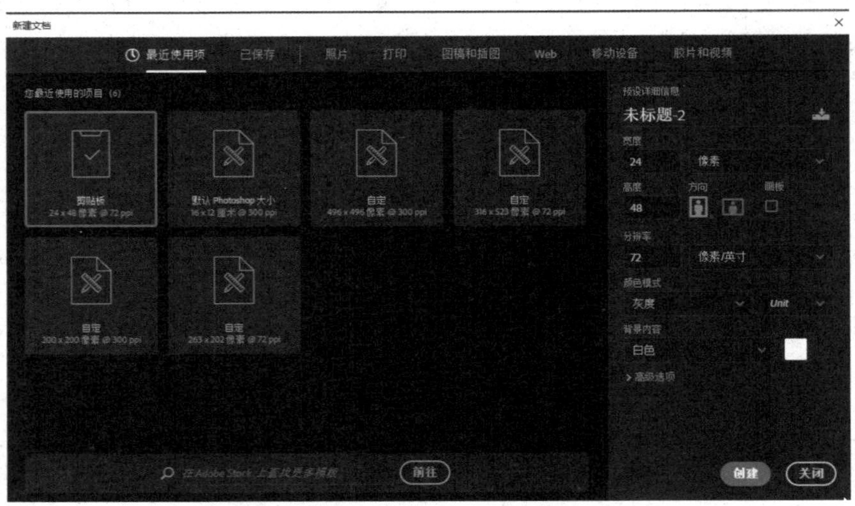

图 1-43 “新建文档”对话框

对话框的最上端有八个选项卡，其中包括“最近使用项”“已保存”选项卡、“照片”“打印”“图稿与插图”“Web”“移动设备”“胶片和视频”六个预设选项卡。在 Photoshop CC2017 中预设的格式分类清晰、视觉化展示，下面具体介绍一下它们的功能。

“最近使用项”：在该选项卡界面中用户可以选择剪贴板内容的大小或根据已有的文档大小创建。

“已保存”：在该选项卡中，用户可选择已保存的预设样式。

“照片”：在该选项卡中，为用户提供了空白文档预设和照片格式模板，用户可根据需要进行创建，如图 1-44 所示。

“打印”：在该选项卡中，为用户提供了以打印为基本的空白文档预设和类似的模板样式。如图 1-45 所示。

图 1-44 “照片”预设选项卡

图 1-45 “打印”预设选项卡

“图稿与插图”：在该选项卡中，提供了多种图稿与插图样式，如海报和明信片等样式。用户可根据需要选择创建，如图 1-46 所示。

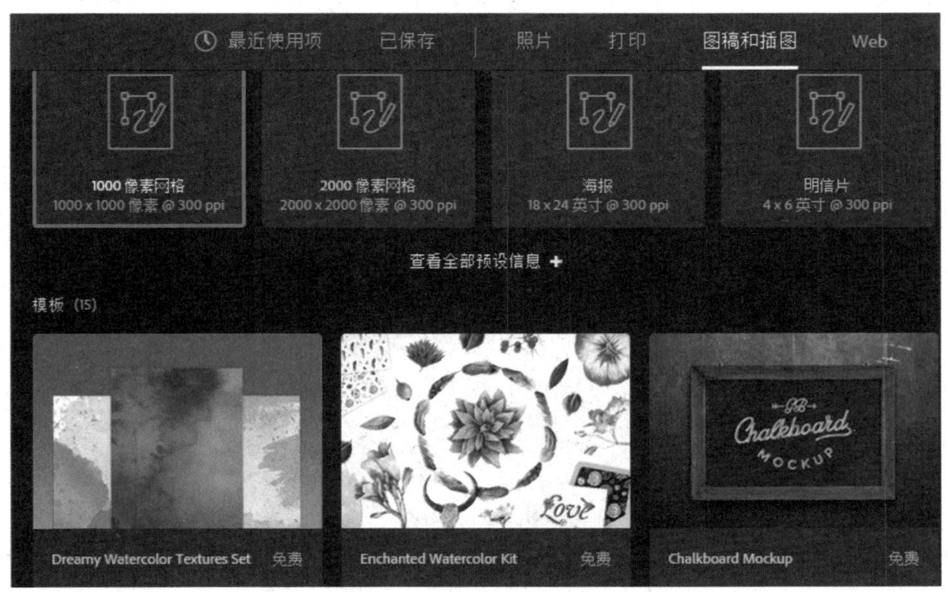

图 1-46 “图稿和插图”预设选项卡

“Web”：该预设样式是基于网页为模样提供的空白文档预设和网页模板样式，用户可根据需要选择创建，如图 1-47 所示。

图 1-47 “Web”预设选项卡

“移动设备”：在该选项卡，用户可根据需要选择要创建的移动设备设计样式，如图 1-48 所示。

图 1-48 “移动设备”预设选项卡

“胶片和视频”：在该选项卡，用户可根据需要选择要创建的胶片图像文档样式和视频图层样式，如图 1-49 所示。

图 1-49 “胶片和视频”预设选项卡

（3）用户若创建空白文档预设样式，可单击样式后，单击对话框右下角的“创建”按钮即可。若根据模板样式创建图像文件，则先下载需要的模板样式，单击模板样式后，单击对话框右下角的“下载”按钮，下载完成后，单击“打开”按钮，即可创建一个新文档。

专家提醒

用户可以把常用的文档样式添加为文档预设，在“新建文档”对话框中，单击右边列表中的“添加预设”按钮，打开如图 1-50 所示的列表，在列表中设置要创建预设的样式名称和格式，设置完成后，单击“保存预设”按钮，这时打开“已保存”选项卡，将看到刚保存的预设样式。

图 1-50 保存文档预设

📖 自定义创建文档

在 Photoshop CC2017 中，用户也可以根据需要直接自定义创建文档，在“新建文档”对话框的右侧直接输入要创建文档的名称、宽度、高度、分辨率、颜色模式和背景内容等信息，如图 1-51 所示。设置完成后，单击“创建”按钮即可创建一个新文档。若取消创建文档，则单击“关闭”按钮。

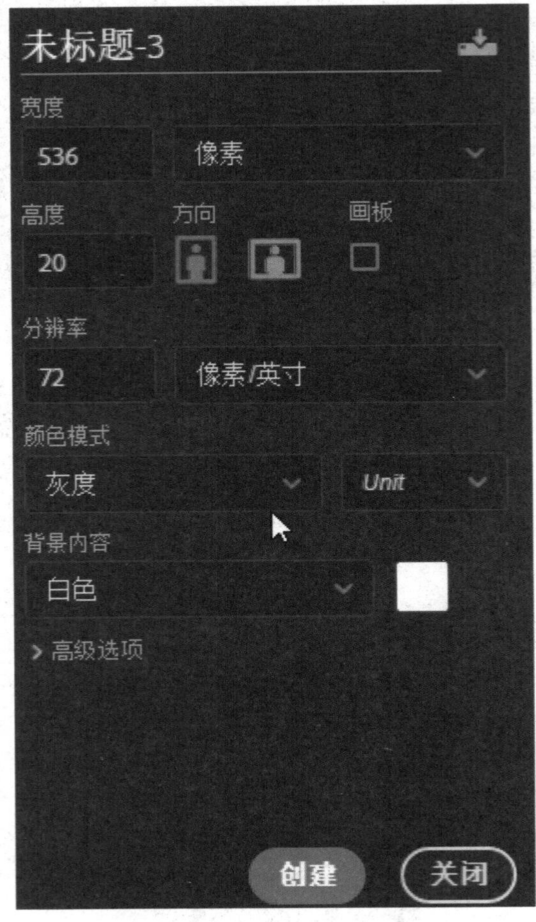

图 1-51　自定义创建文档

专家提醒

在 Phoshop CC2017 中，用户可以通过“编辑”|“首选项”|“常规”内勾选【使用旧版“新建文档”界面】来设置新建文档对话框。勾选后，“新建文档”对话框将显示为经典版，如图 1-52 所示。

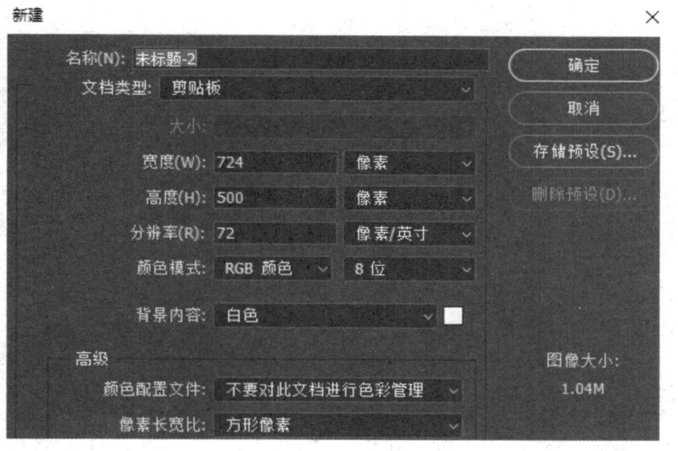

图 1-52　经典版“新建文档”对话框

1.6.2　打开图像文件

在进行设计时，有时会直接在一个图像文件上进行制作。此时就不必新建文件了，只需打开图像文件即可。

（1）启动 Photoshop CC2017，在开始工作区界面中单击“打开”按钮，如图 1-16 所示。若启动 Photoshop CC2017 后在工作界面中，可执行“文件”|“打开”命令，如图 1-53 所示。

（2）在弹出的“打开”对话框中选择图形文件，如图 1-54 所示。

（3）单击“打开”按钮，即可打开图像文件，如图 1-55 所示。

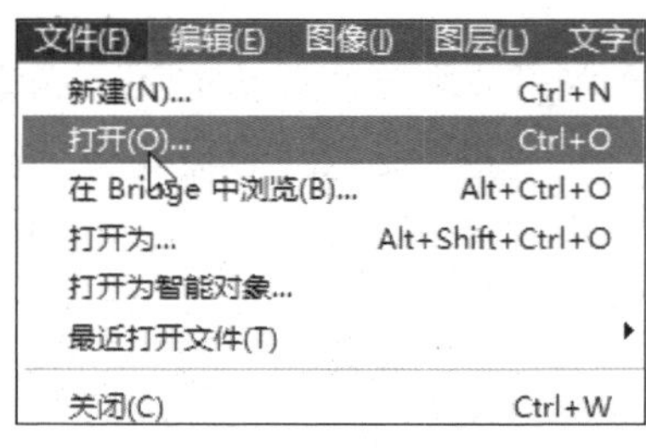

图 1-53　“打开”命令

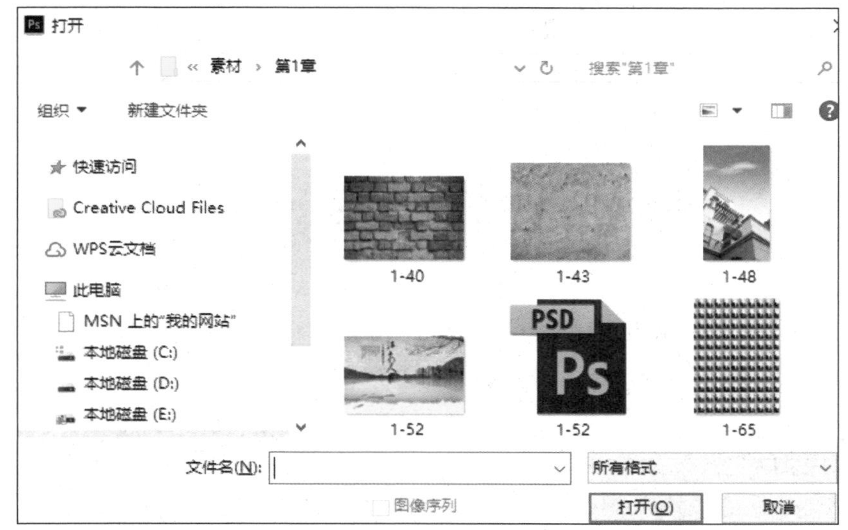

图 1-54　“打开”对话框

图 1-55　打开的文件

1.6.3　保存文件

在设计过程中，需要将文件保存以便日后继续编辑，此时应将文件以 PSD 格式保存。执行“文件”|“存储”命令，将弹出“另存为”对话框，设置文件名及保存路径后，单击“保存”按钮即可，如图 1-56 所示。

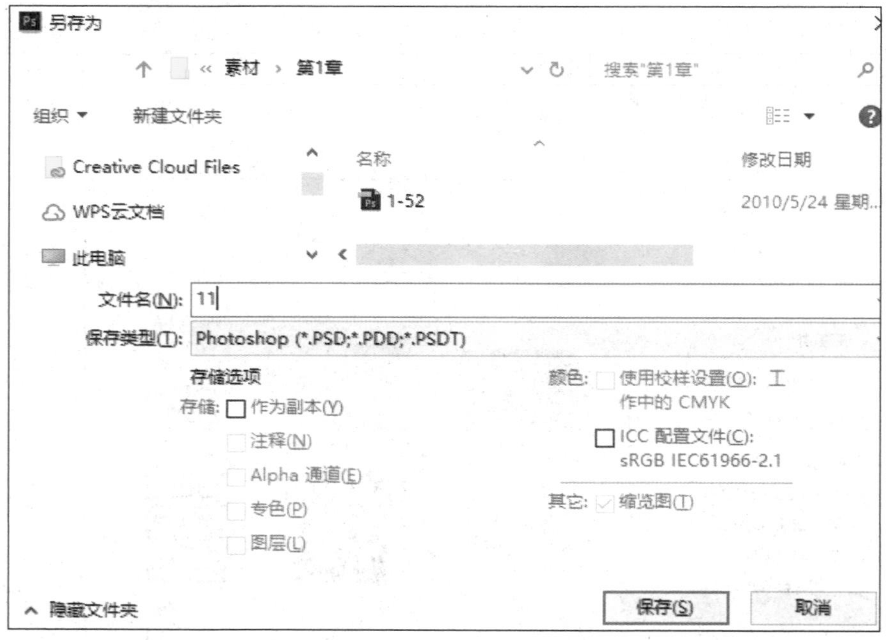

图 1-56　“另存为”对话框

1.6.4 关闭文件

当文件保存之后，就可以将其关闭了，执行“文件”|“关闭”命令，可以关闭当前打开的文件，如图 1-57 所示。

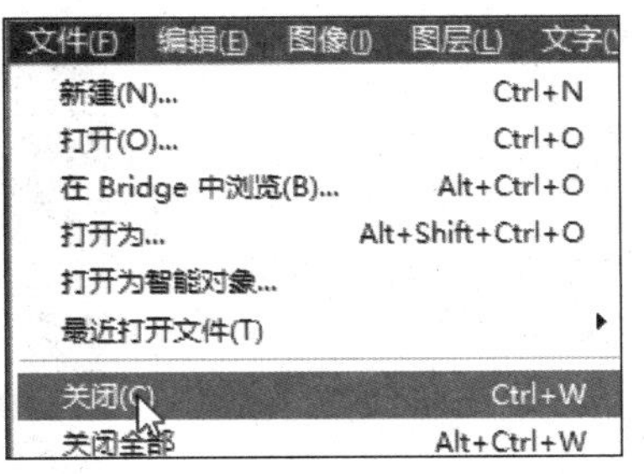

图 1-57 单击“关闭”命令

按【Ctrl＋W】组合键，可以快速地关闭当前打开的文件。

课堂实战——存储为 JPEG 文件

JPEG 文件相对于 PSD 文件而言，更加方便预览和携带，将设计好的 PSD 文件储存为 JPEG 文件是非常频繁的操作。下面通过一个实例，介绍将 PSD 文件存储为 JPEG 文件格式的方法。

扫描观看本节视频

实战操作

本实例主要用到了“存储为”命令，其具体操作步骤如下：

（1）打开一个 PSD 素材文件，如图 1-58 所示。

（2）执行“文件”|“存储为”命令，如图 1-59 所示。

图 1-58 打开素材文件

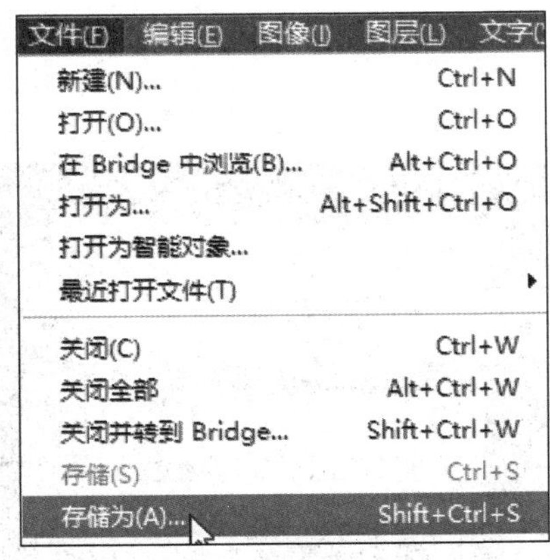

图 1-59 单击“存储为”命令

（3）弹出“另存为”对话框，在“文件名”文本框中输入文件名称。在“保存类型”下拉列表中选择 JPEG 选项，如图 1-60 所示。

（4）弹出“JPEG 选项”对话框，保持默认设置（如图 1-61 所示），单击“确定”按钮即可。

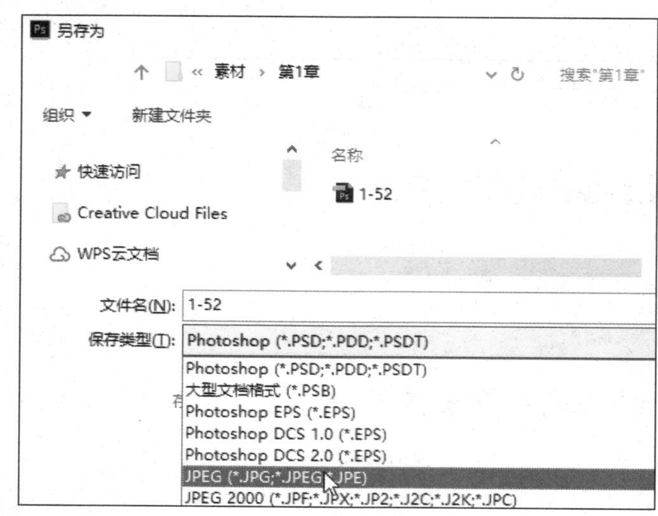

图 1-60 "存储为"对话框　　图 1-61 "JPEG 选项"对话框

1.7 掌握 Photoshop 的基本技法

在 Photoshop 的使用过程中，学习并掌握基本的使用技法，可以帮助用户更加方便地管理视图和进行其他操作。

1.7.1 放大和平移视图

在制作大的效果图时，即使整个屏幕布满图像，也无法查看图像的细节。此时可结合放大和平移视图进行查看图像的细节。按快捷键【Z】，可以使用放大镜放大图像；按住【Alt】键，并滑动鼠标滚轮，也可以放大或缩小画布的显示，如图 1-62 所示。

在图像显示为 16.7%后的效果

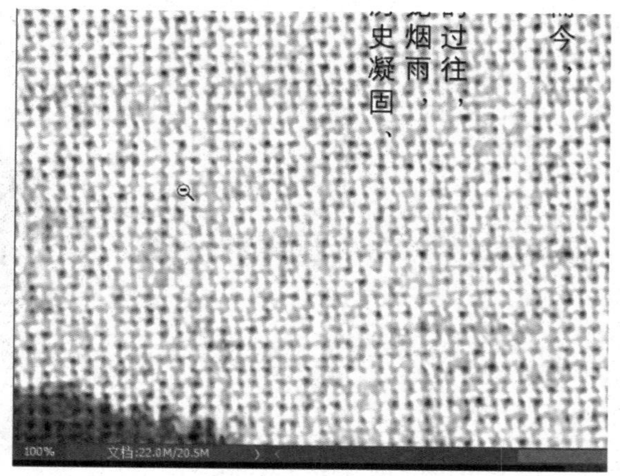

大图像显示为 100%的效果

图 1-62 放大和平移视图

按住空格键的同时拖曳鼠标，可以方便地平移画布。

1.7.2 使用辅助工具

在绘制精确的图形时，常常需要用到标尺、参考线和网格等辅助工具。

📖 标尺

标尺和参考线一般结合在一起使用，按【Ctrl+R】组合键，可以显示或隐藏标尺。在默认状态下，标尺的原点位置处于图像编辑区的左上角，如图 1-63 所示。

📖 参考线

在标尺上拖曳鼠标，可以拖曳出参考线。使用工具箱中的“移动工具”，可以改变参考线的位置，结合标尺上的数值，可以精确地定位图像，如图 1-64 所示。

图 1-63　显示标尺

图 1-64　使用参考线

📖 网格

网格主要用于对齐参考线，以便用户在编辑操作中对齐图像。执行“视图”|“显示”|“网格”命令，可以显示网格，如图 1-65 所示。若重复执行该命令，则将隐藏网格。

关于标尺、网格、参考线的属性，可以在“首选项”对话框中进行设置。选择“编辑”|“首选项”|“单位与标尺”命令，可以打开“首选项”对话框，如图 1-66 所示。

图 1-65　显示网格

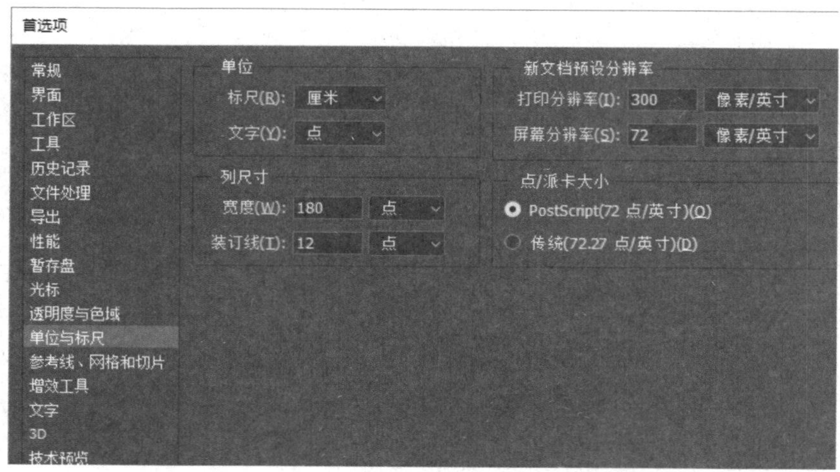

图 1-66　“首选项”对话框

在界面上双击任意参考线，可以更快的打开“首选项”对话框。

1.7.3　屏幕显示

图像编辑区域虽然占据整个屏幕的较大范围，但对于专家级的设计师来说，仍显得较小。在预览图像时，设计师们常常隐藏工具箱和各种面板，将屏幕最大化显示，以获得最佳的视觉效果。

📖 隐藏工具面板

使用【Tab】键，可以隐藏或显示工具面板，如图 1-67 所示。

📖 全屏显示图像

使用【F】键，可以在各个显示方式间进行切换，全屏显示效果如图 1-68 所示。

图 1-67　隐藏工具面板

图 1-68　全屏显示文件

当打开多个图像文件时，Photoshop CC2017 界面中图像标题栏会并排显示在一个窗口内，单击任意图像的标题，可切换至显示此图像界面。用鼠标拖动图像标题栏窗口至空白区域，可将打开的多个图像一并拖出，如图 1-69 所示。用户也可以用鼠标单击所需图像标题，将图像单独拖出进行编辑。如图 1-70 所示。

图 1-69　多个图像在一个标题栏内

图 1-70　将图像单独拖出编辑

课堂实战——将大图像改小并排版

本节通过将大图像改小并制作证件照为例，对上述所学知识进行综合应用和巩固练习。在日常生活中，数码照片的尺寸都比较大，不但占用空间，而且还不便于查看。因此如无特殊需要，常常会将大尺寸的照片缩小。本实例的最终效果如图 1-71 所示。

扫描观看本节视频

图 1-71　证件照排版效果

实战操作

本实例主要运用填充和自定义图案等命令，其具体操作步骤如下：

（1）启动 Photoshop CC2017，打开一个素材文件，如图 1-72 所示。

（2）执行“图像”|“图像大小”命令，如图 1-73 所示。

图 1-72 素材文件

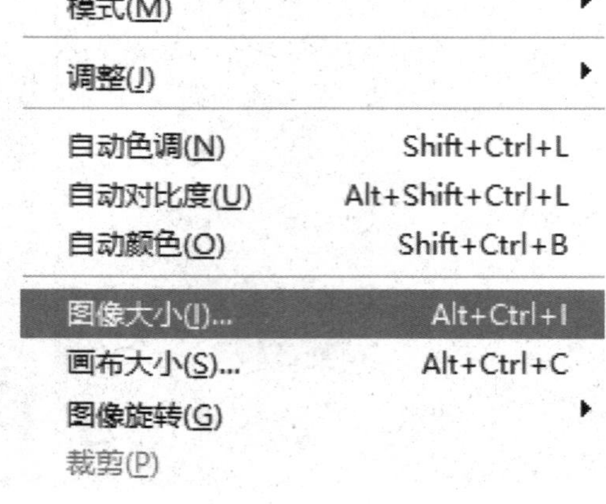

图 1-73 执行“图像大小”命令

（3）在弹出的“图像大小”对话框中查看图像的尺寸信息，如图 1-74 所示。

（4）在“像素大小”选项区中，设置“宽度”为 113 像素、高度为 141 像素，如图 1-75 所示。

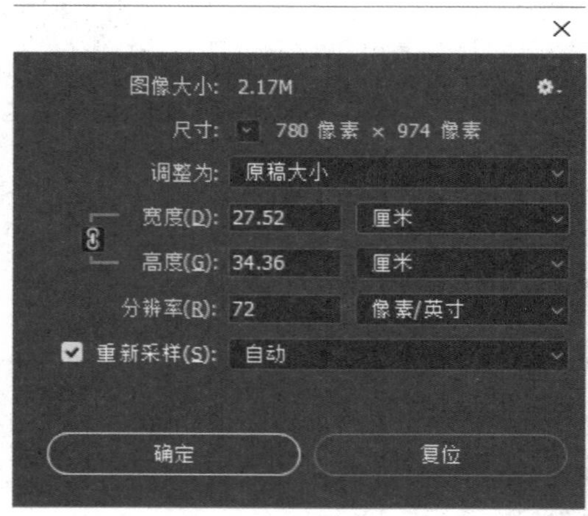

图 1-74 “图像大小”对话框

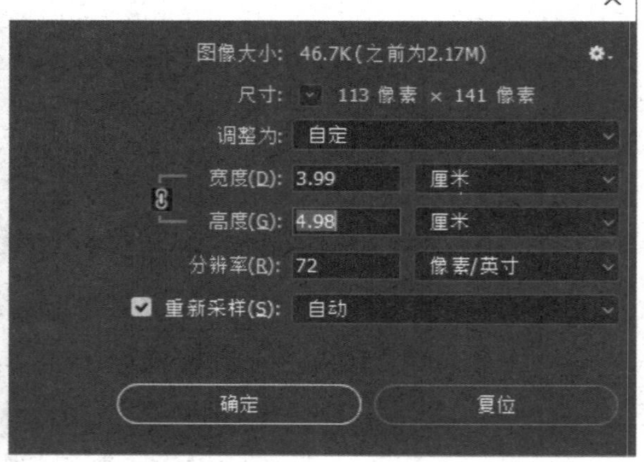

图 1-75 设置“像素大小”

（5）单击“确定”按钮返回图像编辑区，可以看到图像已经等比例缩小，如图 1-76 所示。

图 1-76　缩小比例后的图像

（6）执行“编辑”|“定义图案”命令，弹出“图案名称”对话框，设置图案名称，如图 1-77 所示。

图 1-77　“图案名称”对话框

（7）单击“确定”按钮，关闭“图案名称”对话框。执行“文件”|“新建”命令，新建文件，参数设置如图 1-78 所示。

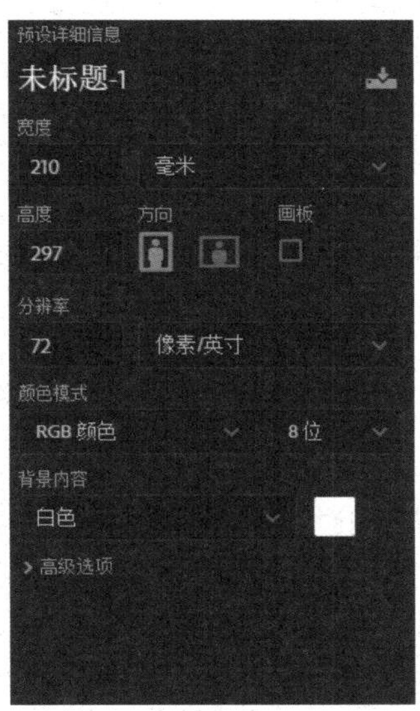

图 1-78　创建文档

（8）单击“创建”按钮创建新文件，执行“编辑”|“填充”命令，弹出“填充”对话框，在“自定图案”下拉列表框中选择已定义好的图案，如图1-79所示。

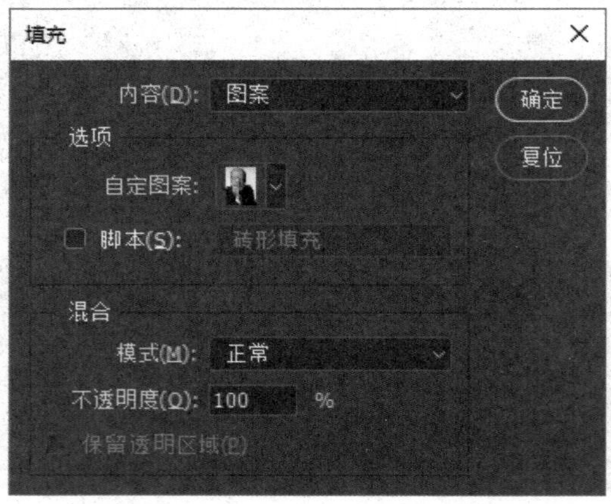

图1-79 “填充”对话框

按【Shift+F5】组合键，可以快速地打开“填充”对话框。

（9）单击“确定”按钮即可填充图案，其效果参见图1-71。

课堂总结

本章重点讲述了Photoshop的基础知识及其基本操作，通过本章的学习，应熟练掌握以下内容：

（1）在讲述Photoshop的基本概念时，应掌握矢量图形与位图图形的区别，以及各种颜色模式的特点。

（2）在讲述Photoshop的基本操作时，应掌握各种常见操作方法。

（3）在讲述Photoshop的基本技法时，应掌握辅助工具的使用方法，熟练地掌握放大和平移视图的操作，能够将Photoshop的使用技法提高一个层次。

课后巩固

一、填空题

1．使用________键，可以在各个显示方式间进行切换。

2．标尺和参考线一般结合在一起使用，按________组合键，可以显示或隐藏标尺。

3．CMYK彩色模式由青色、洋红、黄色和________组成，又叫减色模式。

二、简答题

1．Photoshop 有什么用途？
2．常见的颜色模式有哪些？
3．Photoshop 的辅助工具有哪些？

三、上机操作

1．使用 Photoshop CC2017 打开如图 1-80 所示图片。

原图像

在 Photoshop 中打开的效果

图 1-80　打开文件

2．在 Photoshop 中，启用网格显示，如图 1-81 所示。

显示前

显示后

图 1-81　显示网格

第2章　Photoshop CC2017的图像编辑

本章导读

在学习Photoshop CC2017基础知识之后，本章将介绍Photoshop CC2017的图像编辑操作，如图像的选取，选区的编辑、变换与存储选区等。选区是Photoshop中非常重要的概念，读者需要重点掌握选区的创建与编辑操作。

学习目标

- 图像的选取
- 编辑选区
- 修改选区
- 编辑选区中的对象

2.1　选取图像

在Photoshop CC2017中，选取图像是一项非常重要的操作，因为大部分的图像处理工作并不是针对整个图像，而是对其局部进行加工。因此，用户应根据实际需要来创建选区。

2.1.1　创建规则选区

使用工具箱选框工具组中的工具可以创建规则选区，该工具组中包括矩形选框工具、椭圆选框工具、单行选框工具和单列选框工具，选框工具的选项栏如图2-1所示。

图2-1　选框工具的选项栏

选项解析

※　“创建模式”按钮：在不同的模式下，创建两个选区的叠加模式，如相加、相减、交叉等。如图2-2所示分别为在不同的模式下创建两个相交的椭圆选区的结果。

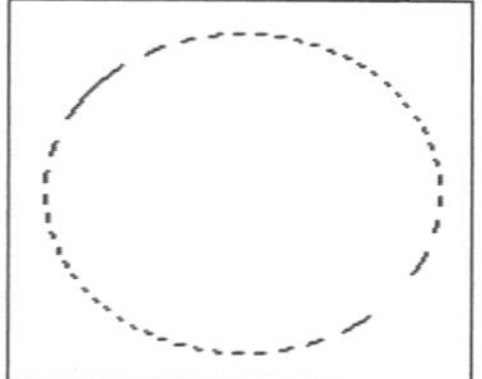
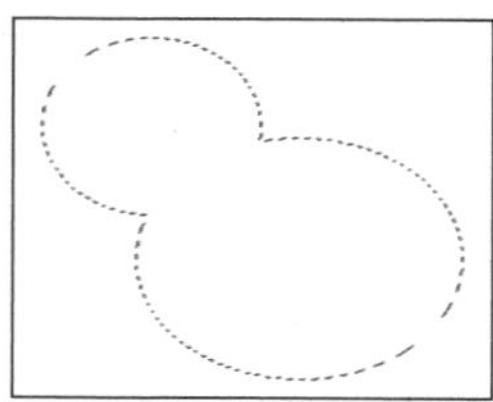
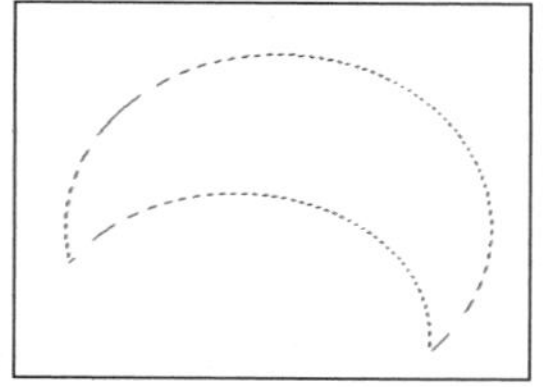
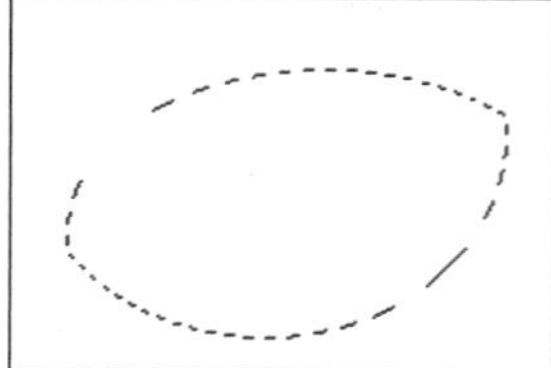

图2-2　不同模式下创建的选区效果

❋　"羽化"数值框：用于设置创建选区后边缘的模糊程度，数值越大，模糊程度越高。如图 2-3 所示为不同羽化值的填充效果。

❋　"样式"下拉列表框：用于设置绘制选区的方式，分为正常、固定比例、固定大小三类。在制作固定比例或固定大小的图像时（如证件照），常常用到此工具。

羽化值为 5

羽化值为 20

图 2-3　不同羽化值的填充效果

2.1.2　创建不规则选区

在设计过程中，图像大多是不规则的，在选取的过程中可以使用套索工具、多边形套索工具或磁性套索工具来对图像进行选取。

🕮 套索工具

使用套索工具可以绘制类似徒手画出的选区，这一般在绘制不规则的自然形状时才会用到，利用该工具绘制的选区如图 2-4 所示。

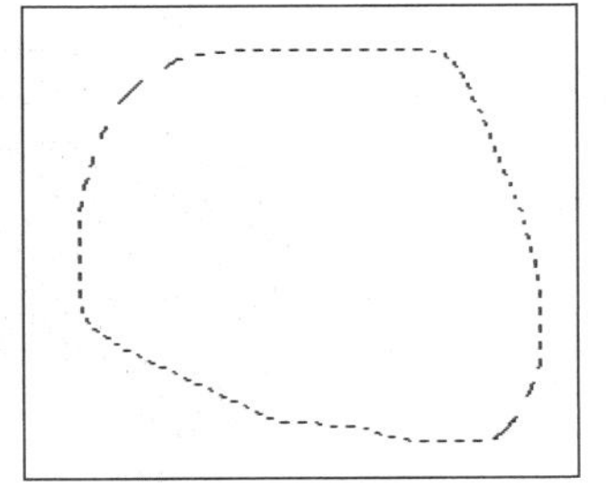

图 2-4　利用套索工具创建的选区

专家提醒

在鼠标拖动的过程中，若终点尚未与起点重合就释放鼠标，则 Photoshop 会自动封闭不完整的选区。

🕮 多边形套索工具

使用多边形套索工具可以创建多边形选区，一般在绘制棱角较分明的选区时会用到它。

典型应用

（1）在工具箱中选取多边形套索工具，沿着图像的边缘依次单击鼠标，如图 2-5 所示。

（2）依次在边缘连线，当连接线首尾相连时，会显示图标，此时单击鼠标，即可闭合选区，如图 2-6 所示。

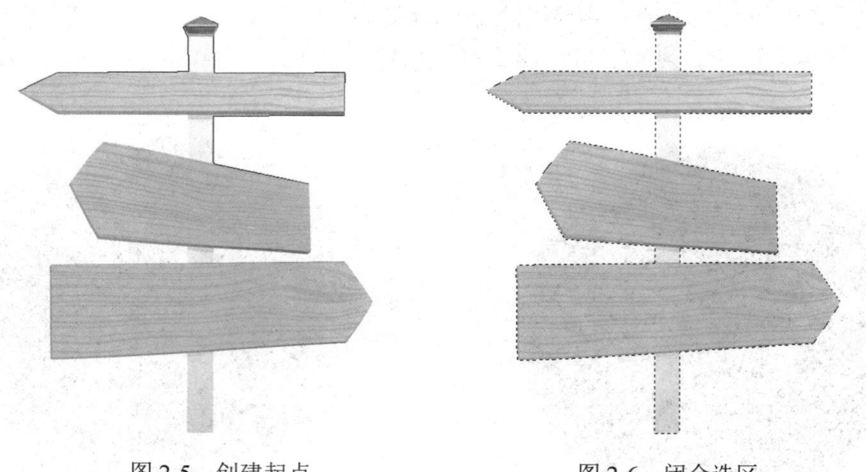

图 2-5　创建起点　　　　图 2-6　闭合选区

📖 磁性套索工具

磁性套索工具可以自动识别图像的边界，非常适用于边界分明的图像。

典型应用

（1）在工具箱中选取磁性套索工具，沿着图像的边缘移动鼠标，如图 2-7 所示。

（2）当连接线首尾相连时，会显示图标、此时单击鼠标，即可闭合选区，如图 2-8 所示。

图 2-7　创建起点

图 2-8　闭合选区

2.1.3 按颜色创建选区

若图像的颜色有较大的反差，可以考虑使用色彩范围来创建选区。

典型应用

（1）打开如图 2-9 所示的素材图像。

（2）执行“选择”|“色彩范围”命令，弹出“色彩范围”对话框，使用鼠标在需要选取的图像上单击鼠标，并移动“颜色容差”滑块调整选择范围，如图 2-10 所示。

图 2-9 素材图像

图 2-10 “色彩范围”对话框

（3）单击“确定”按钮，即可利用色彩范围创建选区，如图 2-11 所示。

图 2-11 创建的选区

2.1.4 使用快速蒙版创建选区

快速蒙版是一种暂时将部分图像屏蔽的工具，它只会建立图像的选区，而不会对图像进行修改。关于蒙版的概念将在第 8 章作详细的讲解。

典型应用

（1）打开如图 2-12 所示的素材图像，按【Q】键进入快速蒙版模式，在工具箱中选取画笔工具，在需要选取的图像上进行涂抹，如图 2-13 所示。

（2）再次按【Q】键，退出快速蒙版模式，即可利用快速蒙版创建选区，执行“选择”|“反向”命令，界面将显示刚刚画笔工具选取的图像区域被选中，如图 2-14 所示。

图 2-12　素材图像

图 2-13　进入快速蒙版

图 2-14　创建的选区

专家提醒

使用快速蒙版时需要注意，进入快速蒙版界面后，前景将自动跳转为黑色，此时如果将前景色转换为白色，可修改选中的蒙版区域。

2.1.5 使用通道创建选区

使用通道创建选区是一种比较高级的抠图方法，它常用于选取复杂的图形。

典型应用

（1）打开一幅素材图像，如图 2-15 所示。

（2）从“图层”选项卡中切换至“通道”选项卡，选中“蓝”通道，在“蓝”通道上单击鼠标右键，在弹出的快捷菜单中选择“复制通道”选项，如图 2-16 所示。

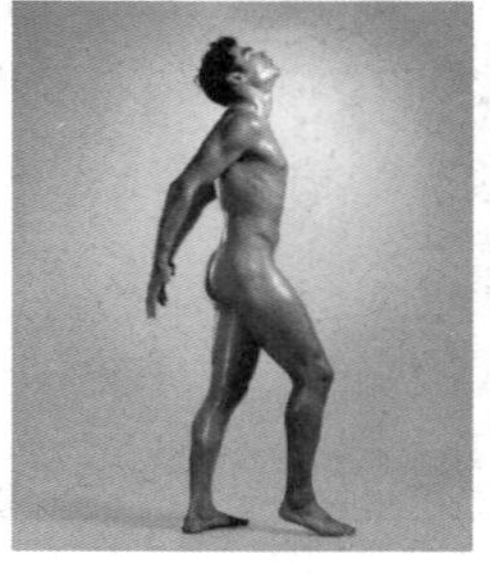

图 2-15　素材图像

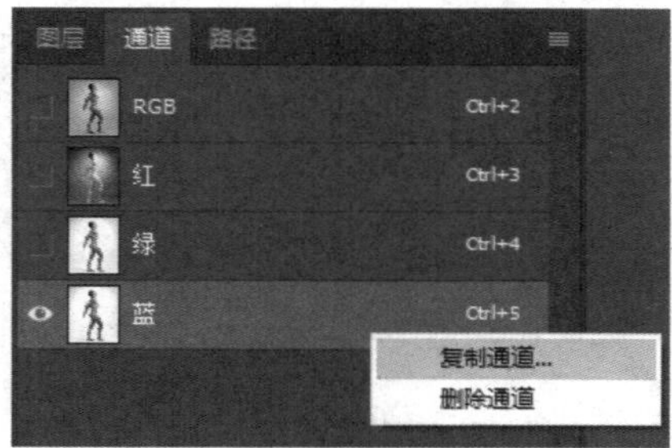

图 2-16　复制通道

（3）弹出“复制通道”对话框，保持默认设置，如图 2-17 所示。

（4）单击“确定”按钮，将“蓝拷贝”图层置为当前图层。执行“图像”|“调整”|“色阶”命令，弹出“色阶”对话框，调整色阶，如图 2-18 所示。

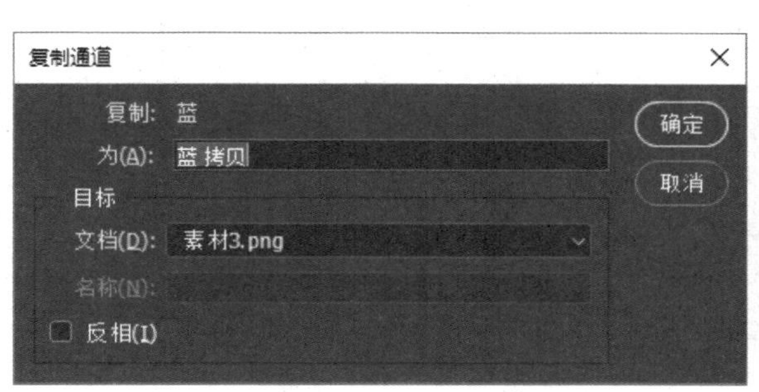

图 2-17　“复制通道”对话框

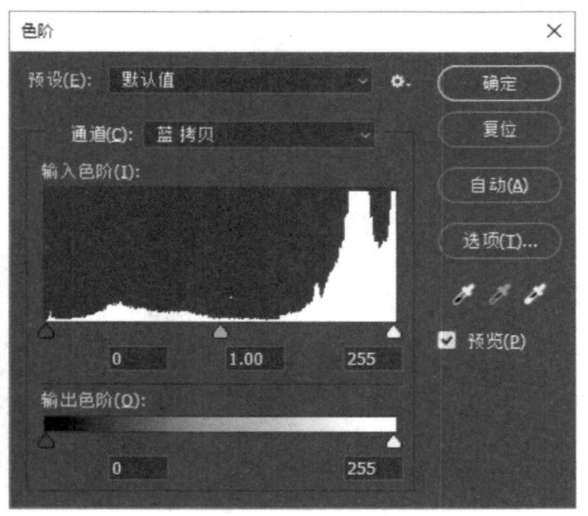

图 2-18　“色阶”对话框

（5）将前景色设置为黑色，在图像上将人体的高光部分涂黑，单击“确定”按钮，如图 2-19 所示。

（6）执行“图像”|“调整”|“亮度/对比度”命令，弹出“亮度/对比度”对话框，调整图像对比度，如图 2-20 所示。

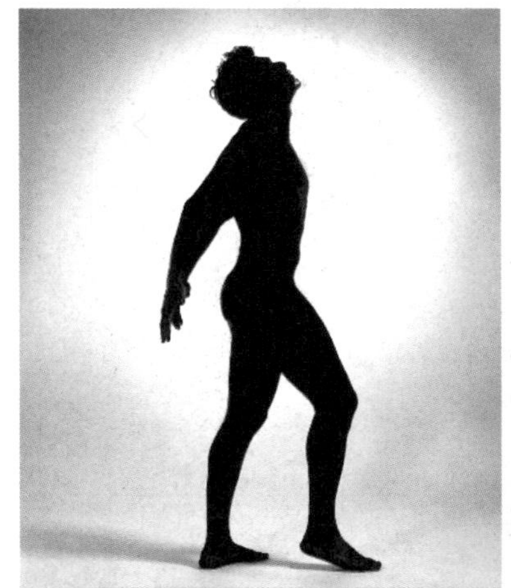

图 2-19　涂黑高光部分

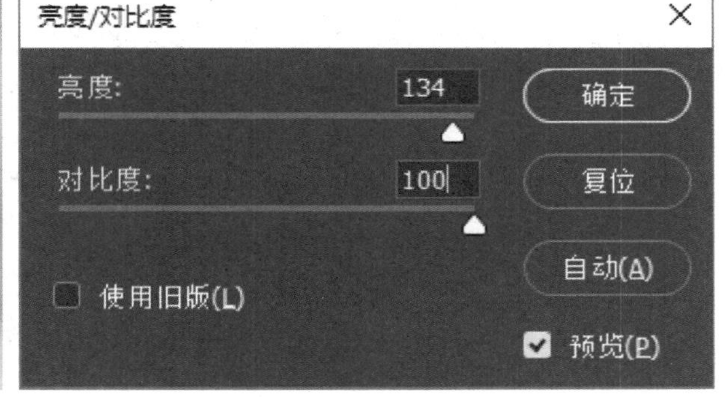

图 2-20　“亮度/对比度”对话框

（7）单击“确定”按钮，此时的效果如图 2-21 所示。

（8）按住【Ctrl】键的同时，单击“蓝副本”图层的缩略图，选择“RGB”图层，返回“图层”选项卡，此时的效果如图 2-22 所示。

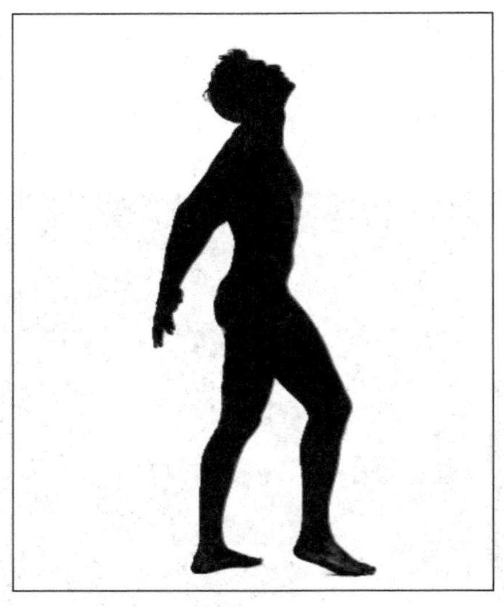

图 2-21 调整“亮度/对比度”后的效果

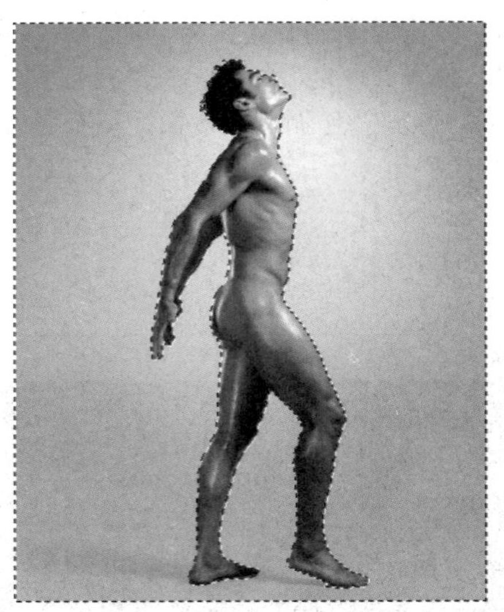

图 2-22 选择效果

（9）双击“背景”图层，将背景图层转换为普通图层，如图 2-23 所示。

（10）按【Delete】键删除图像，按【Ctrl＋D】组合键取消选区，效果如图 2-24 所示。

图 2-23 将背景图层转换为普通图层

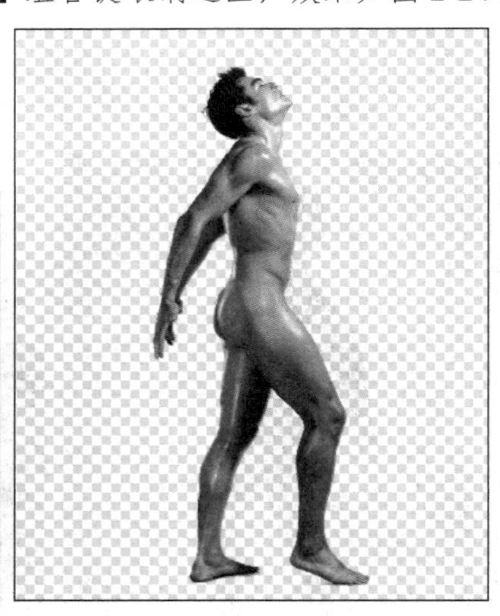

图 2-24 删除效果

背景图层需要转换为普通图层，否则不能对其进行操作。

2.1.6 使用路径创建选区

路径具有矢量性，但也常常用于创建选区。在路径工具中，使用最多的是钢笔工具，钢笔工具常用于创建界限不明显又具弧度的复杂选区。

典型应用

（1）打开一幅素材图像，如图 2-25 所示。

（2）在工具箱中选取钢笔工具，根据瓶子形状依次创建描点，如图 2-26 所示。

（3）按【Ctrl＋Enter】组合键，将路径转换为选区即可，如图 2-27 所示。

图 2-25　素材图像

图 2-26　创建锚点

图 2-27　将路径转换为选区

2.2　编辑选区

选区创建好后，经常需要对选区进行编辑操作，如移动、反选、变换等。结合这些操作命令，可以对原来简单的选区进行调整，本节将对这些操作进行详细的介绍。

2.2.1　移动选区

创建一个选区后，有时会利用这个选区进行一些其他操作，因此需要将其进行移动。

典型应用

（1）打开一幅素材图像，如图 2-28 所示。

（2）使用选区工具，选择手机图形，如图 2-29 所示。

图 2-28　素材图像

图 2-29　选择手机图形

（3）保持选区工具状态，拖动鼠标或利用方向键，即可移动选区，如图 2-30 所示。

图 2-30　移动选区

2.2.2　反选选区

反选选区可以快速地选择选区之外的区域。

典型应用

（1）打开一个素材文件，如图 2-31 所示。

（2）使用魔棒工具，快速选择白色区域，如图 2-32 所示。

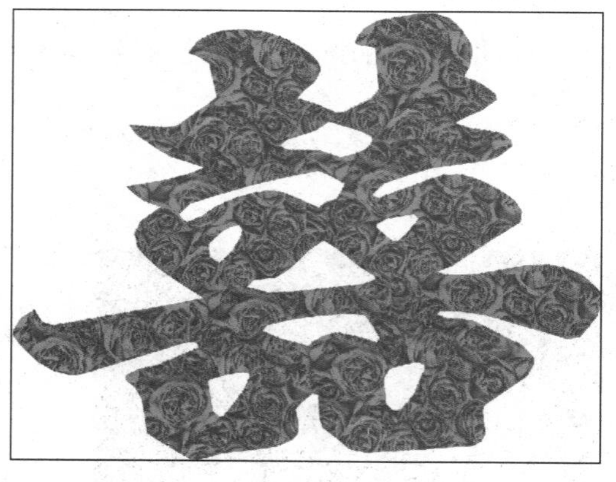

图 2-31　素材文件

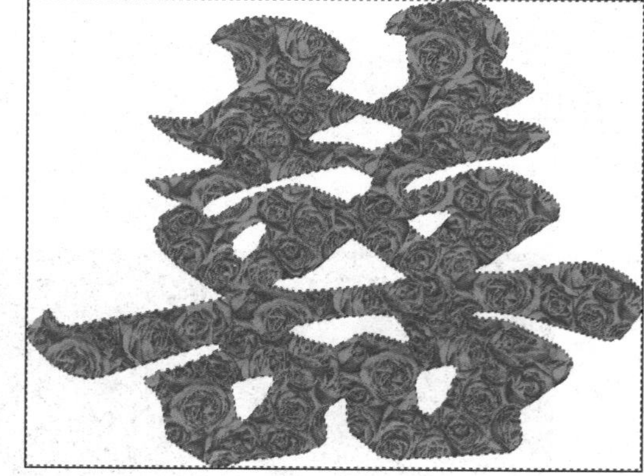

图 2-32　选择白色区域

（3）执行“选择”|“反向”命令，即可反向选择区域，如图 2-33 所示。

（4）此时可对选区进行其他操作，如填充等，如图 2-34 所示为填充红色的效果。

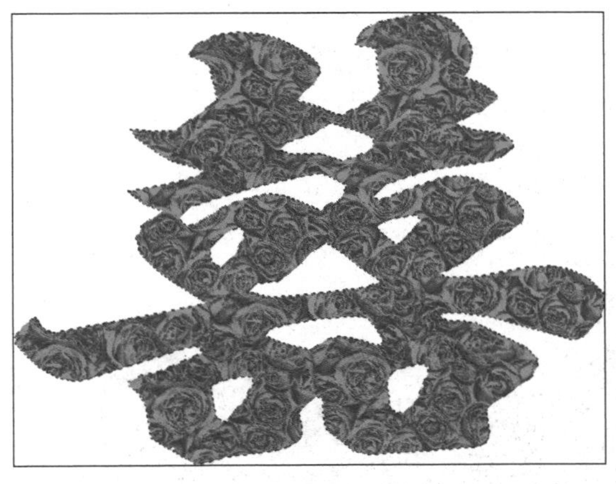

图 2-33　反选选区

图 2-34　填充红色

按【Ctrl+Shift+I】组合键，可快速反选选区。

2.3　修改选区

选区的修改是针对选区操作的一部分，如边界、平滑、扩展、收缩和羽化等。本节将对这些操作进行具体讲解。

2.3.1　边界

使用“边界”命令，相当于在原选区的边缘创建一个可以定义的环形边界。

典型应用

（1）打开一个素材文件，如图 2-35 所示。

（2）使用魔棒工具，快速选择白色区域，如图 2-36 所示。

图 2-35　素材文件

图 2-36　选择白色区域

（3）执行“选择”|“反向”命令，即可反向选择区域。按【D】键，恢复默认前景色和

背景色，按【Ctrl＋Delete】组合键，填充背景色，其效果如图 2-37 所示。

（4）执行“选择”|“修改”|“边界”命令，弹出“边界选区”对话框，从中设置边界宽度，如图 2-38 所示。

图 2-37　填充白色

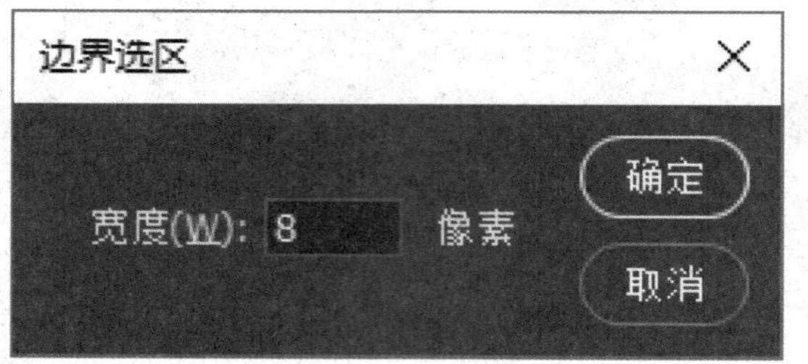

图 2-38　“边界选区”对话框

（5）单击“确定”按钮，此时的选区效果如图 2-39 所示。

（6）按【Alt＋Delete】组合键，填充前景色，效果如图 2-40 所示。

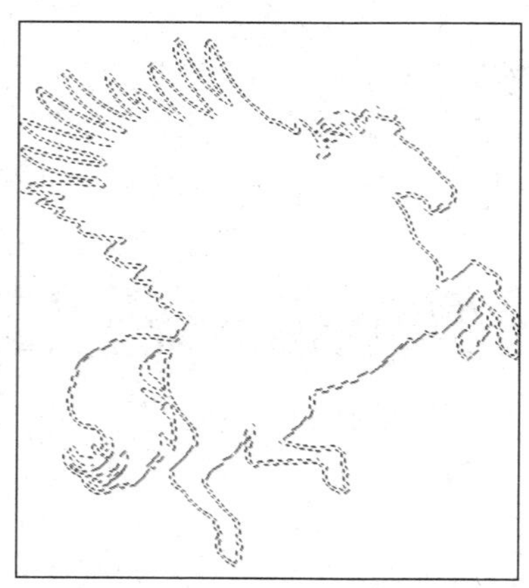

图 2-39　边界选区后的效果

图 2-40　填充颜色后的效果

2.3.2　平滑

使用平滑命令，可以将选区的边缘进行平滑处理。假如选区有明显的锯齿状，则可以使用此命令。执行“选择”|“修改”|“平滑”命令后，将弹出如图 2-41 所示的“平滑选区”对话框。

图 2-41　“平滑选区”对话框

其中，“取样半径”数值越大，选区越平滑。如图 2-42 所示为设置平滑半径后的效果对比。

无平滑的填充效果

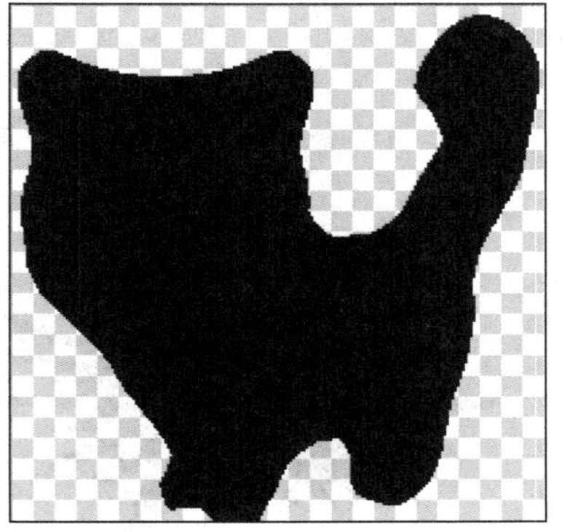

平滑半径为 10 后的填充效果

图 2-42　平滑选区

2.3.3　扩展

扩展选区可以在原有选区的基础上向外扩展一定的像素。

典型应用

（1）打开一个素材文件，如图 2-43 所示。

（2）使用魔棒工具选取黄色区域，如图 2-44 所示。

图 2-43　素材文件

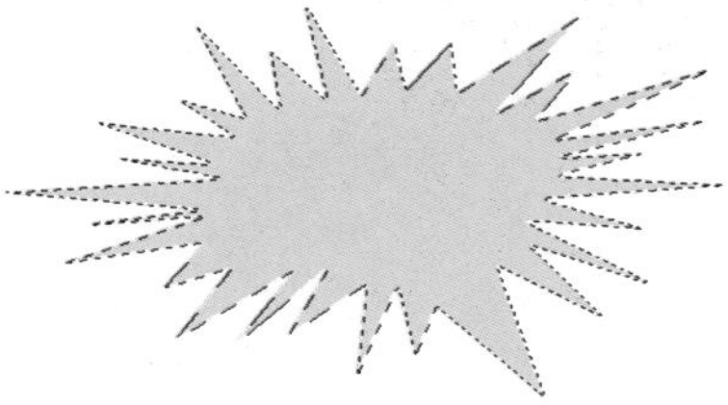

图 2-44　选取图形

（3）执行“选择”|“修改”|“扩展”命令，弹出“扩展选区”对话框，设置扩展值为 5，如图 2-45 所示。

（4）扩展后的选区如图 2-46 所示。

图 2-45　“扩展选区”对话框

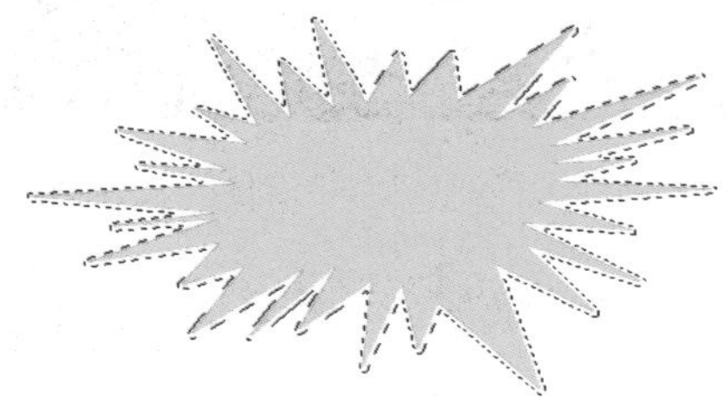

图 2-46　扩展后的效果

（5）新建图层，将前景色设置为黑色，按【Alt＋Delete】组合键填充选区，效果如图 2-47 所示。

（6）将图层的叠放顺序更改，并使用移动工具，移动黑色填充层的位置，效果如图 2-48 所示。

图 2-47　填充黑色

图 2-48　移动图层

2.3.4　收缩

与扩展选区相反，收缩选区可以在原选区的基础上向内部收缩。

典型应用

（1）打开一个素材文件，如图 2-49 所示。

（2）使用椭圆选框工具，选取眼珠，如图 2-50 所示。

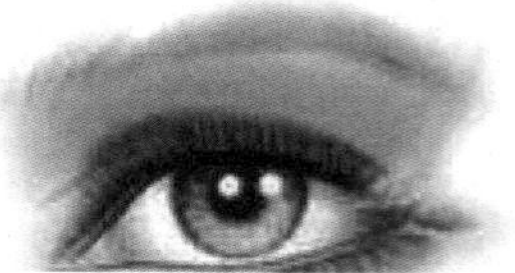

图 2-49　素材文件

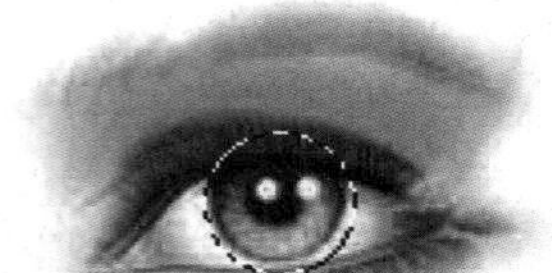

图 2-50　选择图形

（3）执行“选择”|“修改”|“收缩”命令，弹出“收缩选区”对话框，设置收缩量为 2，如图 2-51 所示。

（4）收缩后的选区，如图 2-52 所示。

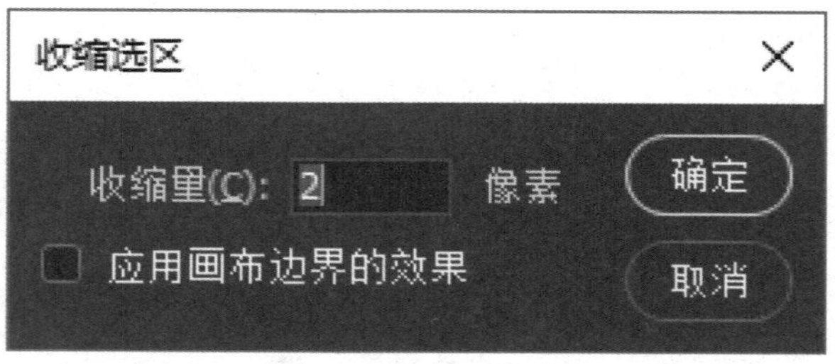

图 2-51　“收缩选区”对话框

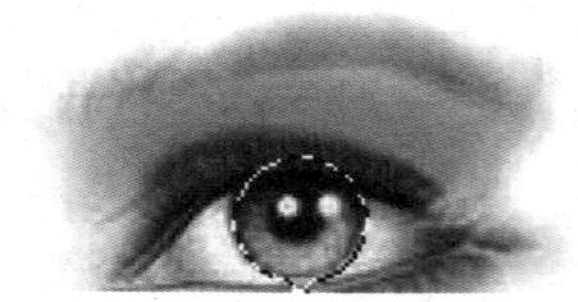

图 2-52　收缩后的选区效果

2.3.5　羽化

羽化命令可以对选区的边界进行柔化处理。

典型应用

（1）打开一个素材文件，如图2-53所示。

（2）使用椭圆选框工具，选取图像，如图2-54所示。

图2-53　素材文件

图2-54　选取图像

（3）执行“选择”|“修改”|“羽化”命令，弹出“羽化选区”对话框，设置其羽化半径为10，如图2-55所示。

（4）按【D】键，恢复默认的前景色和背景色，按【Ctrl+Shift+I】组合键反选选区，再按【Alt+Delete】组合键，填充前景色，效果如图2-56所示。

图2-55　“羽化选区”对话框

图2-56　填充结果

2.3.6　变换选区

变换选区用作对选区进行变形操作，如缩放、倾斜、旋转、透视等。建立选区后，执行“选择”|“变换选区”命令即可变换选区，如图2-57所示。

原选区

变换结果

图 2-57　变换选区

> **专家提醒**
> 本节讲述的选区变换和快捷键【Ctrl+T】的执行效果不同，这里主要是针对选区进行的变换操作。

2.3.7　储存与载入选区

为了方便后期的处理与制作，常常会将选区储存起来，以备使用。

典型应用

（1）打开一个素材文件，选取图像，如图 2-58 所示。

（2）执行“选择”|“存储选区”命令，弹出“存储选区”对话框，如图 2-59 所示。

图 2-58　选取图像

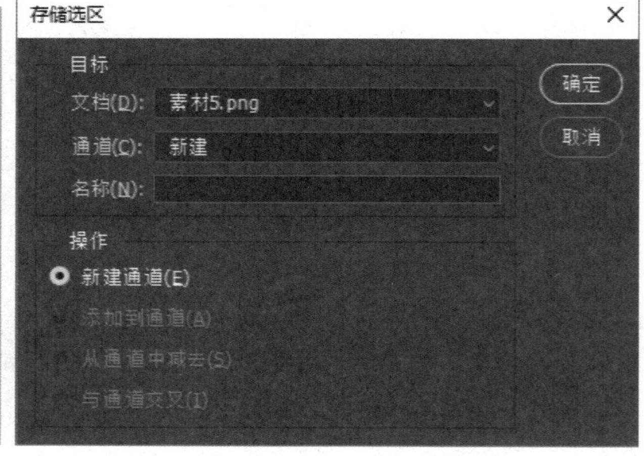

图 2-59　“存储选区”对话框

（3）保持默认设置，单击“确定”按钮即可存储选区。按【Ctrl+D】组合键取消选区，打开“通道”选项卡，便可以看到已经保存的选区，如图 2-60 所示。

（4）若要载入选区，则可以在按住【Ctrl】键的同时，单击新建的 Alpha 1 通道缩略图，即可载入选区，如图 2-61 所示。

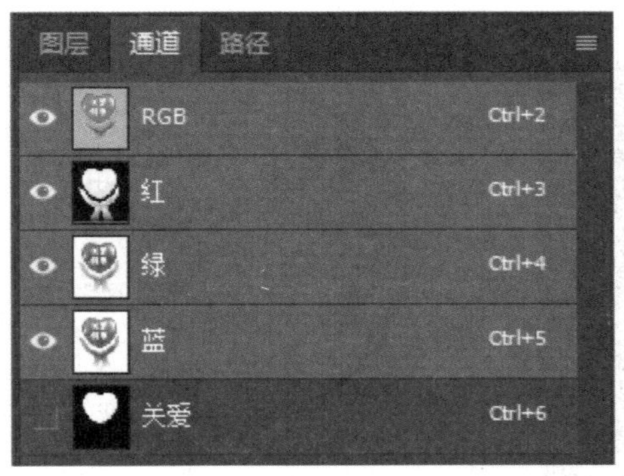

图 2-60 “通道”选项卡

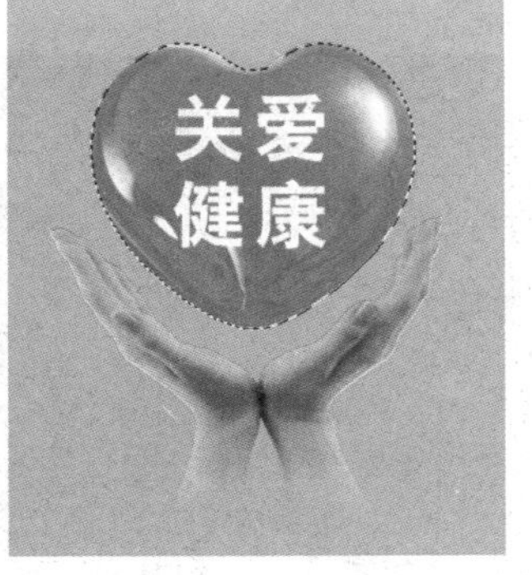

图 2-61 载入选区

课堂实战——使用选区绘制标识

下面将以摩托罗拉手机标识为例进行介绍，从而对上述所学知识进行巩固练习。摩托罗拉标识的最终效果如图 2-62 所示。

实战操作

扫描观看本节视频

图 2-62 摩托罗拉标识效果

本实例主要用到了椭圆选框工具和钢笔工具等，具体操作步骤如下：

（1）启动 Photoshop CC2017，新建文件，如图 2-63 所示。

（2）在工具箱中选取椭圆选框工具，结合【Shift】键绘制一个正圆选区，效果如图 2-64 所示。

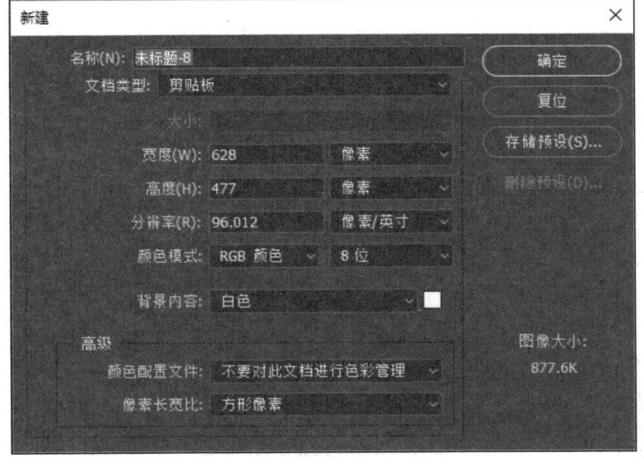

图 2-63 新建文件

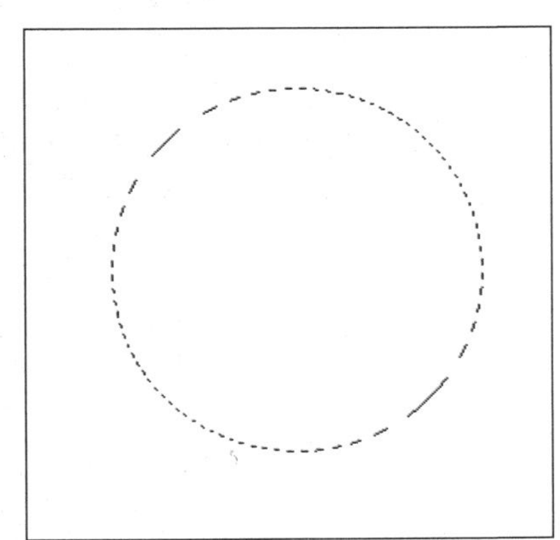

图 2-64 绘制正圆选区

（3）设置前景色为深蓝色（R43、G92、B170），执行“图层”|“新建”|“图层”命令

新建图层，执行“编辑”|“描边”命令，在弹出的“描边”对话框中设置描边参数，如图 2-65 所示。

（4）设置完成后单击“确定”按钮，对选区进行描边，效果如图 2-66 所示。

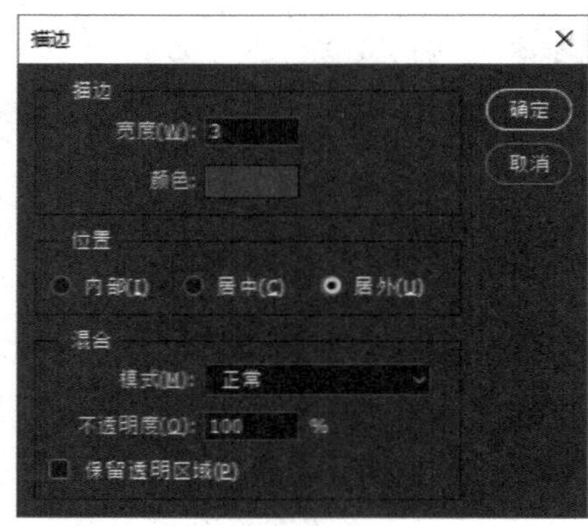

图 2-65 “描边”对话框

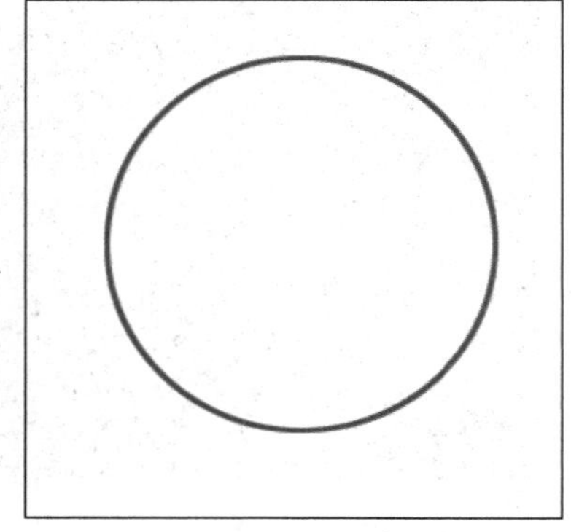

图 2-66 描边效果

（5）在工具箱中选取钢笔工具，在圆内绘制闭合路径，如图 2-67 所示。

（6）在工具箱中选取转换点工具（在钢笔工具组），按住【Alt】键并调整右下角控制点的位置，效果如图 2-68 所示。

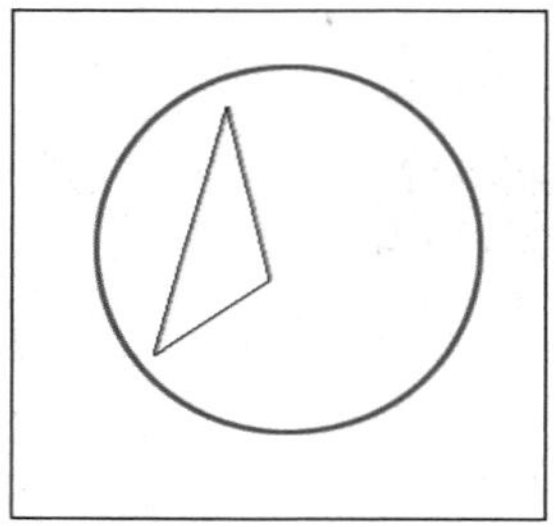

图 2-67 绘制路径

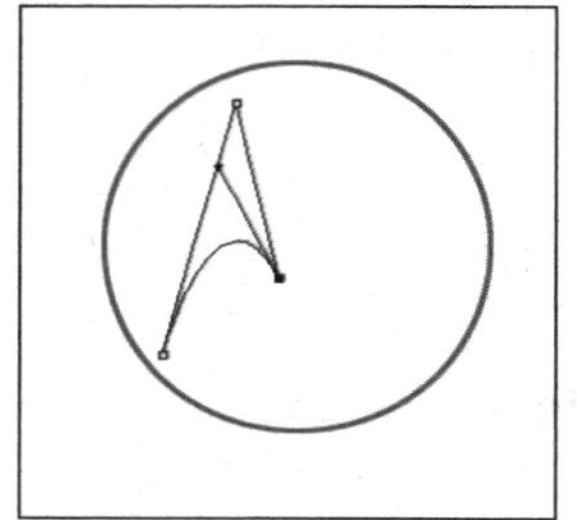

图 2-68 调整路径

（7）按【Ctrl+Enter】组合键将路径转换为选区，新建图层，按【Alt+Delete】组合键填充前景色，效果如图 2-69 所示。

（8）按【Ctrl+J】组合键复制图层 2，执行“编辑”|“变换”|“水平翻转”命令，然后使用移动工具调整图像位置，效果如图 2-70 所示。

图 2-69 填充前景色

图 2-70 复制图层

2.4 编辑选区中的对象

选区内图像的编辑操作包括移动、裁剪、清除、描边等。本节将对其进行具体介绍。需要说明的是，变换图像与变换选区的操作方法类似，只是变换选区调整的是选区的形状，而变换图像则是对选区、单个或多个图层中的图像进行调整，从而实现特殊效果。

2.4.1 移动图像

使用工具箱中的移动工具，可以对当前图层中的图像，或是选区中的图像进行移动。如图 2-71 所示。

原图形

移动选区中的对象

图 2-71 移动图形

专家提醒

移动图像时，可以使用键盘上的方向键进行移动，这样方向键每按一次会向相应的方向移动一个像素，因而能比较精确地移动图像。

2.4.2 裁剪图形

使用裁剪工具，可以将多余的画布裁剪掉。

典型应用

（1）打开一个素材文件，在工具箱中选取裁剪工具在画布上拖曳，此时将显示裁剪框，框内表示将被保留的区域，如图 2-72 所示。

（2）按【Enter】键即可裁剪图形，效果如图 2-73 所示。

图 2-72　创建裁剪框

图 2-73　裁剪效果

2.4.3　清除图像

清除图像即将图像删除。在 Photoshop CC2017 中删除图像后，将露出下一层中的图像。

典型应用

（1）打开一个素材文件，双击背景图层，将背景图层转换为普通图层，使用椭圆选框工具选取图形，如图 2-74 所示。

（2）按【Ctrl＋Shift＋I】组合键反选选区，然后按【Delete】键删除，其效果如图 2-75 所示。

图 2-74　选取图形

图 2-75　删除效果

2.4.4　复制、剪切和粘贴图像

在制作合成图像时，常常会用到复制、粘贴等操作，利用它们可以将相同的图像复制出一个或多个副本。

典型应用

（1）打开一个素材文件，使用选区选取需要复制的图像，并按【Ctrl＋C】组合键复制图像，如图 2-76 所示。

（2）打开另一素材文件，按【Ctrl＋V】组合键粘贴图像，效果如图 2-77 所示。

图 2-76　复制图像

图 2-77　粘贴图形

（3）使用【Ctrl＋T】组合键调出变换框变换选区，调整图像大小，效果如图 2-78 所示。

（4）将当前图层的混合模式设置为“线性加深”，效果如图 2-79 所示。

图 2-78　变换图像

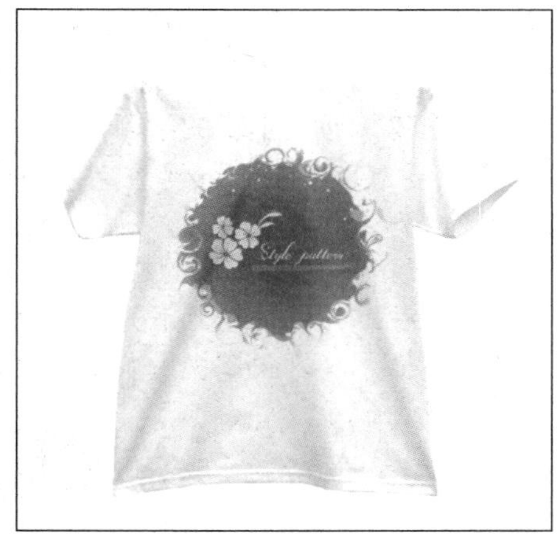

图 2-79　更换混合模式

2.4.5　描边

使用描边命令，可以为选区进行描边操作。

典型应用

（1）打开一个素材文件，按【Ctrl＋A】组合键全选图像，如图 2-80 所示。

（2）执行“编辑”|“描边”命令，弹出“描边”对话框，从中设置描边参数，如图 2-81 所示。

（3）单击“确定”按钮，即可为选区描边，其效果如图 2-82 所示。

图 2-80 全选图像

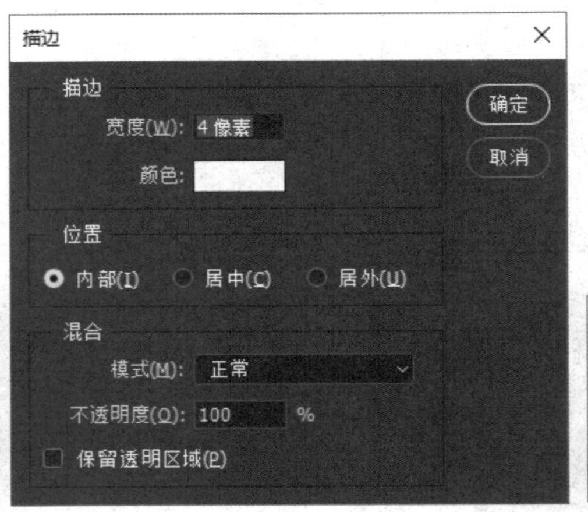

图 2-81 “描边”对话框

图 2-82 描边效果

课堂总结

本章主要讲述了图像的基本编辑，如图像的选取、选区的编辑、选区的修改以及编辑选区中的对象等。Photoshop 中的操作，仅针对选区内的图像起作用，因此，选区的创建是非常重要的，选区的精确与否，直接关系到图像处理的美观与否。读者在学习本章时，需要重点掌握选区的创建。通过本章的学习，应做到以下几点：

（1）在讲述选取图像时，要重点掌握各种创建选区方法的特点，根据不同图像的特点采用相应的选取方法，能够做到“因地制宜”。

（2）修改选区多用在图像的绘制上，编辑与修改选区时，应灵活使用各种修改工具，有时需要结合多种工具才能达到满意的效果。在学习的过程中，读者应尽量配合一些实例进行操作，只有这样才能真正掌握它们的用法。

课后巩固

一、填空题

1．若图像的颜色有较大的区分，可以考虑使用________来进行抠图。

2．反选选区的快捷键是_________。

3．________工具常用于抠选界限不明显又具弧度的复杂选区。

二、简答题

1．选取图像的方法有哪些？

2．使用路径创建选区有什么优点？

3．修改选区的方法有哪些？

三、上机操作

1．使用多边形套索工具，抠选图像，如图 2-83 所示。

图 2-83　使用多边形套索工具抠选图形

关键提示：使用多边形套索工具，沿笔记本电脑依次创建描点，删除背景图像。

2．结合各种选区工具，绘制如图 2-84 所示的图形。

图 2-84　使用各种选区绘制的标识

关键提示：使用选区工具、椭圆选框工具、矩形选框工具、文本工具进行绘制。

第 3 章　图像的绘制与修饰

本章导读

上一章我们学习了图像的编辑，本章我们来学习图像的绘制与修饰。在 Photoshop CC2017 中，可以使用画笔、铅笔等工具对图像进行绘制，也可以使用修复、修补工具对已有图像进行修饰，从而绘制出内容丰富的图像。除此之外，历史记录工具还能将 Photoshop 中的操作都记录在内存中，在需要修改时，用户可以轻松地将操作结果返回至历史记录中，从而更加方便了对图像的修改。

学习目标

- 画笔工具的使用
- 铅笔工具的使用
- 橡皮工具的使用
- 形状工具的使用
- 填充工具的使用
- 历史记录工具的使用

3.1　使用画笔工具

画笔，也称为笔刷，它可以帮助用户方便快捷地创作出复杂的作品。一些常用的设计元素都可自定义为画笔，事实上画笔就是 Photoshop 中预先定义好的一组图形。使用画笔可以提高创作的效率。

3.1.1　设置画笔参数

画笔工具组是 Photoshop 中最主要的绘图工具之一。使用画笔工具，可以轻松地绘制出柔和或者坚硬笔触的效果，如图 3-1 所示为不同硬度的画笔效果。

图 3-1　不同硬度的画笔效果

选项解析

※　工具选项栏：在工具箱中选择了画笔工具后，Photoshop CC2017 的工具选项栏也发生了相应的变化，其对应的选项栏如图 3-2 所示。其中包括笔刷、笔刷大小、笔刷硬度、绘图模式、不透明度及喷枪等选项。

图 3-2 画笔工具选项栏

❋ 画笔下拉面板：在工具选项栏中，单击“画笔”选项右侧的小箭头，将弹出画笔下拉面板，如图 3-3 所示。在“画笔”下拉面板中，可以选择画笔笔刷的形状，并可对画笔的硬度和直径进行设置。

❋ 模式下拉列表框：“模式”列表框用于设置画笔绘画时的颜色与当前颜色的混合模式。如图 3-4 所示为使用相同画笔，相同的背景，在不同的混合模式下，绘制出的效果。

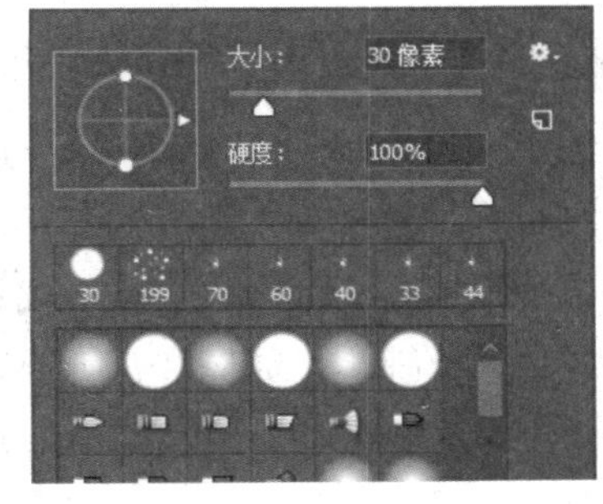

图 3-3 “画笔”下拉面板

正常模式

差值模式

叠加模式

图 3-4 不同画笔模式下的绘图效果

❋ 不透明度和流量：修改不透明度和流量选项的参数后，将会改变画笔绘制效果的透明程度，如图 3-5 所示。

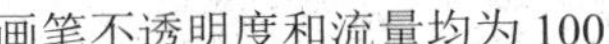

画笔不透明度和流量均为 100

画笔不透明度和流量均为 50

图 3-5 不同流量和不透明度下的画笔绘制效果

专家提醒

在画笔工具选项栏右侧单击“喷枪”工具按钮，在画笔绘制过程中，系统会自动模拟现实生活中的喷枪。即按住鼠标，喷枪便不停地喷射出色点。

3.1.2 创建和删除画笔

在绘图过程中，常常会遇到需要绘制多数重复不规则图案的情况，这个时候常常需要自定义一个画笔，如图 3-6 所示为使用自定义画笔绘制出的图案。

图 3-6 使用自定义画笔绘制出的图案

典型应用

（1）打开需要定义为画笔的图案，并选取该图案，如图 3-7 所示。

（2）执行“编辑”|“定义画笔预设”命令，弹出“画笔名称”对话框，在其中设置画笔名称，如图 3-8 所示。

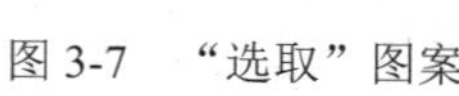

图 3-7 “选取”图案

图 3-8 “画笔名称”对话框

（3）单击“确定”按钮，按【F5】键调出“画笔”选项卡，可以看到已经创建的画笔，如图 3-9 所示。

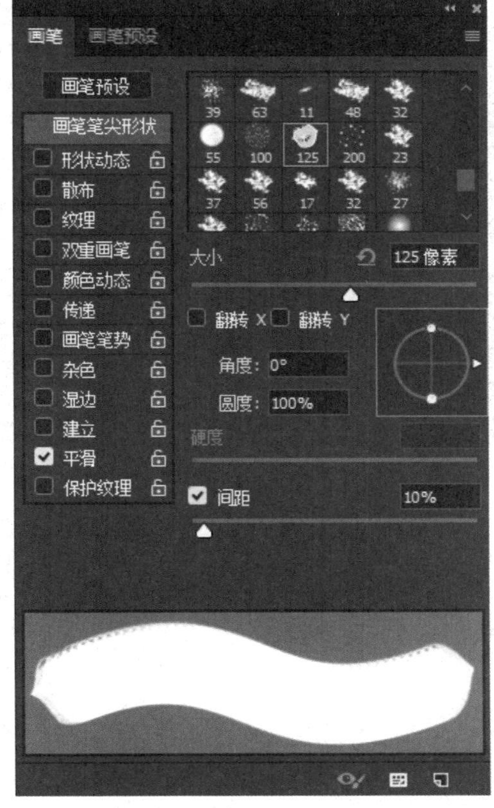

图 3-9 “画笔”选项卡

在“画笔”选项卡中，在创建好的画笔上单击鼠标右键，在弹出的快捷菜单中选择“删除”选项，即可将定义的画笔删除。

3.1.3 载入画笔

用户还可以在互联网上下载画笔，保存在电脑硬盘以便日后使用。在使用外来画笔时，首先需要将画笔载入 Photoshop。下面将通过一个简单的实例来介绍载入画笔的方法。

典型应用

（1）选取画笔工具，展开画笔下拉面板，如图 3-10 所示。

（2）单击画笔下拉面板右上角的齿轮按钮，在弹出的快捷菜单中选择“载入画笔”选项，如图 3-11 所示。

（3）弹出“载入”对话框，选择硬盘中已保存的画笔，单击载入即可，如图 3-12 所示。

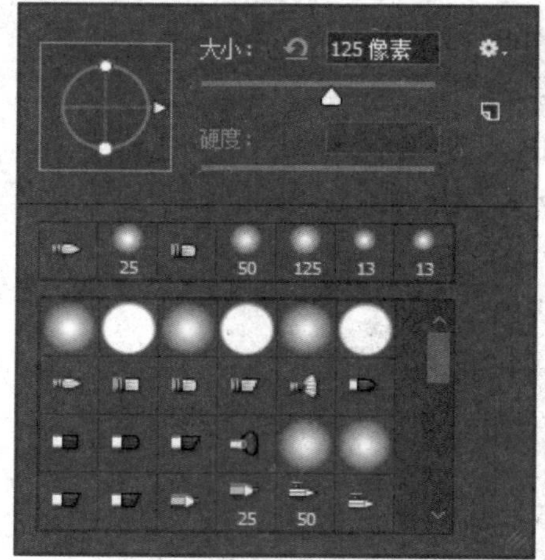

图 3-10　画笔下拉面板

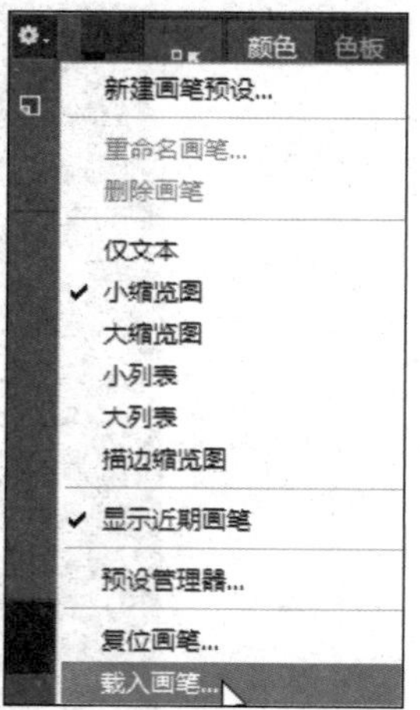

图 3-11　快捷菜单

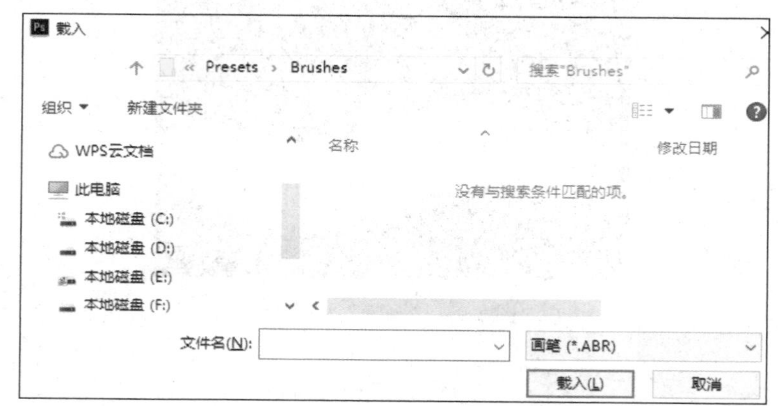

图 3-12　“载入”对话框

课堂实战——绘制魔法星星

本节通过对画笔参数进行调整，绘制星星效果，从而对上述所学知识进行综合练习和巩固应用。魔法星星最终效果如图 3-13 所示。

图 3-13　魔法星星最终效果

实战操作

本实例主要运用自定义画笔以及调整画笔参数设置等操作，其具体操作步骤如下：

（1）启动 Photoshop CC2017，执行“新建”命令，新建文件，如图 3-14 所示。

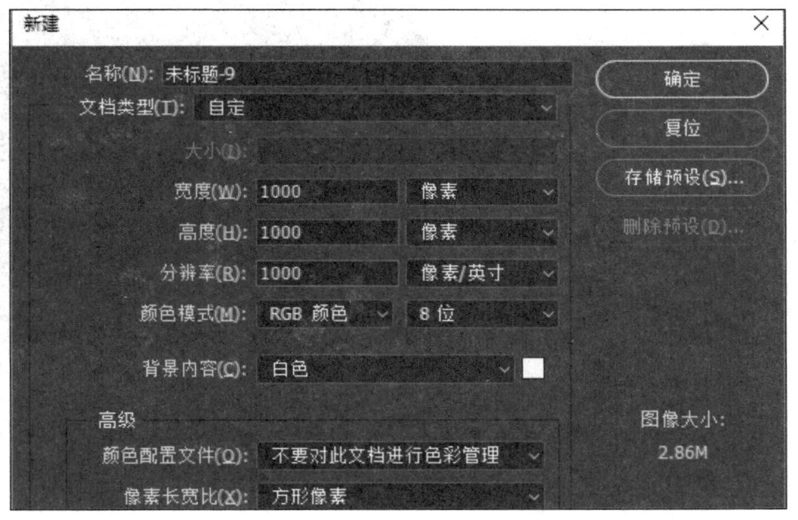

图 3-14 “新建文档”对话框

（2）在工具箱中选取“画笔”工具，按【F5】键调出“画笔”选项卡，在画笔选项卡中选择柔和画笔，如图 3-15 所示。

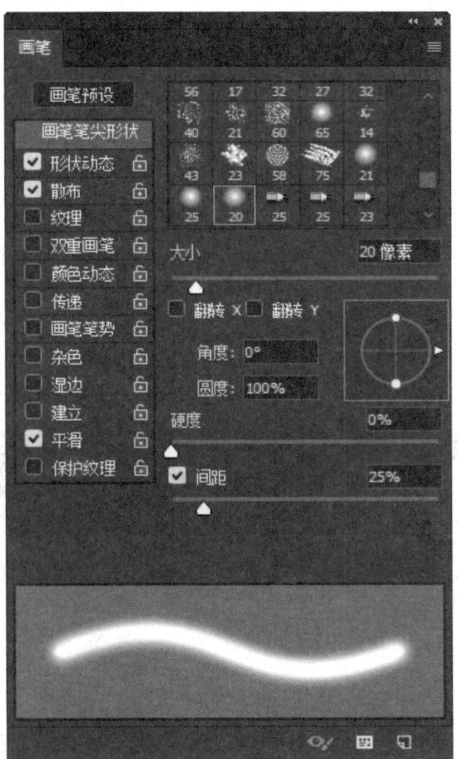

图 3-15 “画笔”选项卡

（3）设置前景色为黑色，新建图层，在画布上画点，笔头大小约为 20，如图 3-16 所示。

（4）在画笔选项卡中重新设置画笔，如图 3-17 所示。

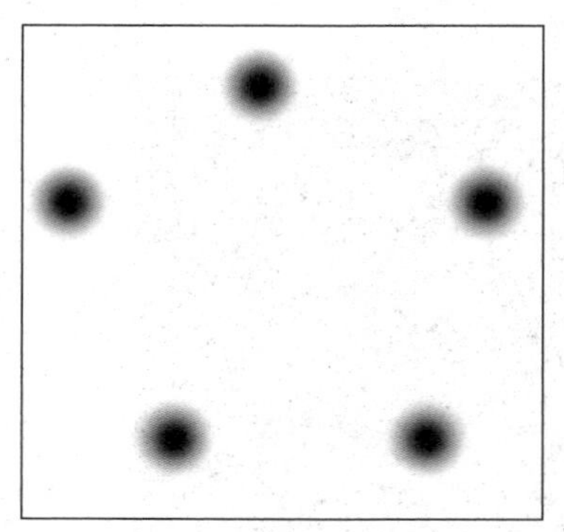

图 3-16 画点

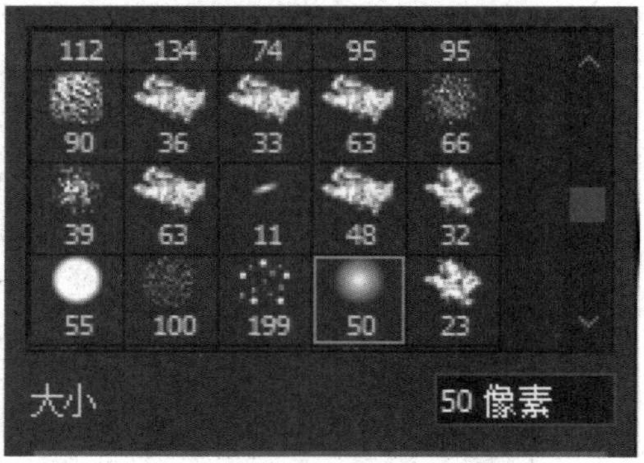

图 3-17 设置画笔

（5）将笔头大小设置为 50，在画布上画点，如图 3-18 所示。

（6）用同样的方法，在画笔选项卡中选择 33 号画笔，调整笔头至合适大小，在画布上画点，如图 3-19 所示。

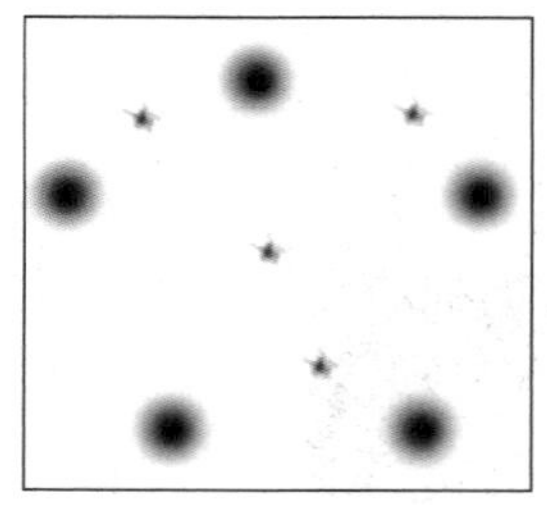

图 3-18 绘制点

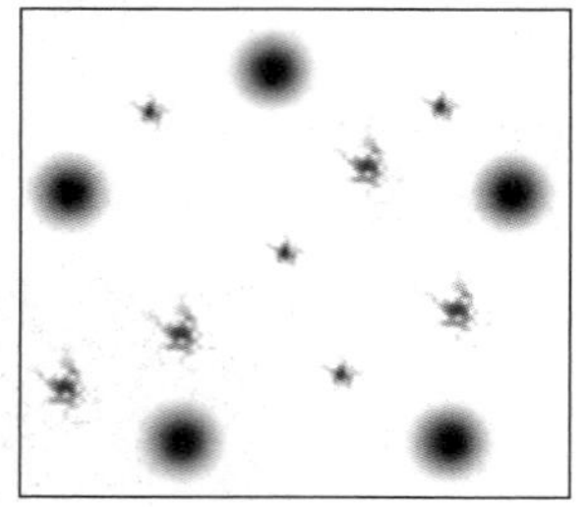

图 3-19 绘制其他点

（7）执行“编辑”|“定义画笔预设”命令，如图 3-20 所示。

（8）在弹出的“画笔名称”对话框中设置画笔名称，如图 3-21 所示。

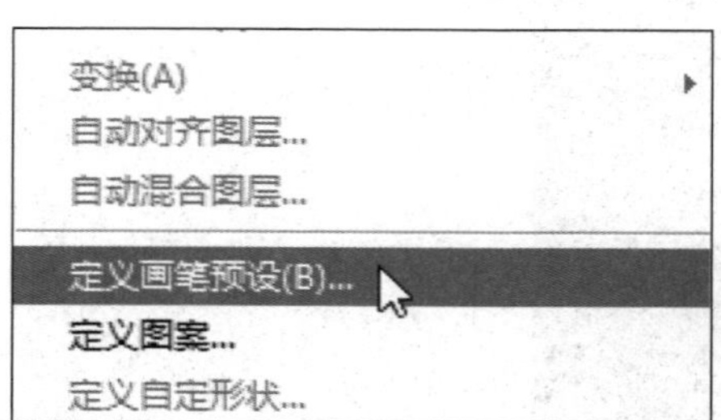

图 3-20 执行“定义画笔预设”命令

图 3-21 “画笔名称”对话框

（9）单击“确定”按钮，在“画笔笔尖形状”选项卡中找到定义的画笔，设置画笔笔尖形状，参数如图 3-22 所示。

（10）在“形状动态”选项卡中，设置参数，如图 3-23 所示。

（11）在“散布”选项卡中设置散布参数，如图 3-24 所示。

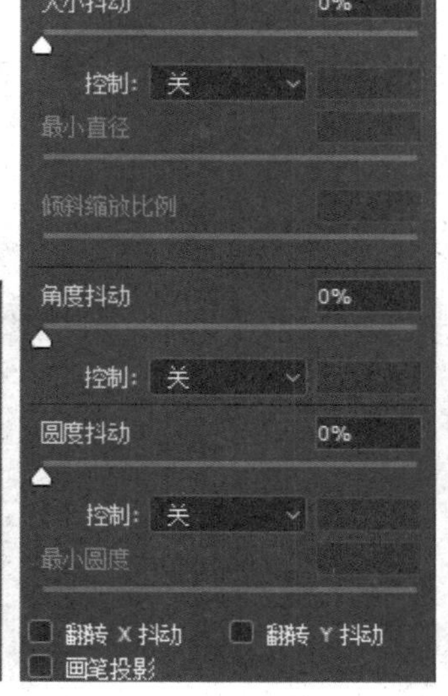

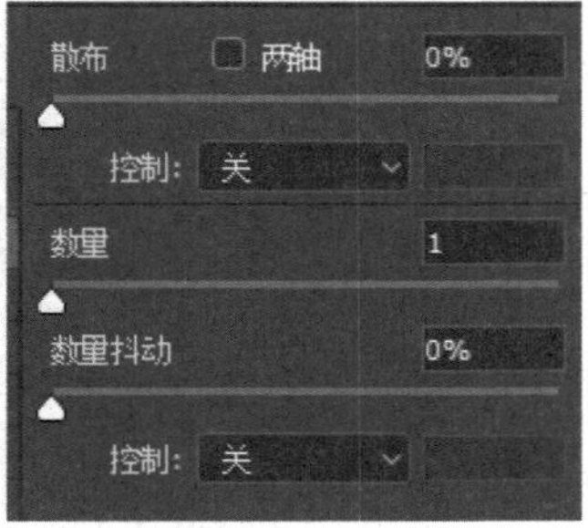

图 3-22 选择画笔　　图 3-23 设置形状动态参数　　图 3-24 设置散布参数

（12）执行“打开”命令打开一个素材图像，如图 3-25 所示。

（13）新建图层，设置前景色为白色，设置合适的笔头大小，从右至左拖曳鼠标绘制星星，最终效果如图 3-26 所示。

图 3-25 打开素材图像

图 3-26 绘制星星

3.2 使用铅笔工具

在 Photoshop CC2017 中，铅笔工具可用于绘制棱角分明的线条，铅笔工具的使用方法与画笔工具基本相同，两者的不同在于：铅笔工具不能使用画笔选项卡中的软笔刷，铅笔工具选项栏如图 3-27 所示。

图 3-27 铅笔工具选项栏

选项解析

❋ “切换画笔面板”按钮：单击该按钮，将打开画笔选项卡，如图 3-28 所示。

❋ “自动涂抹”复选框：选中该复选框后，在使用铅笔工具时，若落笔处是前景色，将使用背景色绘图；若落笔处不是前景色，则使用前景色绘图，如图 3-29 所示。

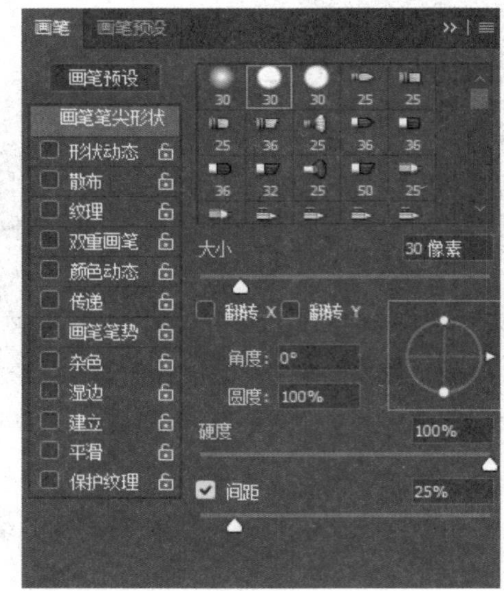

图 3-28　画笔选项卡

图 3-29　选中“自动涂抹”复选框后的绘制效果

3.3　使用橡皮工具

橡皮工具又称为“橡皮擦工具”，橡皮工具的主要作用是擦除当前图层的图像，它与现实生活中的橡皮功能一致。

3.3.1　橡皮擦工具

在 Photoshop CC2017 中使用橡皮擦工具，可以将当前图层的图像擦除，并显示其下层的图像，如图 3-30 所示。

图 3-30　橡皮擦工具擦除效果

专家提醒

在使用橡皮擦工具的过程中，可以使用画笔工具和铅笔工具的参数，其中括笔刷样式、大小等。

3.3.2 背景橡皮擦工具

背景橡皮擦工具可以用于擦除指定颜色，其工具选项栏如图 3-31 所示。

图 3-31 背景橡皮擦工具选项栏

选项解析

❋ “取样：连续”按钮：指连续从笔刷中心所在区域取样，随着取样点的移动而不断地取样。这样可以擦除笔刷中心所在位置的相邻颜色区域。

❋ “取样：一次”按钮：以第一次单击时笔刷中心点颜色为取样颜色，取样颜色不随鼠标的移动而改变。

❋ “取样：背景色板”按钮：指将背景色设置为取样颜色，只擦除与背景颜色相同或相近的颜色区域。

❋ “连续”选项：指擦除与取样点相近或邻近的颜色相似区域。

❋ “不连续”选项：指擦除容差范围内所有与取样颜色相似的像素。

❋ “查找边缘”选项：指擦除与取样点相连的颜色相似区域，能较好地保留替换位置颜色反差较大的边缘轮廓。

❋ “容差”数值框：用于控制擦除颜色区域的大小，数值越小，所擦除的颜色就越接近色样颜色，反之擦除的颜色范围就越小。

❋ “保护前景色”复选框：选中该复选框，可以防止擦除与前景色颜色相同的区域，从而起到保护部分图像区域的作用。

3.3.3 魔术橡皮擦工具

魔术橡皮擦工具是魔棒工具与背景橡皮擦工具的结合。它是一种根据像素颜色来擦除图像的工具，使用魔术橡皮擦工具可以一次性擦除图像或选区中颜色相同或相近的区域，从而得到透明区域，若当前图层是背景图层，则背景图层将转换为普通图层。魔术橡皮擦工具的擦除效果如图 3-32 所示。

图 3-32　魔术橡皮擦工具擦除效果

3.4　形状工具组

在 Photoshop CC2017 的工具箱中，包含了一组形状工具，分别是矩形工具、圆角矩形工具、椭圆工具、多边形工具、直线工具以及自定义形状工具。形状工具组的选项栏如图 3-33 所示。

图 3-33　形状工具选项栏

选项解析

在“形状”工具选项栏中的按钮下拉菜单中包含“形状”“路径”“像素”三个常用选项。

❋　“路径”：用于创建路径。单击该按钮后，使用形状工具或钢笔工具绘制的图形只生成路径，而不产生形状图层和填充色。

❋　“形状”：用于创建形状图层，单击该按钮后，将在“图层”选项卡中新建一个新的形状图层。

❋　“像素”：单击该选项，则在绘制图形时既不产生工作路径，也不产生形状图层，而会使用前景色填充图像。需要注意的是，该方式所绘制的图像不能作为矢量对象编辑。不同选项下的绘制效果如图 3-34 所示。

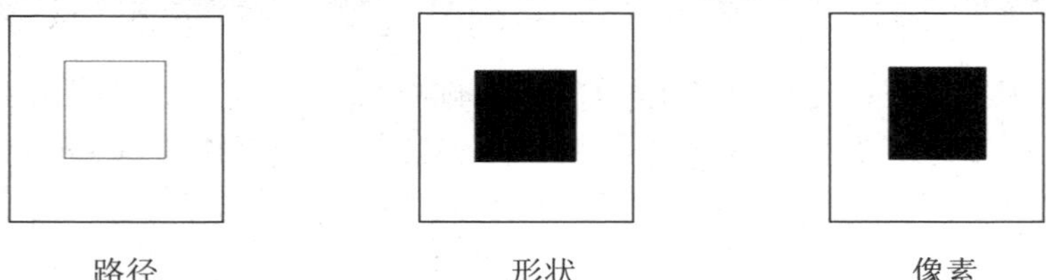

图 3-34　不同选项下的绘制效果

在形状工具右侧的下拉菜单中包含“新建图层”“合并图层”“减去顶形状”“与形状区域相交”“排除重叠形状”以及“合并形状组件”六个选项。

❋　“新建图层”按钮：单击该按钮，则当前绘制的路径将在新的图层显示。

- “合并图层”按钮：单击该按钮，则当前绘制的路径将与之前的路径进行叠加。
- “从路径区域减去”按钮：单击该按钮，则从之前的路径减去当前绘制的路径。
- “交叉路径区域”按钮：单击该按钮，产生两者相交的路径。
- “重叠路径区域除外”按钮：在除两个选区相交的区域以外创建选区。

如图 3-35 所示为在不同模式下，创建两个相交圆路径所形成的选区效果。

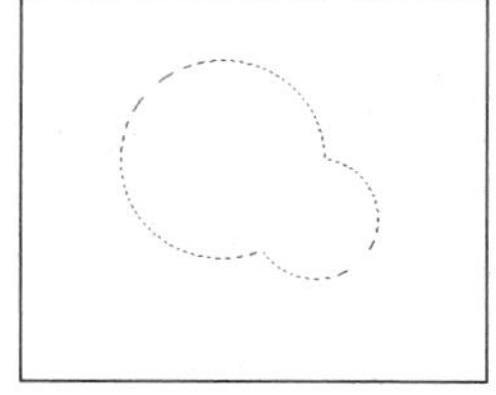
合并

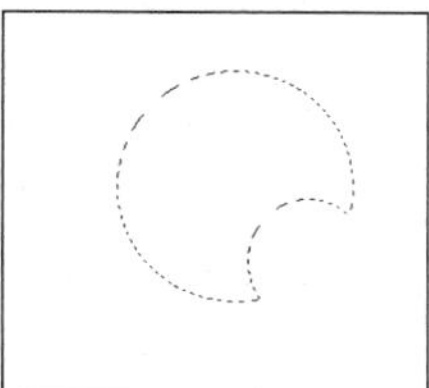
相减

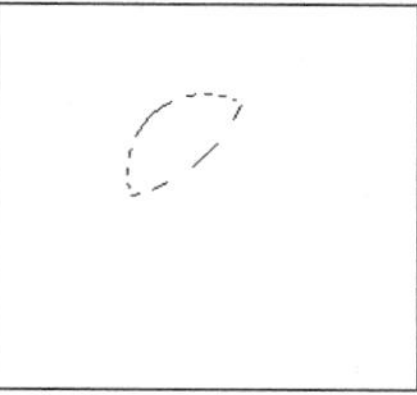
交叉

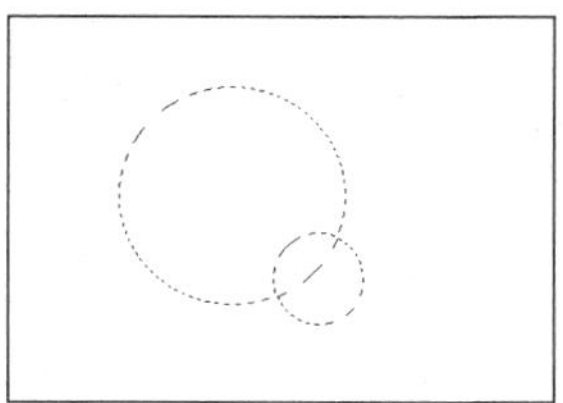
重叠

图 3-35　不同模式下创建的选区

3.4.1　绘制矩形

矩形工具常用作绘制矩形选区。

典型应用

（1）新建文档，在工具箱中选取矩形工具，使用鼠标在画布上拖曳，如图 3-36 所示。

（2）若在工具选项栏中单击“圆角矩形选项”按钮，并设置矩形的圆角半径，即可绘制出相应的圆角矩形，如图 3-37 所示。

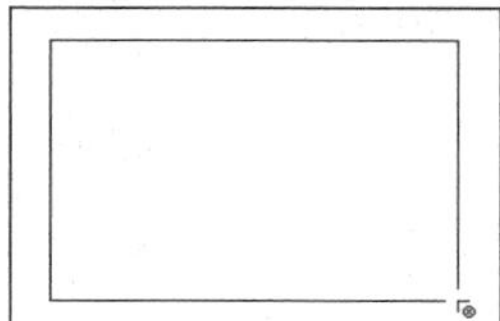
图 3-36　拖曳鼠标

图 3-37　绘制圆角矩形

3.4.2　绘制圆角矩形

圆角矩形工具常用作绘制具有圆角的矩形选区。

典型应用

（1）新建文档，选择圆角矩形工具，在工具选项栏中设置圆角半径，如图 3-38 所示。

（2）在画布上按住鼠标并拖曳，即可绘制出圆角矩形，如图 3-39 所示。

半径：20 像素　对齐边缘

图 3-38　设置圆角半径

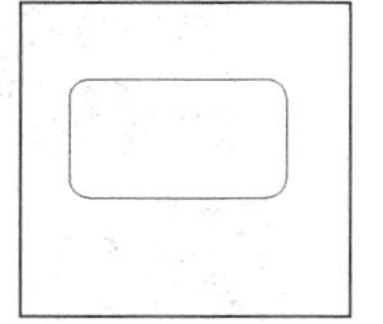
图 3-39　绘制圆角矩

结合【Shift】键，可绘制正方形或正圆。

3.4.3 绘制其他形状

形状工具组中其他形状的绘制方法与绘制矩形相似，在此不再一一赘述。其他形状绘制效果如图 3-40 所示。

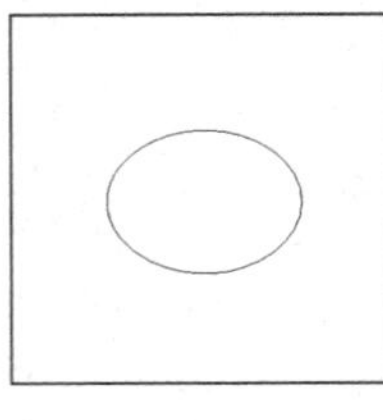
椭圆

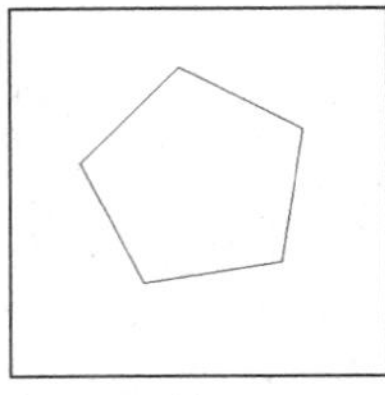
多边形

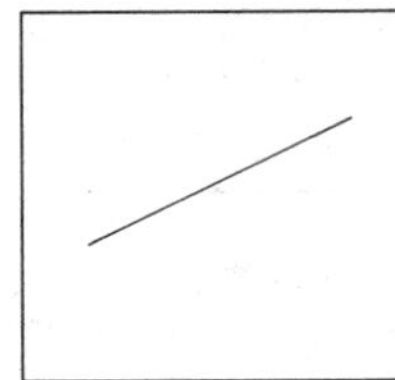
直线

自定义形状

图 3-40　其他形状绘制效果

课堂实战——使用几何形状工具绘制盾牌形状

本节通过使用几何形状工具绘制盾牌图形，从而对上述所学知识进行综合的练习。盾牌图形的最终效果如图 3-41 所示。

扫描观看本节视频

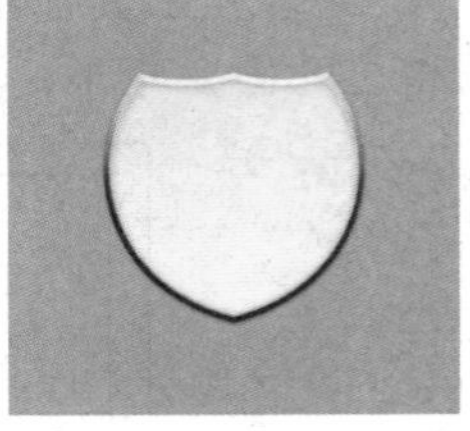
图 3-41　盾牌效果

实战操作

本实例主要运用自定义形状工具以及更改图层样式等操作，具体操作步骤如下：

（1）启动 Photoshop CC2017，执行“新建”命令，在弹出的“新建文档”对话框，在打开典经对框，可设置文档参数如图 3-42 所示。

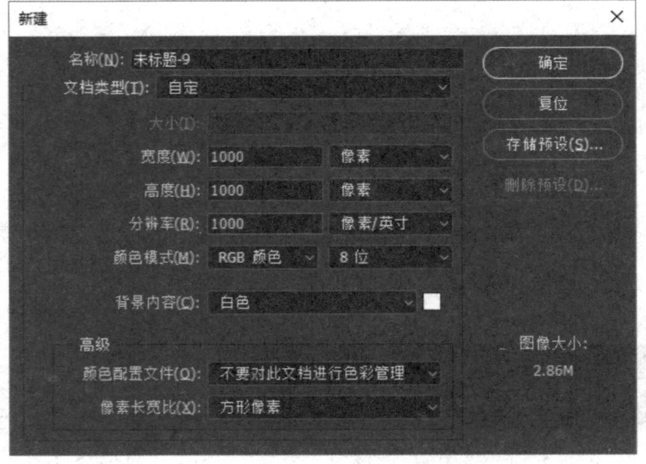

图 3-42　“新建”对话框（简洁版）

（2）单击“确定”按钮，新建文档。

（3）在工具箱中单击前景色色块在弹出的“拾色器（前景色）”对话框中设置颜色的 RGB 值分别为 17、190、240，如图 3-43 所示。

（4）单击“确定”按钮，按【Alt＋Delete】组合键填充前景色，效果如图 3-44 所示。

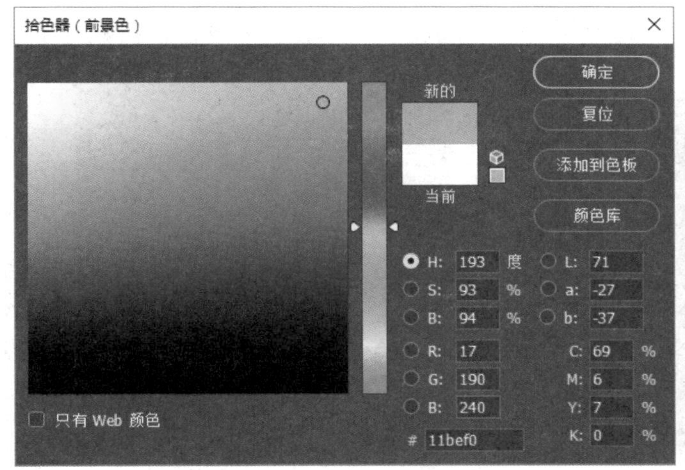

图 3-43 “拾色器（前景色）”对话框

图 3-44 填充颜色

（5）在工具箱中选取“自定义形状工具”，在工具栏选项区中单击“形状”按钮，弹出自定义形状选项面板，如图 3-45 所示。

（6）单击自定义形状面板右上角按钮，在弹出的快捷菜单中选择“全部”选项，如图 3-46 所示。

图 3-45 自定义形状选项面板

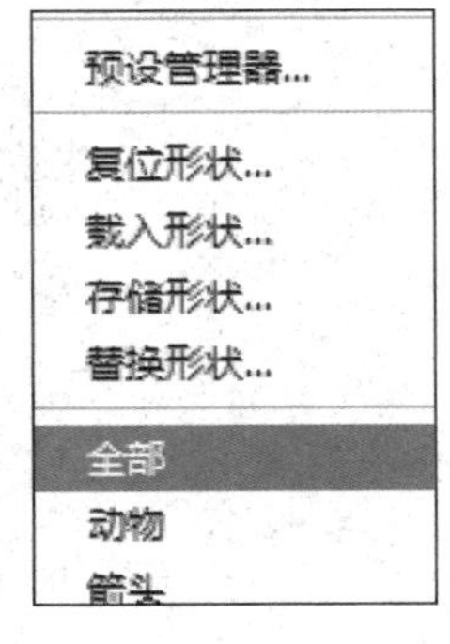

图 3-46 快捷菜单

（7）在弹出的提示信息框中单击“确定”按钮，如图 3-47 所示。

（8）在添加的形状工具面板中选择盾牌形状，如图 3-48 所示。

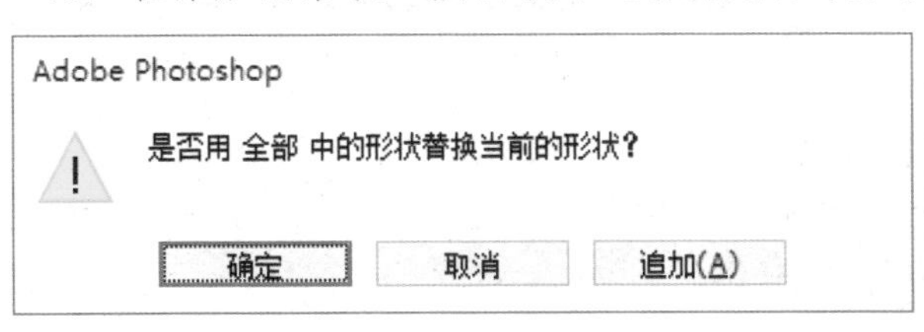

图 3-47 提示信息框

图 3-48 选择形状

在制作此实例时，选择“自定义形状”工具后，应在工具选项栏激活“路径”选项。

（9）按住【Shift】键，在画布上拖曳鼠标绘制形状，如图3-49所示。

（10）按【Ctrl＋Enter】组合键将路径转换为选区，如图3-50所示。

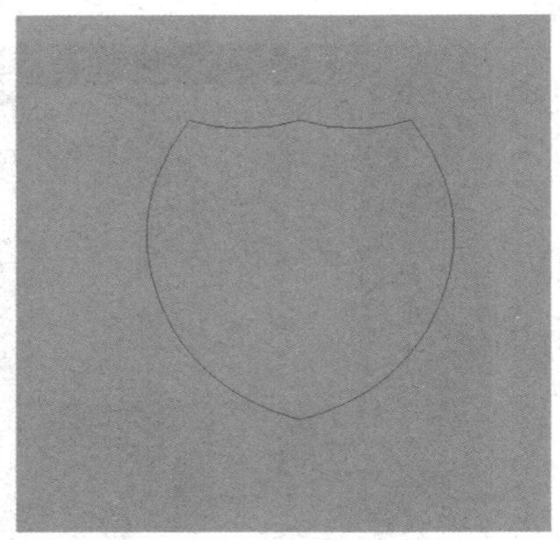

图3-49　绘制路径

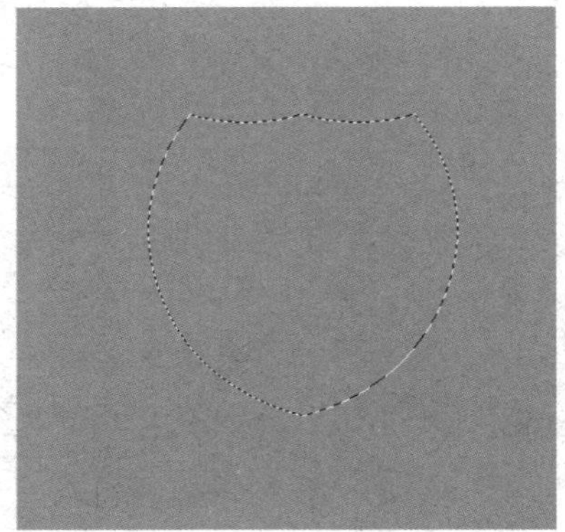

图3-50　转换为选区

（11）新建图层，在“图层”选项卡中双击“图层1”弹出“图层样式”对话框，在“投影”选项区中设置各参数，如图3-51所示。

（12）在“内阴影”选项区中设置各参数，如图3-52所示。

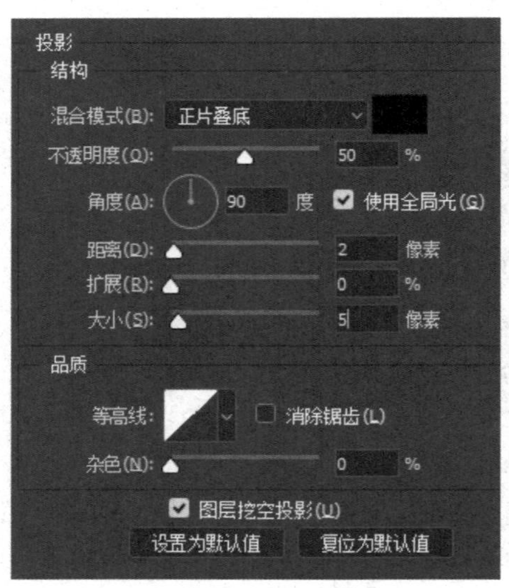

图3-51　设置投影参数

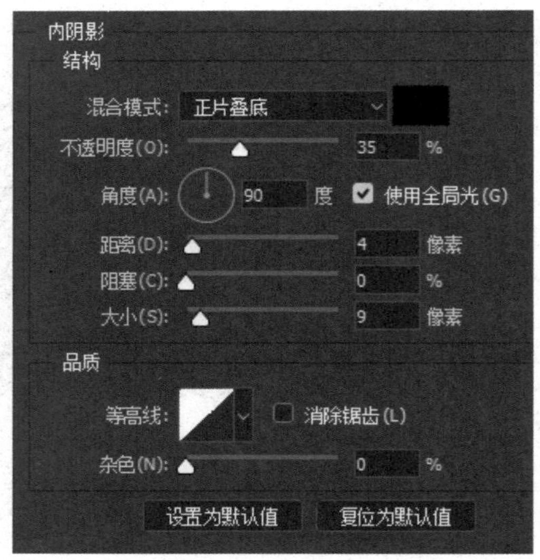

图3-52　设置内阴影参数

（13）在“斜面和浮雕”选项区中设置各参数，如图3-53所示。

（14）在“渐变叠加”选项区中设置各参数，其中渐变条左侧颜色RGB值为249、250、195，右侧颜色RGB值为215、227、208，如图3-54所示。

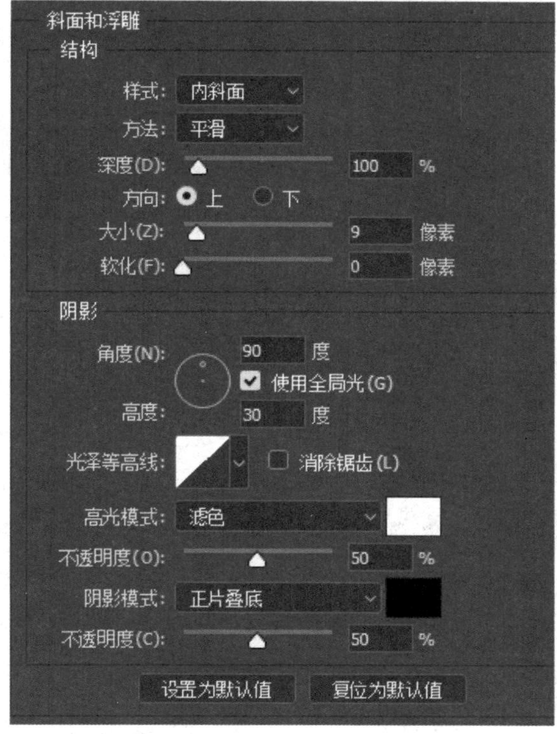

图 3-53 设置斜面与浮雕参数

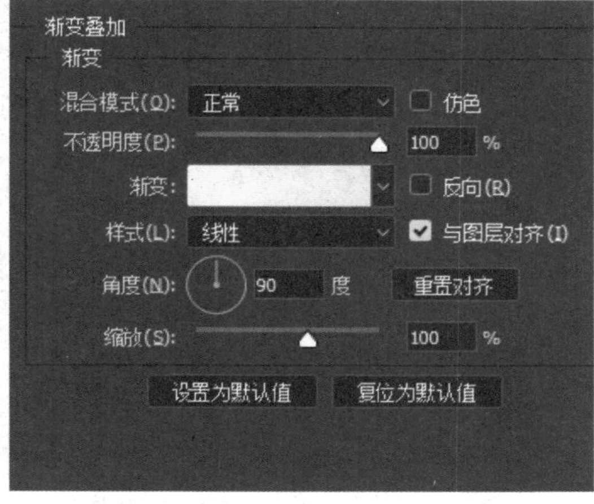

图 3-54 设置渐变叠加参数

（15）在“描边”选项区中设置各参数，其中描边颜色为纯白色，如图 3-55 所示。

（16）单击“确定”按钮返回绘图区，按【Alt+Delete】组合键填充颜色，效果如图 3-56 所示。

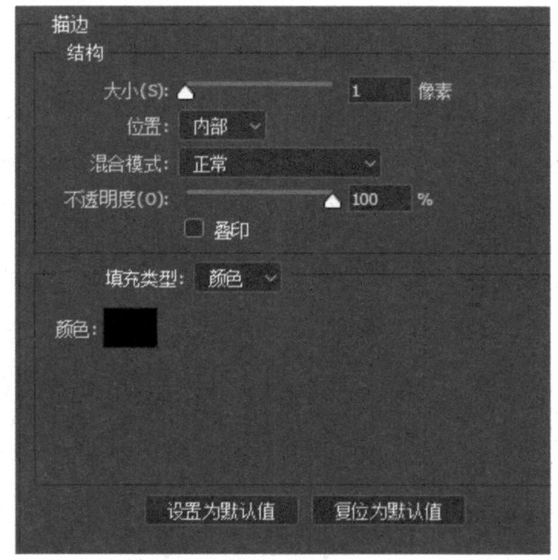

图 3-55 设置描边参数

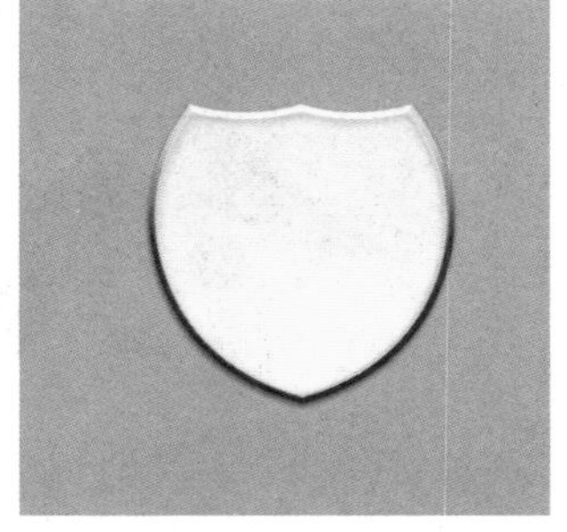

图 3-56 填充效果

3.5 填充工具组

3.5.1 油漆桶工具

在工具箱中选取“油漆桶工具”后，其工具选项栏将发生相应的变化，如图 3-57 所示。

图 3-57 油漆桶工具选项栏

油漆桶工具用于对选区进行填充操作，填充的内容可以为纯色、渐变色或图案，在填充之前先要对前景色进行设置。

选项解析

❋ “填充”下拉列表框：用于设置需要填充的内容，包括“前景”和“图案”两个选项。填充图案可以是自定义的任何图案，填充前景色和填充图案的效果如图 3-58 所示。

前景色填充

图案填充

图 3-58 填充效果

❋ “模式”下拉列表框：用于设置填充对象与其他图层的混合模式。

❋ “不透明度”数值框：用于设置填充对象的不透明度，数值越高，透明度越低。

❋ “容差”数值框：用于设置填充时颜色的误差范围，其取值范围为 0~255。

❋ “消除锯齿”复选框：选中该复选框，图像在填充后会保持较平滑的边缘。

❋ “连续的”复选框：选中该复选框，将会在相邻像素上填充颜色。如图 3-59 所示为选中前后的效果对比。

连续填充

不连续填充

图 3-59 连续填充和不连续填充

❋ “所有图层”复选框：选中该复选框，油漆桶工具会在所有可见图层中取样，在任意图层中进行填充；反之，则只能在当前的图层中进行填充。

3.5.2 渐变工具

渐变工具主要对选区进行渐变色填充，其工具选项栏如图 3-60 所示。

图 3-60 渐变工具选项栏

选项解析

❋ “渐变编辑器”按钮：单击该按钮，将弹出“渐变编辑器”对话框，用于选择预设的渐变填充类型，如图 3-61 所示。

❋ “渐变类型”选项组：用于选择渐变类型，Photoshop CC2017 中预设了 5 种不同的渐变类型，如图 3-62 所示。

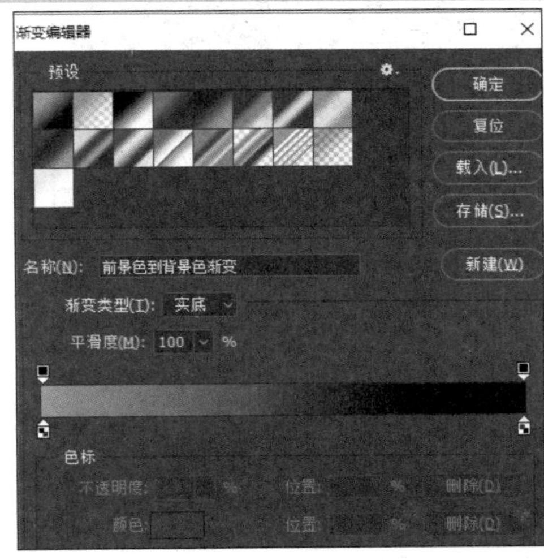

图 3-61 “渐变编辑器”对话框

图 3-62 渐变类型

❋ “模式”下拉列表框：用于设置油漆桶工具在填充颜色时的混合模式。

❋ “不透明度”数值框：用于设置填充对象的不透明度，数值越高，透明度越低。

❋ “反向”复选框：选中该复选框后，所得到的渐变效果方向与所设置的渐变方向相反。如图 3-63 所示为选中“反向”复选框前后的效果对比。

未选中“反向”复选框

选中“反向”复选框

图 3-63 选中“反向”复选框前后的效果对比

❋ “仿色”复选框：选中该复选框，可使渐变效果的过渡更为平滑。

❋ “透明区域”复选框：选中该复选框，在编辑渐变时，若对颜色设置了不透明度，则可启用透明效果。

3.5.3 修改渐变参数

在设计工作中，常常需要更改渐变参数，才能达到设计效果，下面通过一个小实例讲解修改渐变参数的方法。

典型应用

（1）新建空白文档，使用矩形选框工具在文档中绘制矩形选区，如图 3-64 所示。

（2）在工具箱中选取“渐变填充”工具，在工具选项栏中单击渐变编辑器按钮，弹出“渐变编辑器”对话框，如图 3-65 所示。

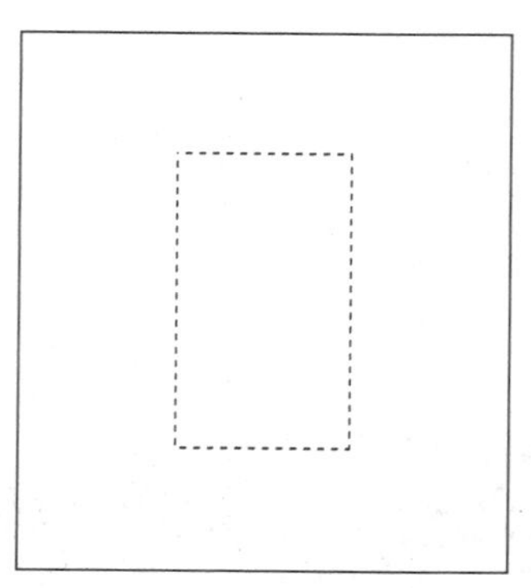

图 3-64 创建选区

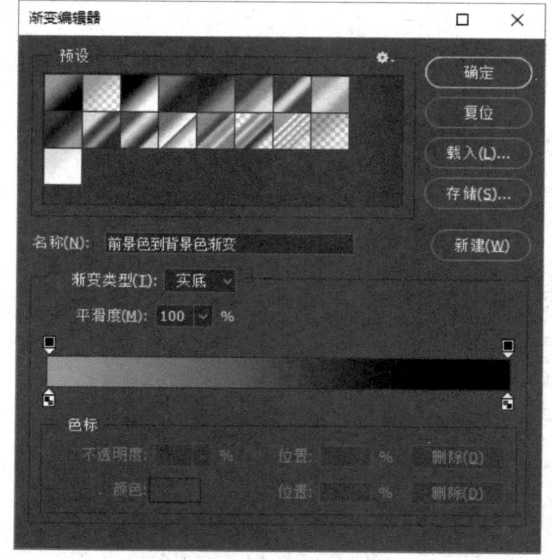

图 3-65 “渐变编辑器”对话框

（3）在渐变色带下方单击鼠标，添加两个颜色滑块，如图 3-66 所示。

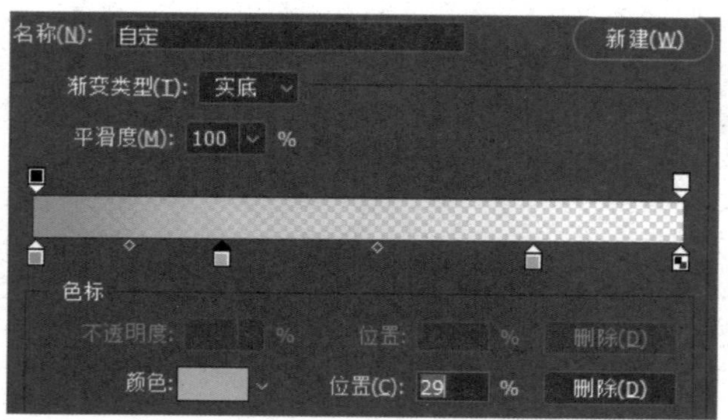

图 3-66 添加颜色滑块

（4）双击左起第一个颜色滑块，将弹出“选择色标颜色”对话框，设置其颜色参数如图 3-67 所示。

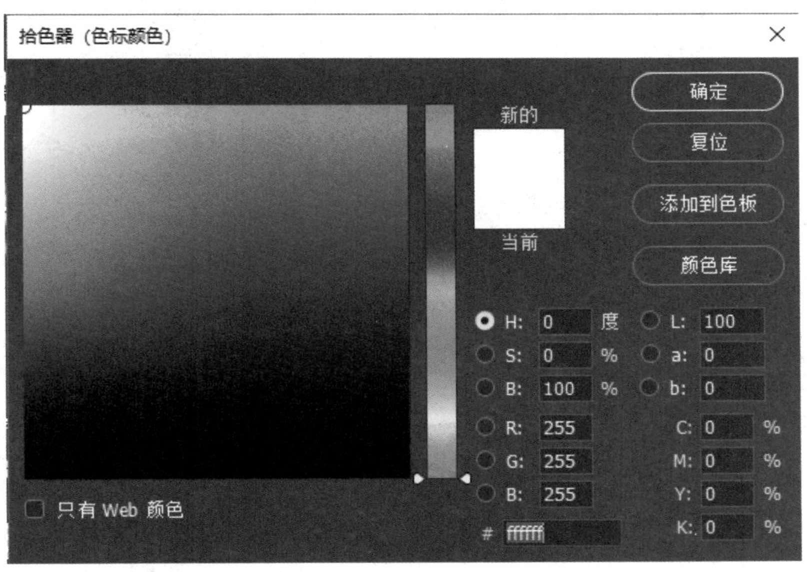

图 3-67 “选择色标颜色”对话框

（5）用同样的方法设置其他色标颜色，其中左起第二个色标颜色的颜色值为 R23、G116、B71，第三个色标颜色值为 R255、G255、B255，第四个色标颜色值为 R165、G189、B174，单击“确定”按钮，新建图层，保持工具选项栏中的“线性渐变”按钮处于激活状态，按住【Shift】键从左至右拖曳鼠标，效果如图 3-68 所示。

（6）按【Ctrl+D】组合键取消选区。在工具箱中选取椭圆选框工具，在画布上绘制椭圆选区，如图 3-69 所示。

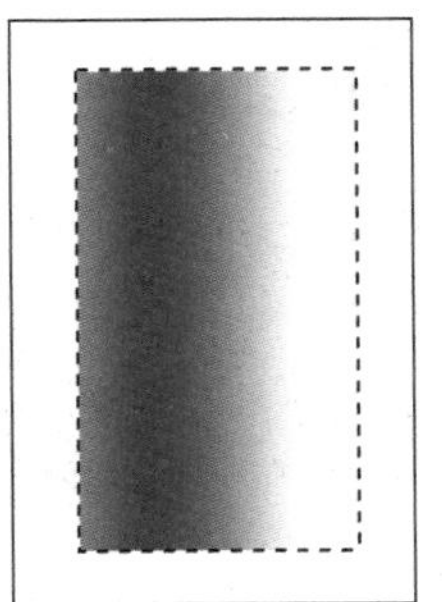

图 3-68 填充渐变色

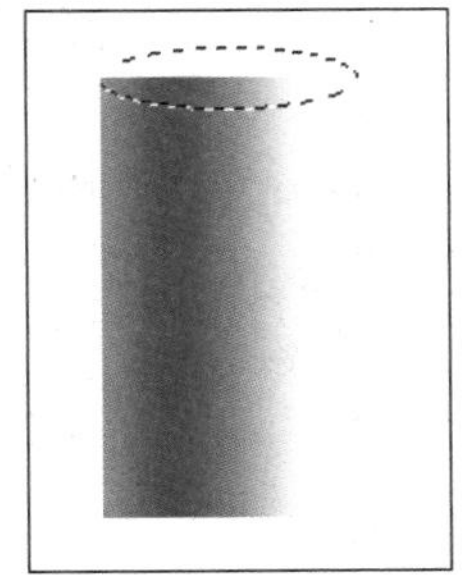

图 3-69 绘制椭圆选区

（7）在工具箱中选取渐变工具，新建图层，结合【Shift】键从右至左填充渐变色，然后取消选区，效果如图 3-70 所示。

（8）按住【Ctrl】键，在图层 2 的缩略图上单击鼠标调出选区，使用键盘上的方向键，将选区向下移动，效果如图 3-71 所示。

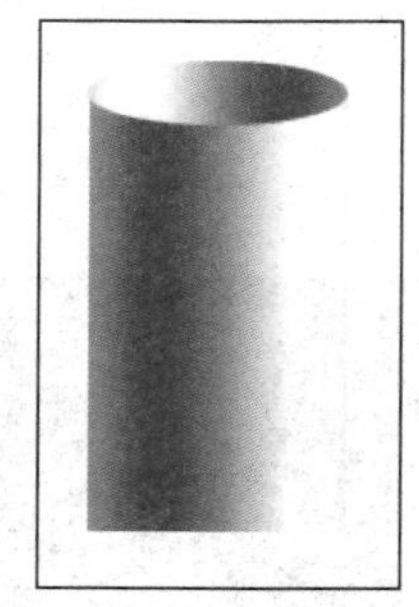

图 3-70 填充渐变色

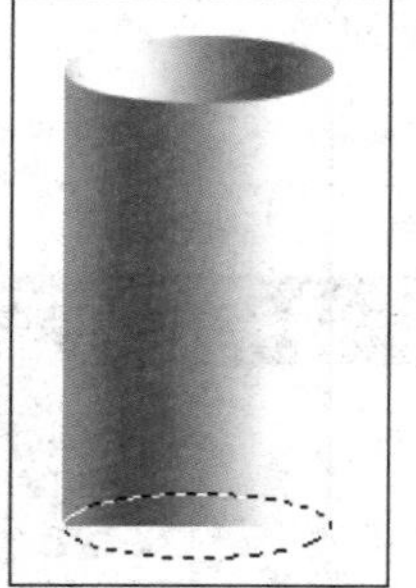

图 3-71 移动选区

(9) 同时按住【Ctrl+Shift】组合键，单击图层 1 缩略图，添加选区，效果如图 3-72 所示。

(10) 将图层 1 置为当前图层，在工具箱中选取渐变工具，结合【Shift】键从左至右填充渐变色，取消选区，效果如图 3-73 所示。

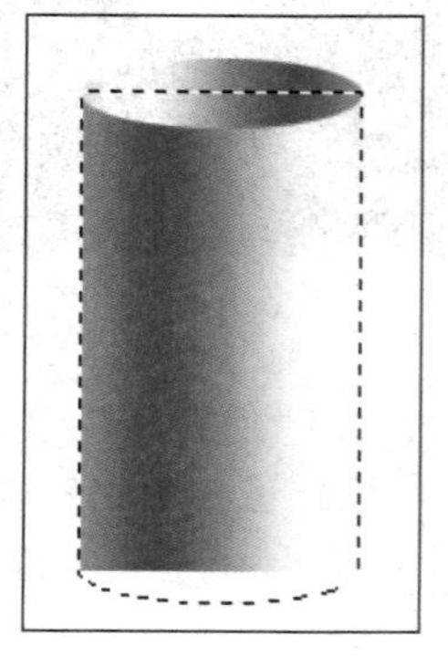

图 3-72 添加选区

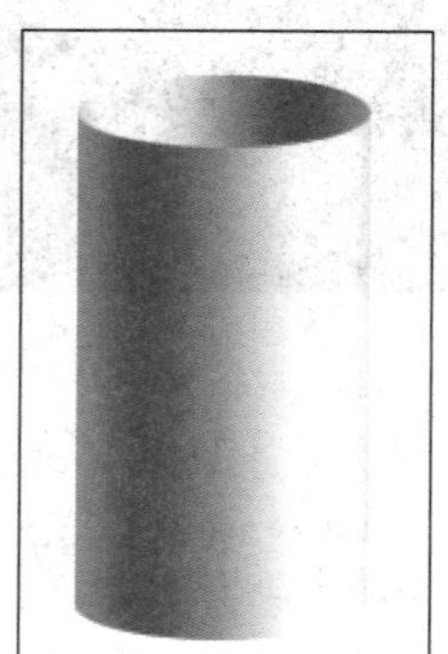

图 3-73 填充渐变色

3.6 历史记录工具组

使用 Photoshop CC2017 中的历史记录工具组，可以根据“历史记录”选项卡中拍摄的快照或历史记录的内容涂抹出历史图像。

3.6.1 历史记录画笔工具

历史记录画笔工具的主要作用是恢复图像。下面通过一个小实例介绍历史记录画笔的使用方法。

典型应用

(1) 打开一个素材文件，执行“图像”|“调整”|“去色”命令，将图像去色，如图 3-74 所示。

(2) 在工具箱中选取历史记录画笔工具，设置合适的笔刷，在画布上涂抹，被涂抹的区域将恢复颜色，效果如图 3-75 所示。

图 3-74　去色

图 3-75　历史记录画笔涂抹效果

专家提醒

历史记录画笔与“历史记录”选项卡不同，它不是将整个图像恢复到初始状态，而是对图像的局部进行恢复，因此可以对图像进行更细微的控制。

3.6.2　历史记录艺术画笔工具

与历史记录画笔不同的是，历史记录艺术画笔可以将艺术笔触应用到历史操作中的局部图像中。

典型应用

（1）打开一个素材文件，如图 3-76 所示。

（2）在工具箱中选取历史记录艺术画笔工具，在工具选项栏中设置好历史记录艺术画笔的参数，在画布上涂抹，效果如图 3-77 所示。

图 3-76　打开素材图像

图 3-77　历史记录艺术画笔涂抹效果

课堂总结

本章主要讲述了图像修饰工具的使用方法，以及基本形状工具的使用方法。使用图像修饰工具，可以快速地对图像进行修饰。使用形状工具，可以方便地绘制几何形状。读者在学习时应结合课堂指导内容重点掌握命令的应用。通过本章的学习，应做到以下两点：

（1）在讲述修饰工具时，重点掌握画笔、橡皮擦等工具的使用方法，以及画笔参数的设置。

（2）渐变工具是 Photoshop 使用频率非常高的工具之一，在使用渐变工具时，要注意各种类型的渐变方式，掌握好这些方式，可以绘制出丰富多彩的渐变效果。

课后巩固

一、填空题

1．________不能使用画笔选项卡中的软笔刷。

2．在使用形状工具时，结合________键，可绘制正方形或正圆。

3．历史记录画笔工具的主要作用是________。

二、简答题

1．如何创建画笔？

2．怎样将绘制的路径转换为选区？

3．渐变有哪几种不同的类型？

三、上机操作

1．制作如图 3-78 所示的蝴蝶 logo 的图像效果。

图 3-78　蝴蝶 logo

关键提示：使用圆角矩形工具，绘制正方形选区，填充颜色后旋转图像，使用自定义形状工具，绘制蝴蝶形状并填充颜色。

2．使用椭圆工具和渐变工具，绘制如图 3-79 所示的球体。

图 3-79 球体效果

关键提示：

（1）使用椭圆选框工具，绘制正圆选区。

（2）修改渐变填充参数，对选区进行渐变填充。

第 4 章 图像的处理与修复

本章导读

上一章我们学习了图像的绘制与修饰，本章我们将学习图像的处理与修复。图像的处理与修复是 Photoshop CC2017 非常重要的功能之一，无论是在数码照片的处理过程中，还是在平面设计制作中，都必然会使用到图像的处理与修复功能。

学习内容

- 修复工具的使用
- 图章工具的使用
- 模糊工具的使用
- 加深工具的使用

4.1 使用修复工具组

修复工具组主要用于修改以及校正原有图像中的污点，其中包括了污点修复画笔工具、修复画笔工具、修补工具以及红眼工具，利用这些工具可以很便捷地对有瑕疵的图像进行修复。

4.1.1 使用污点修复画笔工具

使用污点修复画笔工具可以轻松地将图像中的瑕疵修复，所以该工具一般用于快速修复图片。它的使用方法非常简单，只要将指针移到要修复的位置，在污点上涂抹即可。

选取污点修复画笔工具之后，工具选项栏如图 4-1 所示。

图 4-1 污点修复画笔工具的工具选项栏

在使用污点修复画笔工具时，去污画笔的笔头大小最好大过污点大小。

选项解析

❋ 模式下拉列表框：用于设置修复图像时的混合模式。当选择“替换”选项时，可以保留画笔描边的边缘处的杂色、胶片颗粒和纹理。

❋ “内容识别”单选按钮：选中“内容识别”单选按钮后，样本自动采用污点选中的像素进行识别，其效果过渡比较自然。

❋ “近似匹配”单选按钮：选中“近似匹配”单选按钮后，若没有为污点建立选区，则样本自动采用污点外部四周的像素；若在污点周围绘制选区，则样本会采用选区外围的像素。

❋ “创建纹理”单选按钮：选中“创建纹理”单选按钮，将使用选区中的所有像素创建一个用于修复该区的纹理。如果纹理不起作用，可尝试再次拖动鼠标经过该区域。

典型应用

（1）打开一个素材文件，如图 4-2 所示。

（2）在工具箱中选取污点修复画笔工具，在工具选项栏中设置模式为正常，选中“内容识别”单选按钮，调整笔头至合适大小，在污点上涂抹，如图 4-3 所示。

图 4-2　素材文件

图 4-3　涂抹污点

（3）释放鼠标，即可修复图像，如图 4-4 所示。

图 4-4　修复后的图像

专家提醒

在 Photoshop CC2017 中，使用任意画笔工具，在英文输入下按键盘上的【或】符号，可以快速调整画笔的笔头大小。

4.1.2　使用修复画笔工具

使用修复画笔工具，可以对被破坏的图片或有瑕疵的图片进行修复，与污点修复画笔不同的是，修复画笔工具在使用之前需要取样。选取修复画笔工具后，其工具选项栏如图 4-5 所示。

图 4-5　修复画笔工具的工具选项栏

选项解析

❋ 模式下拉列表框：用来设置修复时的混合模式，如果选择“正常”选项，则在使用样本像素进行绘画的同时系统会把样本像素的纹理、光照、透明度和阴影与所修复的像素相融合；如果选择“替换”选项，则只用样本像素替换目标像素，且与目标位置不产生任何融合。

❋ “取样”单选按钮：选中“取样”单选按钮后，应在按住【Alt】键的同时单击取样，并使用当前取样点修复目标。

❋ “图案”单选按钮：选中该单选按钮，可以在“图案”下拉列表框中选择一种图案来修复目标。

❋ “对齐”复选框：选中该复选框后，只能用一个固定位置的同一图像来修复。

❋ “样本”下拉列表框：用于选取复制图像时的源目标点，包括当前图层、当前图层和下面图层及所有图层三种方式。

典型应用

（1）打开一个素材文件，如图 4-6 所示。

（2）在工具箱中选取“修复画笔工具”，按住【Alt】键，使用合适的笔头大小在如图 4-7 所示位置取样。

（3）在污点处单击鼠标即可修复图像，如图 4-8 所示。

图 4-6　素材文件

图 4-7　取样

图 4-8　修复图像

4.1.3　使用修补工具

使用修补工具，可以将样本像素的纹理、光照和阴影与源像素进行匹配。在工具箱中选取修补工具后，工具选项栏如图 4-9 所示。

图 4-9　修补工具的工具选项栏

选项解析

❋ “源”单选按钮：指要修补的对象是取样中的对象还是图案。

※ “目标”单选按钮：选中该单选按钮后，修补对象变为选区被移动后到达的区域。

※ “透明”复选框：如果不选中该复选框，则被修补的区域与周围像素只在边缘上融合，而内部图像纹理保持不变，仅在色彩上与原区域融合；反之，则被修补的区域除边缘融合外，还有内部的纹理融合，即被修补区域被做了透明处理。

典型应用

（1）打开一个素材文件，如图 4-10 所示。

（2）在工具箱中选取“修补工具”，选择需要修复的区域，如图 4-11 所示。

图 4-10　素材文件

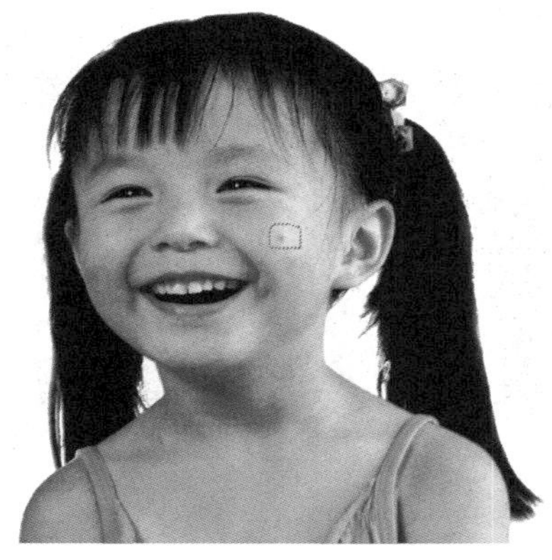

图 4-11　修复图像

（3）在选区中按住鼠标将其拖动至与之相似的区域，如图 4-12 所示。

（4）释放鼠标，按【Ctrl+D】组合键取消选区，即可修复图像，如图 4-13 所示。

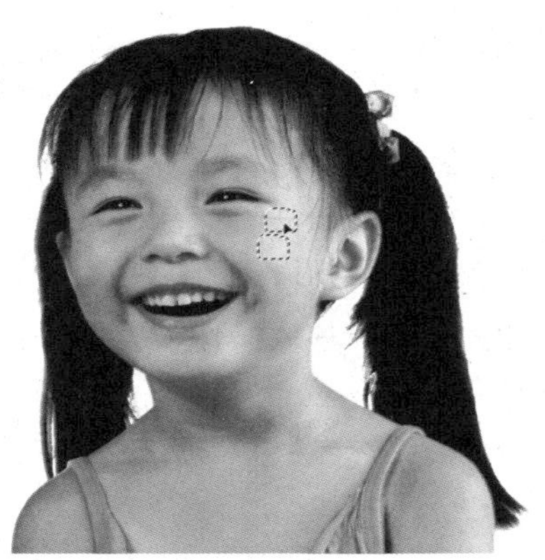

图 4-12　拖曳鼠标

图 4-13　修复效果

4.1.4　使用红眼工具

使用红眼工具，可以将数码相机在拍照过程中产生的红眼睛轻松去除并与周围的像素相融合。选择红眼工具后，工具选项栏如图 4-14 所示。

瞳孔大小:	50%	变暗量:	50%

图 4-14　红眼工具的工具选项栏

选项解析

※ 瞳孔大小百分比：用于设置眼睛的瞳孔或中心的黑色部分的比例大小，数值越大黑色范围越广。

※ 变暗量百分比：用于设置瞳孔的变暗量，数值越大，瞳孔越暗。

典型应用

（1）打开一个素材文件，如图4-15所示。

（2）在工具箱中选取“红眼工具”，选择需要修复的区域，单击即可修复红眼，效果如图4-16所示。

图4-15　素材文件

图4-16　修复结果

4.2 图章工具组

在Photoshop CC2017中，使用图章工具可以仿制图像的某个部分，因此可以快速地对图像进行修饰。本节将对图章工具组进行详细的介绍。

4.2.1 使用仿制图章工具

使用仿制图章工具可以轻松地将整个图像或图像中的一部分进行复制。仿制图章工具一般用于对图像中的某个区域进行复制。使用仿制图章工具复制图像时，可以是同一文档中的同一图层，也可以是不同图层，还可以在不同文档之间进行复制。

该工具的使用方法与“修复画笔工具”的使用方法一致，具体操作步骤如下：

（1）打开一个素材文件，如图4-17所示。

（2）在工具箱中选取“仿制图章工具”，按住【Alt】键在左脸取样，然后在额头处用鼠标进行涂抹，效果如图4-18所示。

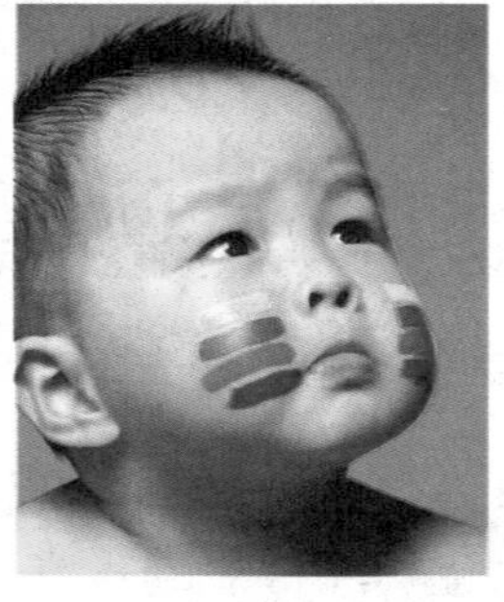

图4-17　素材文件

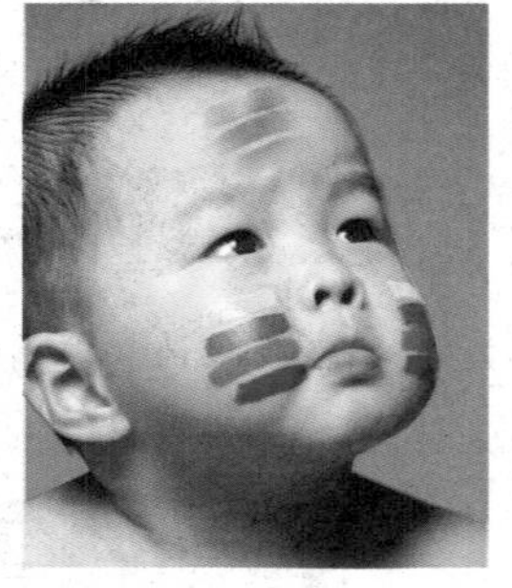

图4-18　涂抹效果

4.2.2 “仿制源”选项卡

通过“仿制源”选项卡可以对复制的图像进行缩放、旋转、位移等操作。同时可以设置多个取样点。执行“窗口”|“仿制源”命令打开“仿制源”选项卡，如图 4-19 所示。

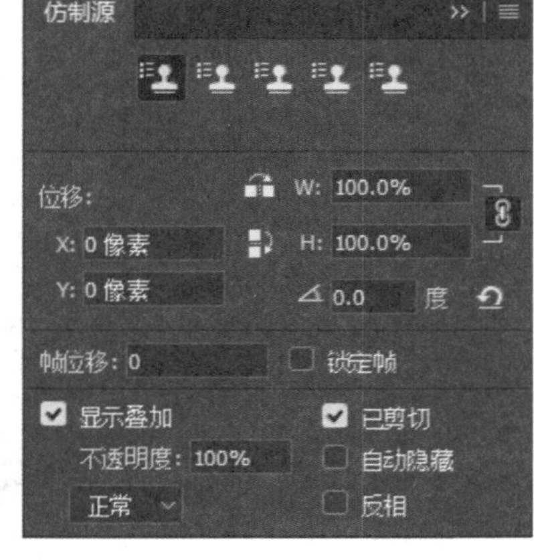

图 4-19 “仿制源”选项卡

选项解析

- “仿制取样点”按钮：用于设置取样复制的取样点，可以一次设置 5 个取样点。
- “位移”数值框：用于设置复制源在图像中的坐标值。
- 缩放数值框：用于设置被仿制对象的缩放比例。
- 旋转数值框：用于设置被仿制对象的旋转角度。
- “复位变换”按钮：单击该按钮，可以清除设置的仿制变换。
- “帧位移“数值框：用于设置动画中的帧位移。
- “锁定帧”复选框：选中该复选框，被仿制的帧将被锁定。
- “显示叠加”复选框：选中该复选框，可以在仿制的时候显示预览效果。
- 不透明度百分比：用于设置在仿制的同时会出现采样图层的不透明度。
- 模式下拉列表框：显示仿制采样图像的混合模式。
- “自动隐藏”复选框：仿制时将叠加层隐藏。
- “反相”复选框：将叠加层的效果以负片显示。

课堂实战——使用“仿制源”工具

“仿制源”选项卡在制作相同元素的平面设计中应用得十分广泛，本节将通过一个实例来介绍“仿制源”选项卡的使用方法。使用“仿制源”选项卡制作的实例最终效果如图 4-20 所示。

扫描观看本节视频

图 4-20 最终效果

实战操作：

本实例主要运用"仿制源"选项卡制作复制效果，具体操作步骤如下：

（1）打开一个素材文件，如图 4-21 所示。

（2）执行"窗口"|"仿制源"命令，在打开的"仿制源"选项卡中单击第一个采样点图标，设置"缩放"值为 30%，选中"显示叠加"复选框，如图 4-22 所示。

图 4-21　素材文件

图 4-22　"仿制源"选项卡

（3）按住【Alt】键在素材图像上取样，然后释放【Alt】键在画布空白位置涂抹，效果如图 4-23 所示。

（4）在"仿制源"选项卡单击第二个取样点按钮，修改参数设置，如图 4-24 所示。

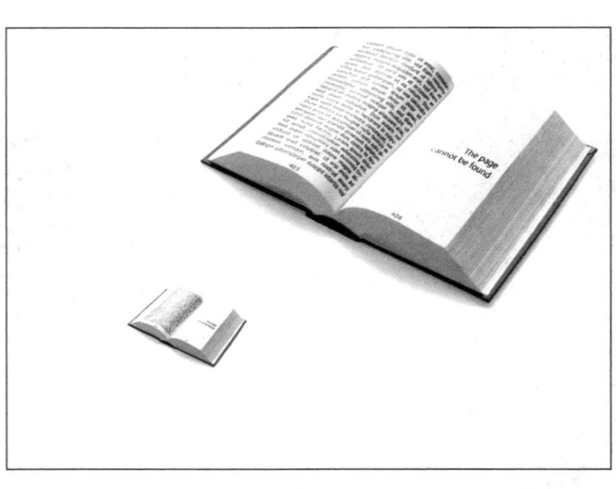

图 4-23　涂抹

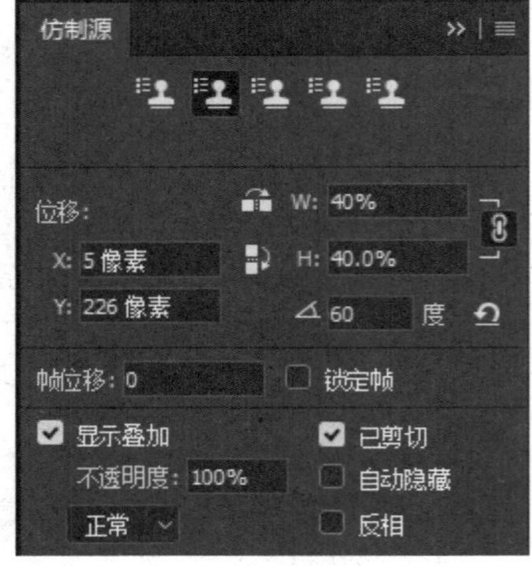

图 4-24　"仿制源"选项卡

（5）在画布上较大的图像上取样，在空白位置涂抹，最终效果参考图 4-20。

4.2.3　使用图案图章工具

使用图案图章工具，可以将预设的图案或自定义的图案复制到当前文档中。该工具的使用方法非常简单，只需要选择图案后在画布上拖曳画笔即可。在工具箱中选取图案图章工具后，工具选项栏如图 4-25 所示。

图 4-25 图案图章工具的工具选项栏

选项解析

※ 图案下拉列表框：用来放置仿制的图案，单击右边的下拉按钮，打开“图案拾色器”下拉面板，在其中可以选择用来复制的图案，如图 4-26 所示。

※ “印象派效果”复选框：选中该复选框后，仿制的图案呈印象派效果显示，如图 4-27 所示。

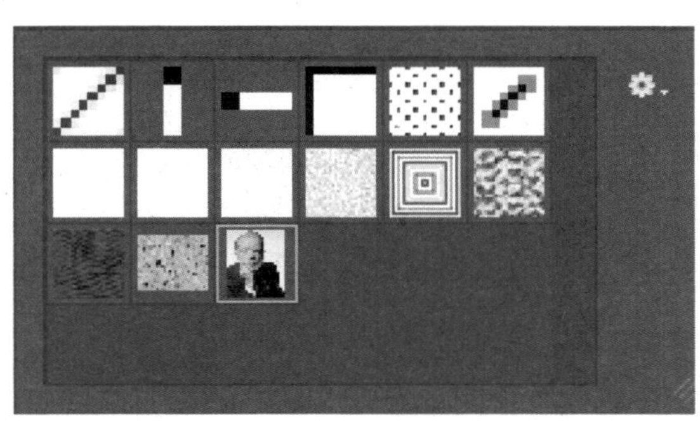

图 4-26 图案拾色器面板

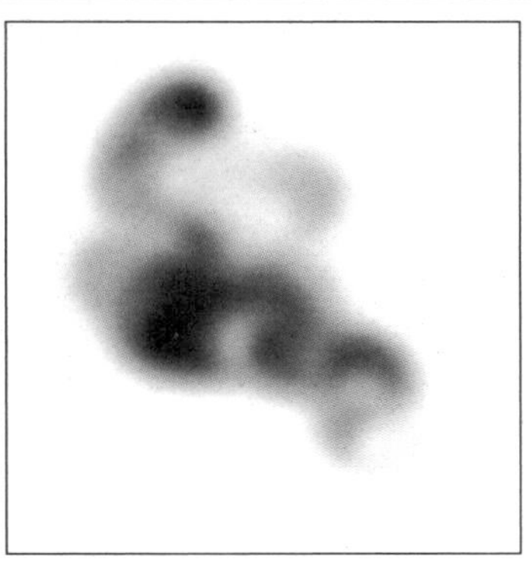

图 4-27 印象派效果

典型应用

（1）打开一个素材文件，如图 4-28 所示。

（2）执行“编辑”|“定义图案”命令，将文件定义为图案。新建文档，参数设置如图 4-29 所示。

图 4-28 素材文件

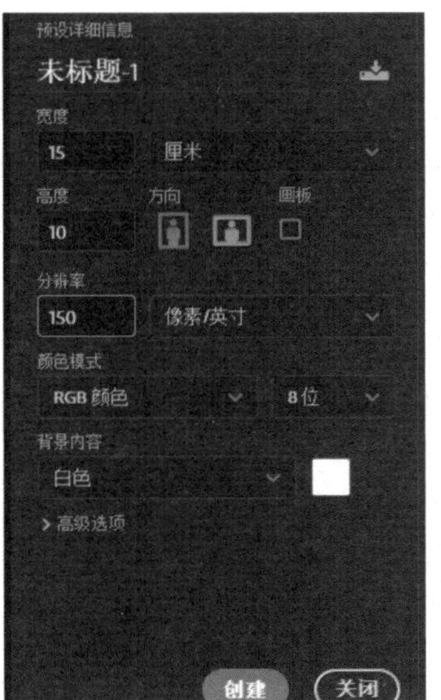

图 4-29 “新建”对话框

（3）在工具箱中选取图案图章工具，在工具选项栏的图案列表框中选择定义的图案，如图 4-30 所示。

（4）使用硬质画笔在画布上按住鼠标拖曳，直至涂满整个图层，效果如图 4-31 所示。

图 4-30 图案拾色器面板

图 4-31 仿制结果

专家提醒

在鼠标拖动的过程中，如果松开鼠标后还想继续之前的仿制效果，需要在工具选项栏中选中"对齐"复选框。

4.3 模糊工具组

在图像的修复过程中，模糊工具、涂抹工具以及锐化工具的使用也颇为频繁。为了更好地让读者掌握它们的使用方法，本节将对其进行详细介绍。

4.3.1 使用模糊工具

模糊工具不仅可以绘制出模糊不清的效果，还可以用于修复图像中的杂点或折痕，它是通过降低相邻像素之间的反差而使僵硬的图像边界变得柔和。

在工具箱中选取模糊工具后，工具选项栏如图 4-32 所示。

图 4-32 模糊工具的工具选项栏

选项解析

※ 模式下拉列表框：用于设置像素的合成模式。

※ 强度百分比：用于控制模糊的程度。

※ "对所有图层取样"复选框：选中该复选框，则将模糊应用于所有图层，否则只应用于当前图层。

典型应用

（1）打开一个素材文件，如图 4-33 所示。

（2）在工具箱中选取模糊工具，设置画笔为柔和画笔，强度为 50%，在人物的背景图

像中进行涂抹，效果如图 4-34 所示。

图 4-33　素材图像

图 4-34　涂抹背景

用以上实例中对图像处理的方法，可以制作出具有景深效果的照片。

4.3.2　使用锐化工具

锐化工具与模糊工具的使用效果正好相反，它通过增加图像相邻像素之间的反差，使图像的边界变得明显。

典型应用

本实例的效果对比如图 4-35 所示。

图 4-35　锐化结果对比

（1）打开一个素材文件，如图 4-36 所示。

（2）按【Ctrl+J】组合键复制背景图层，将图层的混合模式设置为“明度”，如图4-37所示。

图 4-36　素材文件

图 4-37　“图层”选项卡

（3）执行“滤镜”|“锐化”|“USM 锐化”命令，弹出“USM 锐化”对话框，设置参数如图4-38所示。

（4）执行“图像”|“模式”|“Lab 颜色”命令，将图像转换为LAB颜色模式，此时将弹出提示信息框，如图4-39所示。

图 4-38　“USM 锐化”对话框

图 4-39　提示信息框

（5）单击“拼合”按钮，拼合图像，再次按【Ctrl+J】组合键复制背景层。切换至“通道”选项卡，选中“明度”通道，如图4-40所示。

（6）执行“滤镜”|“锐化”|“USM 锐化”命令，在弹出的“USM 锐化”对话框中设置各参数，如图4-41所示。

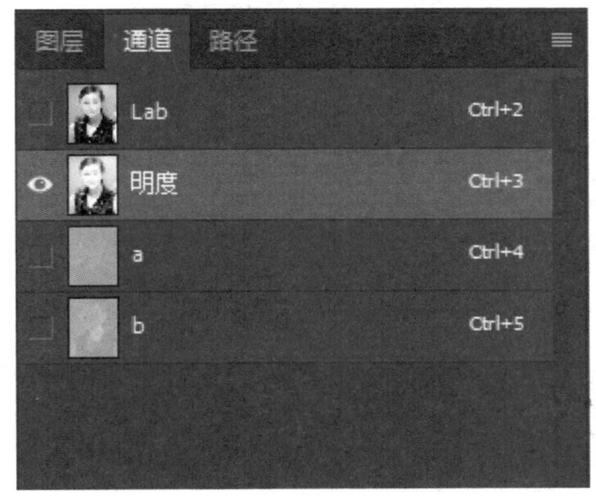

图 4-40 “通道”面板

图 4-41 设置参数

（7）单击“确定”按钮，在“通道”选项卡中选择 Lab 通道。返回“图层”选项卡，将图层的混合模式设置为“柔光”，不透明度设置为 40%，如图 4-42 所示。

（8）最终效果如图 4-43 所示。

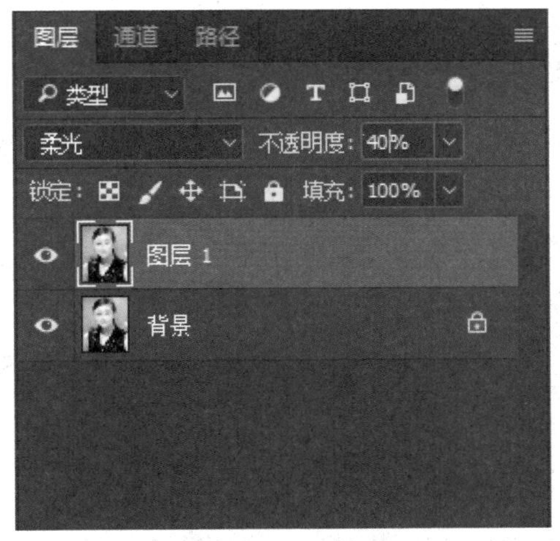

图 4-42 “图层”选项卡

图 4-43 最终效果

4.3.3 使用涂抹工具

涂抹工具可以模拟画笔工具，也可以用于修复有缺陷的图像边缘。若图像的边界过渡僵硬，则可以使用涂抹工具进行涂抹，以使边界过渡柔和。

典型应用

（1）打开一个素材文件，如图 4-44 所示。

（2）在工具箱中选取涂抹工具，在“画笔”选项卡中选择 27 号笔头，设置“强度”为 85，在人物后脑发梢上进行涂抹，效果如图 4-45 所示。

图 4-44 素材文件

图 4-45 涂抹结果

专家提醒

在涂抹工具的选项栏中，若选中“手指绘画”复选框，则在拖动鼠标时，涂抹工具将使用前景色与图像中的颜色相融合，否则使用鼠标起始位置处的图像颜色进行涂抹。

4.4 使用加深工具组

在 Photoshop CC2017 中，对减淡、加深和海绵工具进行了重新设计。其中对减淡和加深工具增加了“保护色调”选项，对海绵工具增加了“细节饱和度”选项。在处理图片时，可更好地保留原图的颜色、色调和纹理等重要信息，避免过分处理图像的暗部和亮度，修改后的图像看上去会更加自然。

4.4.1 使用加深工具

使用加深工具可以将图像中的亮度变暗。选择加深工具后，工具选项栏发生了相应的变化，如图 4-46 所示。

图 4-46 加深工具的工具选项栏

选项解析

※ 范围列表框：用于对图像进行加深操作时的范围选取。包括阴影、中间调和高光。选择“阴影”时，加亮的范围只局限于图像的暗部；选择“中间调”时，加亮的范围只局限于图像的灰色调；选择“高光”时，加亮的范围只局限于图像的亮部。

※ 曝光度百分比：用来控制图像的曝光强度。百分比越大，曝光强度越明显。

※ “保护色调”复选框：对图像进行加深操作时，可以对图像中已存在的颜色进行保护。

典型应用

（1）打开一幅素材图像，如图 4-47 所示。

（2）在工具箱中选取加深工具，设置柔和笔头，范围为中间调，曝光度为 50%，选中“保护色调”复选框，在素材人物头发上涂抹，效果如图 4-48 所示。

图 4-47 素材文件

图 4-48 涂抹结果

4.4.2 使用减淡工具

与加深工具相反，使用减淡工具，可以将图像的部分色调变亮，这在处理照片美白效果时应用广泛。减淡工具选项栏与加深工具选项栏相同，在此不再赘述。下面通过一个实例来介绍减淡工具的使用方法，其具体操作步骤如下：

（1）打开一个素材文件，如图 4-49 所示。

（2）在工具箱中，选取减淡工具，设置笔头为柔和画笔，范围为中间调，曝光度为 50%，选中“保护色调”复选框，在人物暗部涂抹，效果如图 4-50 所示。

图 4-49 素材文件

图 4-50 减淡结果

4.4.3 使用海绵工具

使用海绵工具，可以精确地更改图像中某个区域的色相饱和度。其作用是当增加颜色的饱和度时，其灰度就会减少，使图像的色彩更加浓烈；当降低颜色的饱和度时，其灰度就会增加，使图像的色彩变为灰度值。

在工具箱中，选取海绵工具后，其属性栏如图 4-51 所示。

图 4-51　海绵工具的工具选项栏

选项解析

❋ 模式下拉列表框：用于对图像进行加色或者去色的设置。

❋ “自然饱和度”复选框：用于从灰色调到饱和色调的调整，在处理饱和度不够的图片时可以调整出非常优雅的色调。

海绵工具的使用方法与加深减淡工具相同，其效果如图 4-52 所示。

原图

去色

加色

图 4-52　海绵工具的使用效果

课堂实战——打造完美肌肤

本例通过使用修复工具，结合其他色彩调整命令来使肌肤看起来更完美。从而对前面所学的知识进行巩固练习。肌肤修复前后的对比效果如图 4-53 所示。

扫描观看本节视频

图 4-53　完美肌肤效果

实战操作

本实例主要使用模糊、修复画笔工具以及图层混合模式等操作美化肌肤，具体操作步骤如下：

（1）启动 Photoshop CC2017，打开一个素材文件，如图 4-54 所示。

（2）按【Ctrl＋J】组合键复制背景图层，图层选项卡如图 4-55 所示。

图 4-54 素材文件

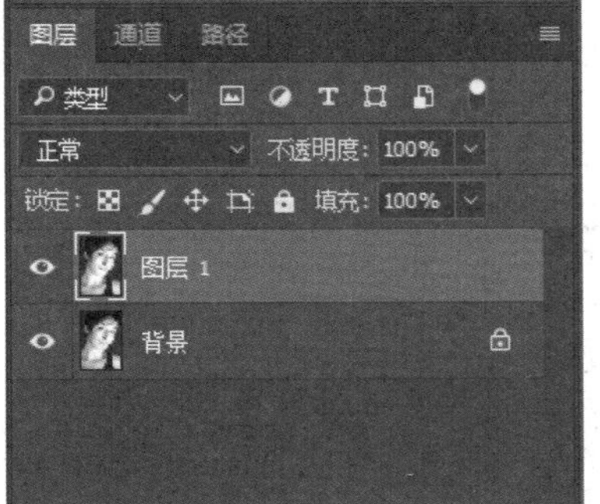

图 4-55 “图层”选项卡

（3）执行“滤镜”|“模糊”|“高斯模糊”命令，在弹出的“高斯模糊”对话框中设置“半径”为 10 像素，如图 4-56 所示。

（4）单击“确定”按钮，将“图层 1”的混合模式更改为“颜色”，如图 4-57 所示。

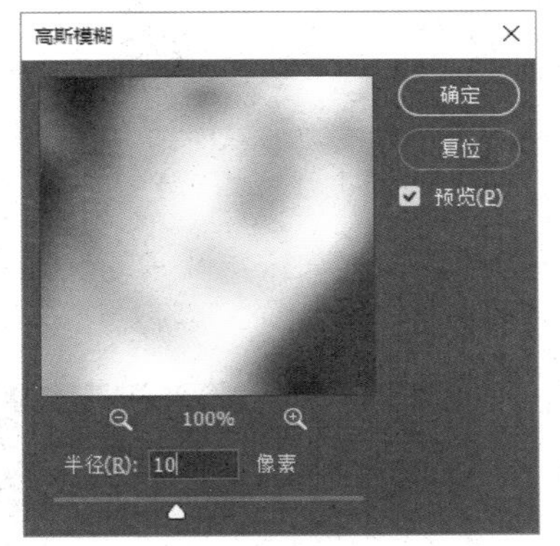

图 4-56 “高斯模糊”对话框

图 4-57 “图层”选项卡

（5）更改图层混合模式后的效果如图 4-58 所示。

（6）双击图层 1，在“图层样式”对话框的“高级混合”选项区中取消选择 R 和 G 的高级通道复选框，如图 4-59 所示。

图 4-58 更改图层混合模式后的效果

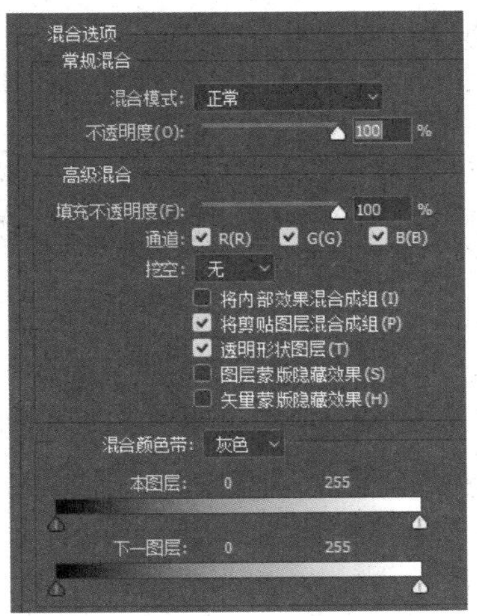

图 4-59 “图层样式”对话框

（7）单击“确定”按钮，效果如图4-60所示。

（8）新建图层，在工具箱中选取污点修复画笔工具，在工具选项栏中选中“对所有图层取样”复选框，使用柔和画笔将面部斑点仿制去除，如图4-61所示。

图4-60　更改混合模式后的效果

图4-61　去除斑点

（9）按【Ctrl＋Shift＋Alt＋E】组合键盖印所有图层，此时图层选项卡如图4-62所示。

（10）使用多边形套索工具选出皮肤区域，如图4-63所示。

图4-62　“图层”选项卡

图4-63　确定选区

（11）按【Ctrl＋Shift＋I】组合键反选选区，如图4-64所示。

（12）按【Delete】键删除选区，使用背景橡皮擦工具擦除眉毛、眼睛、鼻孔、嘴唇和衣服区域，隐藏除“图层3”以外的图层，效果如图4-65所示。

图 4-64　反选选区

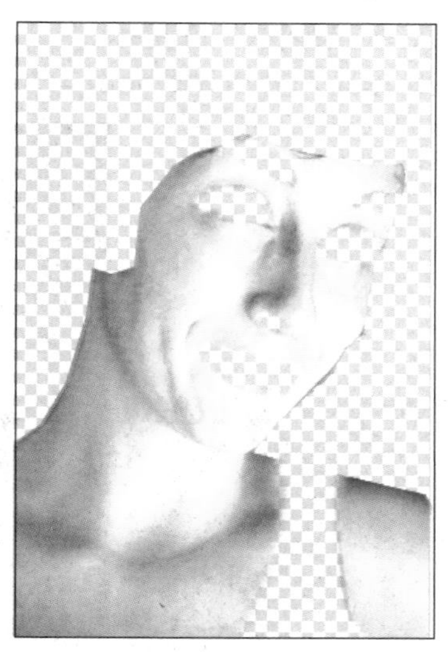

图 4-65　隐藏图层后的效果

（13）显示所有图层，执行“滤镜”|“模糊”|“高斯模糊”命令，设置模糊半径为 20，如图 4-66 所示。

（14）设置图层不透明度为 70%，图层选项卡如图 4-67 所示。

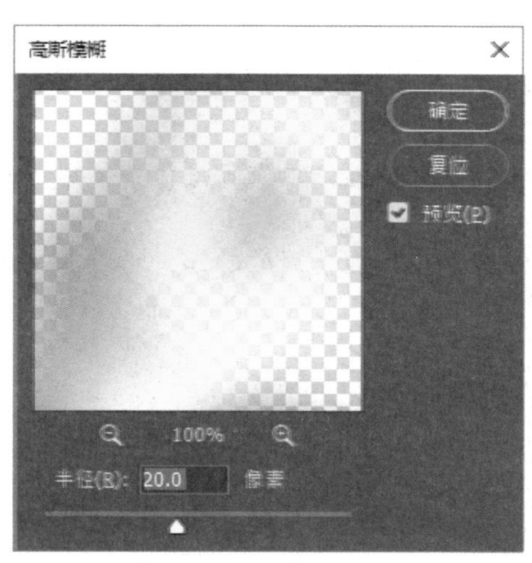

图 4-66　“高斯模糊”对话框

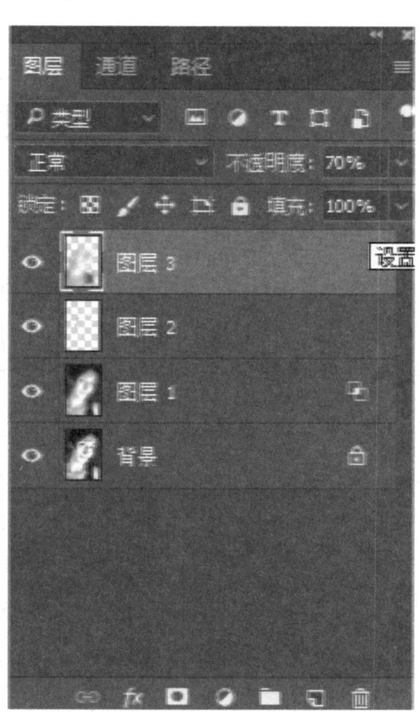

图 4-67　“图层”选项卡

（15）按【Ctrl＋J】组合键，复制图层 3，执行“滤镜”|“其他”|“高反差保留”命令，弹出“高反差保留”对话框，设置“半径”为 5 像素，如图 4-68 所示。

（16）单击“确定”按钮，将图层的混合模式设置为“线性光”，并设置图层不透明度为 50%，图层选项卡如图 4-69 所示。

（17）修复完成后最终效果如图 4-70 所示。

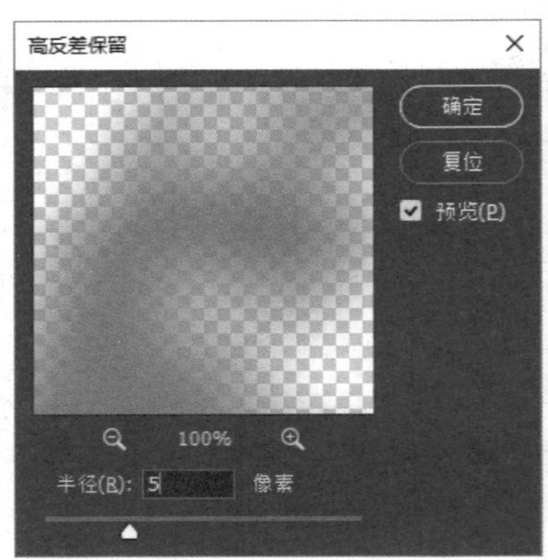

图 4-68 “高反差保留”对话框

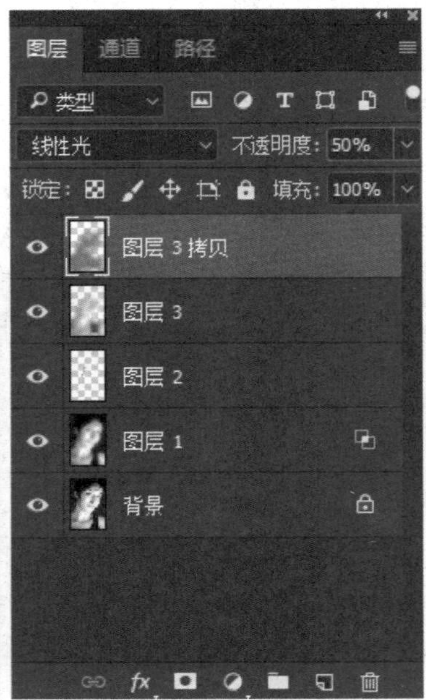

图 4-69 “图层”选项卡

图 4-70 最终效果

课堂总结

本章主要讲述了图像修复工具的使用方法，以及模糊工具和加深工具的使用方法。利用这些工具，可以对图像进行修复。当然，除了对图像的修复作用外，这些工具在鼠绘等方面也都各具特色。读者在学习时应结合课堂指导内容灵活地应用。通过本章的学习，应做到以下两点：

（1）在讲述修复工具时，应掌握各种工具的不同特性，在实际操作中使用最适合的工具进行操作。

（2）模糊工具以及加深工具，多是手动涂抹居多，在使用的时候，可以考虑结合使用选区和羽化，这样更易于精确操作。

课后巩固

一、填空题

1．使用________工具，可以将样本像素的纹理、光照和阴影与源像素进行匹配。

2．使用________工具，可以将在数码相机拍照过程中产生的红眼睛效果轻松去除并与周围的像素相融合。

3．________工具，可以精确地更改图像中某个区域的色相饱和度。

二、简答题

1．修复画笔工具和修补工具有什么不同？

2．锐化工具的主要作用是什么？

3．使用减淡工具在制作人物化妆时，一般起什么作用？

三、上机操作

1．结合各类修复工具，修复图像，如图 4-71 所示。

关键提示：使用修复工具，把大面积的破坏区域进行修复；复制背景图层，使用杂色和蒙尘与刮痕滤镜。

2．使用画笔工具和加深减淡工具，以及涂抹工具，绘制如图 4-72 所示的简易鼠绘作品。

图 4-71　修复图像

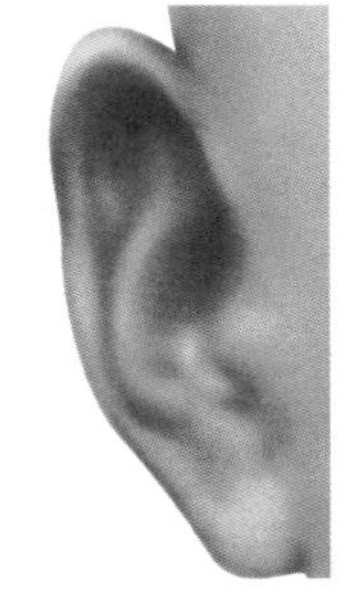

图 4-72　鼠绘作品

第 5 章　图像颜色的调整

本章导读

上一章我们讲述了图像的处理与修复，本章将重点介绍图像色彩的调整。在日常操作中，无论是数码照片，还是图文制作，或是平面设计，都与图像的颜色调整离不开关系。本章将从图像的生成原理开始讲解，逐一对颜色的基本设置、图像色彩的调整、图像色调的调整以及特殊色调的调整进行介绍。

学习目标

- 颜色的生成原理
- 颜色的基本设置
- 图像色彩的调整
- 图像色调的调整
- 特殊色调的调整

5.1　颜色的生成原理

了解如何创建颜色以及如何将颜色相互关联，可以提高使用 Photoshop 的工作效率。在对颜色进行创建的过程中，可以通过加色原色（RGB）、减色原色（CMYK）和色轮来达到最终效果。

5.1.1　加色原理

加色原色是指三种色光，即红色、绿色和蓝色，当按照不同的组合将这三种色光叠加在一起时，可以生成可见色谱中的所有颜色。添加等量的红色、蓝色和绿色光可以生成纯白色。完全缺少红色、蓝色和绿色将生成黑色。计算机的显示器就是使用加色原色来创建颜色的设备，其原理如图 5-1 所示。

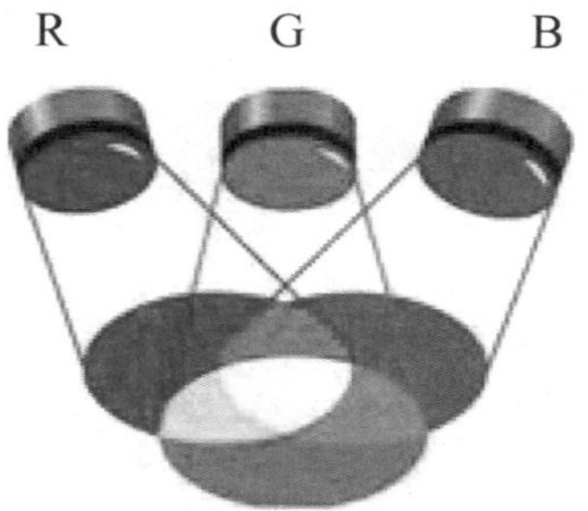

图 5-1　加色原理

5.1.2 减色原理

减色原色是指一些颜料，当按照不同的组合将这些颜料添加在一起时，可以创建一个色谱。与计算机显示器不同，打印机就是使用减色原色（青色、洋红色、黄色和黑色）通过减色混合来生成颜色的。例如，橙色是通过将洋红色和黄色进行减色混合创建的。减色原理如图 5-2 所示。

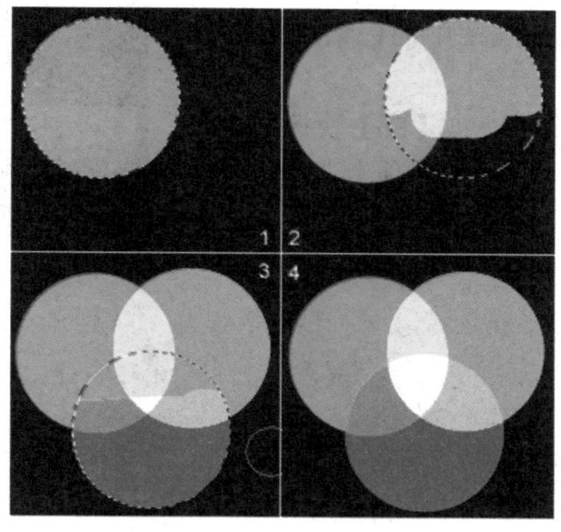

图 5-2 减色原理

5.1.3 色轮

如果是第一次调整颜色分量，在处理色彩平衡时有一个标准色轮图表会很有帮助。可以使用色轮来预测一个颜色分量的更改如何影响其他颜色，并了解这些更改如何在 RGB 和 CMYK 颜色模型之间进行转换。

例如，通过增加色轮中相反颜色的数量，可以减少图像中某一颜色的数量，反之亦然。在标准色轮上，处于相对位置的颜色称作补色。同样，通过调整色轮中两个相邻的颜色，甚至将两个相邻的色彩调整为其相反的颜色，可以增加或减少一种颜色。

在 CMYK 图像中，可以通过减少洋红色数量或增加其互补色的数量来减淡洋红色，洋红色的互补色为绿色（在色轮上位于洋红色的相对位置）。在 RGB 图像中，可以通过删除红色和蓝色，或通过添加绿色来减少洋红。所有这些调整都会得到一个包含较少洋红的整体色彩平衡，如图 5-3 所示。

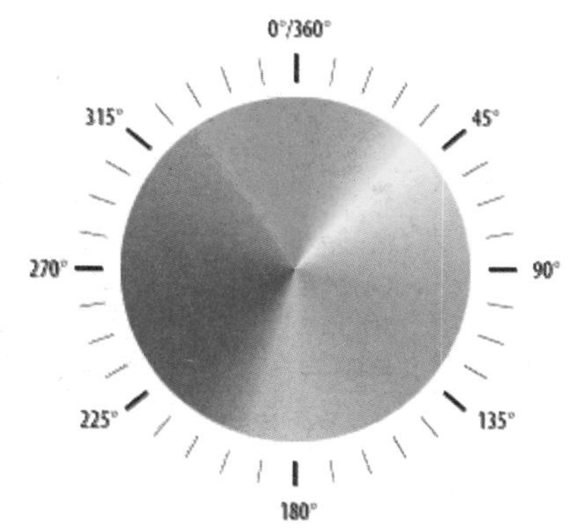

图 5-3 色轮

5.2 颜色的基本设置

在 Photoshop CC2017 中，颜色的设置是一个非常重要的环节。结合加色原色、减色原色

和色轮，可以更有效地进行工作。

5.2.1 “颜色”选项卡

“颜色”选项卡可以显示当前前景色和背景色的颜色值。使用“颜色”选项卡中的滑块，可以利用几种不同的颜色模型来编辑前景色和背景色。也可以从显示在选项卡底部的四色曲线图中的色谱中选取前景色和背景色。

执行“窗口”|“颜色”命令或【F6】快捷键，即可打开“颜色”选项组的“颜色”选项卡，如图5-4所示。

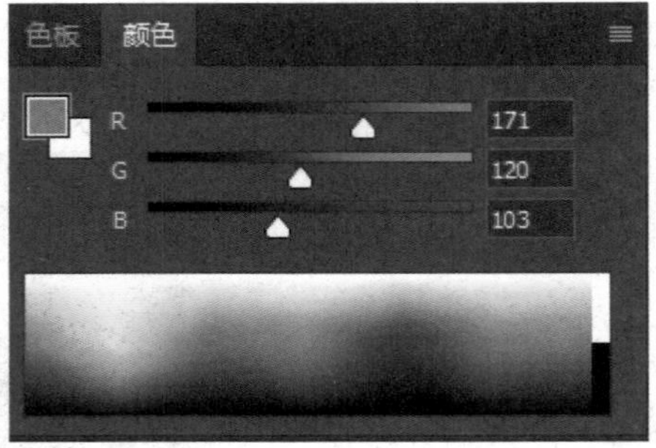

图5-4 “颜色”选项卡

选项解析

※ 前景色色块：显示当前的前景色，单击此色块，将打开“拾色器（前景色）”对话框，在其中可以设置前景色；拖动颜色滑块或在四色曲线图上单击鼠标，均可设置前景色。

※ 背景色色块：显示当前的背景色，设置方法与前景色相同。

※ 滑块：可以直接拖动来确定颜色。

除了RGB模式控制颜色以外，还可以在“颜色”选项卡中，单击其右上角的菜单按钮，获取更多的颜色控制模式，如图5-5所示为CMYK滑块。

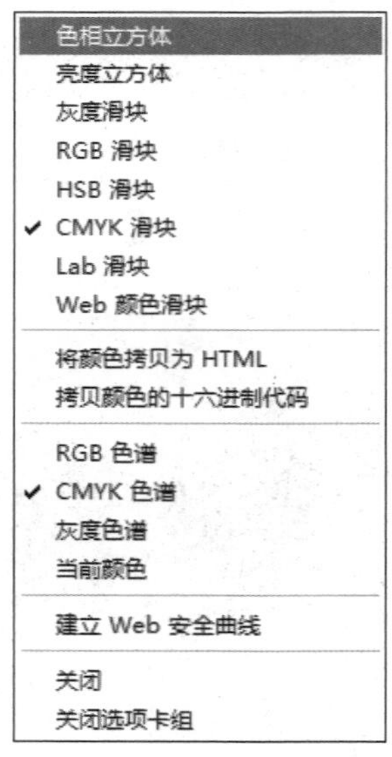

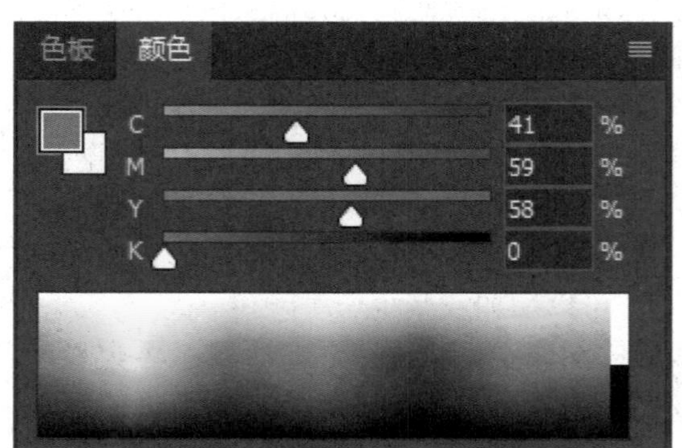

图5-5 颜色控制

5.2.2 “色板”选项卡

“色板”选项卡储存了用户常使用的颜色。在“色板”选项卡中，用户可以编辑常用色块，或者为不同的项目显示不同的颜色库。在“颜色”选项组中单击“色板”选项卡，即可打开“色板”选项卡，如图5-6所示。

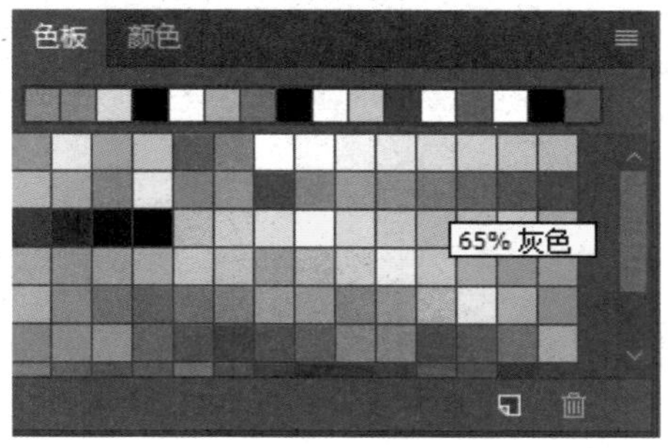

图 5-6 “色板”选项卡

选项解析

- 颜色色块：在颜色色块上单击，可将其设置为前景色。
- “创建前景色的新色板”按钮：单击此按钮，可以将设置的前景色保存到“色板”中。
- 删除色板：将当前选中的色板删除。

5.2.3 查看图像色彩的分布

使用“直方图”选项卡，可以显示当前图像的颜色信息，还可以对图像的颜色进行详细分析，执行“窗口”|“直方图”命令，即可打开如图 5-7 所示为某一图像的“直方图”选项卡。

专家提醒

直方图的横轴代表亮度，该值的范围为 0（黑色）～255（白色），纵轴则代表给定的像素总数。峰值较高的表示此色阶处有较多像素。

在选项卡右上角单击“☰”按钮，将弹出快捷菜单（如图 5-8 所示），在该菜单中选择“扩展视图”选项，可以查看颜色分布信息，如图 5-9 所示。

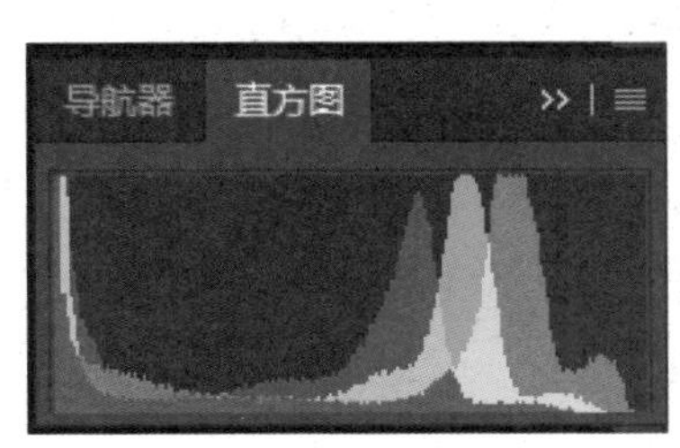

图 5-7 “直方图”选项卡

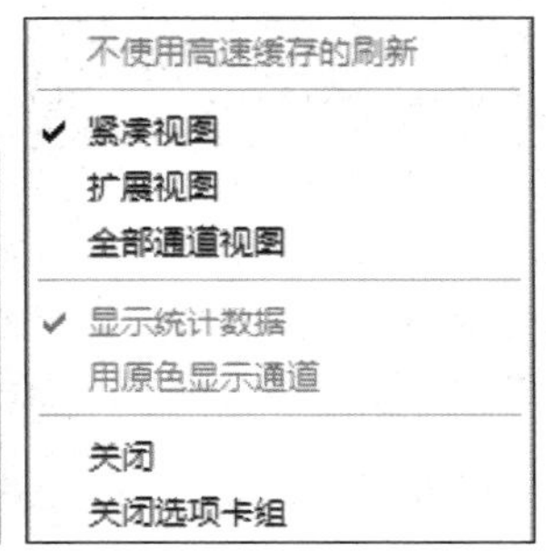

图 5-8 快捷菜单

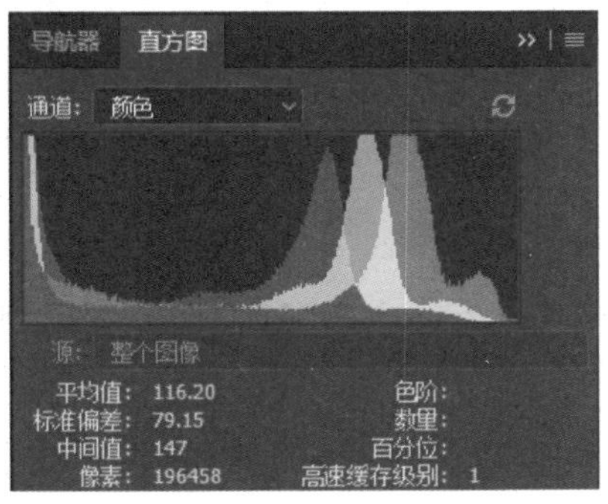

图 5-9 查看颜色分布信息

选项解析

- 平均值：表示图像的亮度平均值。

- 标准偏差：表示当前图像中颜色数值变化的范围。
- 中间值：用于显示颜色值范围内的中间值。
- 像素：用于计算直方图的像素总数。
- 色阶：用于显示当前图像或者某一指定点的灰色色阶，其范围在0~255之间。
- 数量：用于显示当前图像指定的点或者选定区域中所包含的像素数目。
- 百分比：用于显示指定色阶下像素的百分数。
- 高速缓存级别：用于显示高速缓存的设置。

5.3 图像色彩的调整

在对图像的颜色有了一定的认识之后，更易于理解图像色彩的调整。在修复色彩有偏差的数码照片，或者制作个性化的色彩照片时，常需要对图像进行色彩调整。图像色彩调整的常用命令有“色彩平衡”和“色相/饱和度”等。

5.3.1 色彩平衡

“色彩平衡”命令，常用于控制图像的颜色分布，使图像整体的色彩趋于平衡。下面以一个简单的实例介绍“色彩平衡”命令的使用方法。

典型应用

（1）打开一个素材文件，如图5-10所示。

（2）执行“图像”|“调整”|“色彩平衡”命令或按【Ctrl+B】组合键，弹出“色彩平衡”对话框，设置第一个色阶文本框的参数值为100，如图5-11所示。

图5-10 素材图像

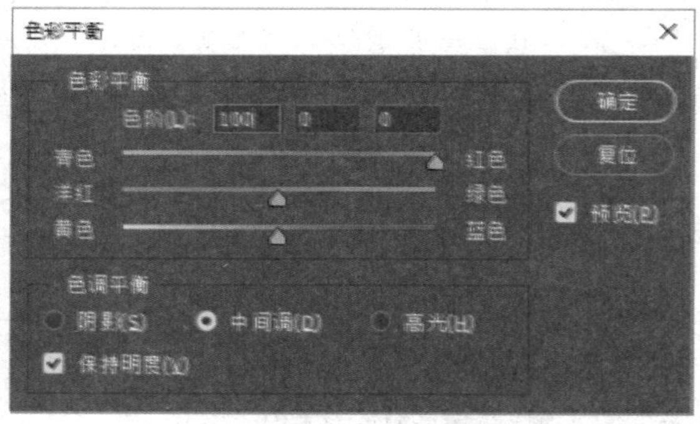

图5-11 “色彩平衡”对话框

（3）在画布上可观察到图像的红色像素增加，效果如图5-12所示。

（4）设置第二个色阶文本框的参数值为100，可使画面的绿色像素增加，图像效果如图5-13所示。

图 5-12 增强红色通道

图 5-13 增强绿色通道

（5）设置第三个色阶文本框的参数值为 100，可使画面蓝色像素增加，图像最终效果如图 5-14 所示。

（6）根据本图的需要，将色阶值参数设置为-13、+7、+9，如图 5-15 所示。

（7）单击“确定”按钮后即可观察到图像的效果，如图 5-16 所示。

图 5-14 增强蓝色通道

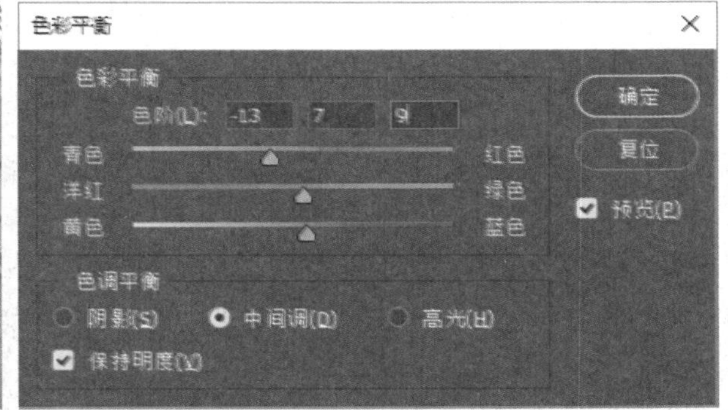

图 5-15 调整色阶值

图 5-16 最终效果

专家提醒

使用“色彩平衡”命令可以单独对图像的阴影、中间调和高光进行调整，从而改变图像的整体颜色。

5.3.2 色相/饱和度

使用“色相/饱和度”命令可以调整整个图片或图片中单个颜色的色相、饱和度和亮度。

执行“图像”|“调整”|“色相/饱和度”命令或按【Ctrl+U】组合键，打开“色相/饱和度”对话框，如图 5-17 所示。

选项解析

※ “预设”下拉列表框：在此下拉列表框中，可选择系统保存的调整数据。

※ “全图”下拉列表框：在此下拉列表框中，可选择调整的颜色范围。

在“全图”下拉列表框中选取单一颜色后，“色相/饱和度”对话框中其他的功能也会被激活，如图 5-18 所示。

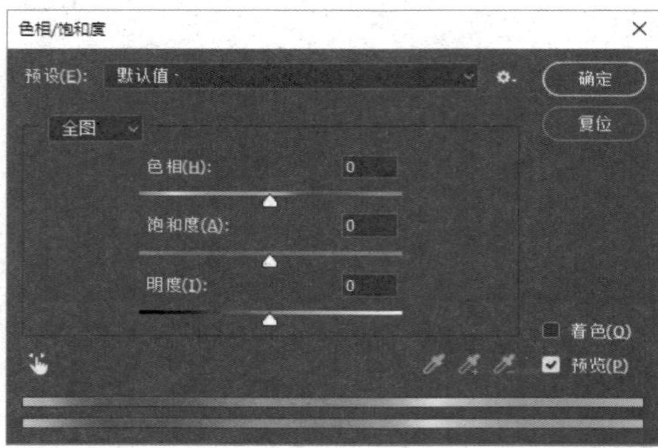

图 5-17 “色相/饱和度”对话框

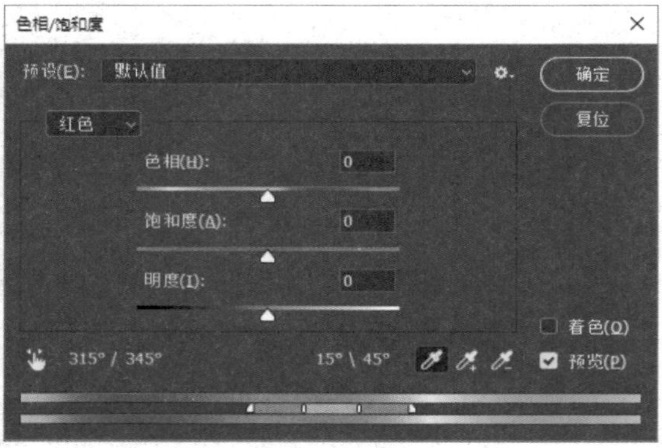

图 5-18 “色相/饱和度”对话框

※ “色相”色带：调节滑块，可以调整图像的色相，即更改颜色。

※ “饱和度”色带：调节滑块，可以调整图像的纯度，饱和度越大，颜色越纯；饱和度越小，颜色越淡。

※ “明度”色带：调节滑块，可调整图像的明暗度。

※ “着色”复选框：选中该复选框，将为全图调整色调，并将彩色图像自动转换成单一色调的图片。

※ “按图像选取点调整图像饱和度”按钮：单击此按钮，使用鼠标在图像的相应位置拖动时，会自动调整选取区域颜色的饱和度。

※ “吸管工具”按钮：单击此按钮，可以在图像中吸取颜色并加以编辑。

※ “添加到取样”按钮：单击此按钮，可以在图像中为已选取的色调再增加调整范围。

※ “从取样中减去”按钮：可以在图像中为已选取的色调减少调整范围。

典型应用

（1）按【Ctrl＋O】组合键打开一幅素材图像，如图 5-19 所示。

（2）在工具箱中选取磁性套索工具选取嘴唇区域，如图 5-20 所示。

图 5-19 素材图像

图 5-20 创建选区

（3）按【Shift＋F6】组合键弹出“羽化选区”对话框，设置“羽化半径”为 5，如图 5-21 所示。

（4）单击“确定”按钮，按【Ctrl＋U】组合键打开“色相/饱和度”对话框，设置色相值为-57，饱和度为+22，如图 5-22 所示。

（5）单击“确定”按钮，按【Ctrl＋D】组合键取消选区，最终效果如图 5-23 所示。

羽化选区

羽化半径(R): 5 像素 确定

应用画布边界的效果 取消

图 5-21 “羽化选区”对话框

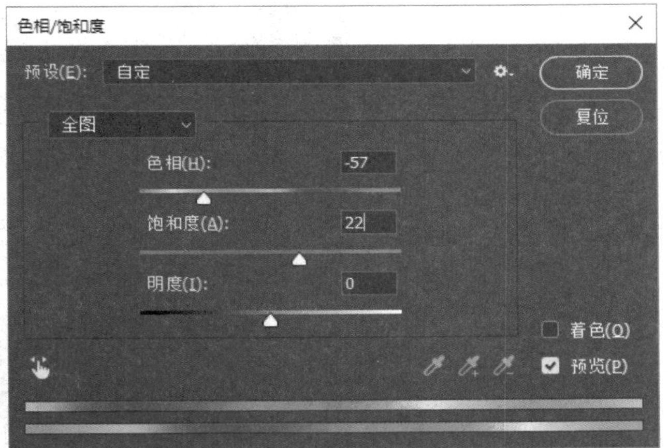

图 5-22 “色相/饱和度”对话

图 5-23 最终效果

5.3.3 替换颜色

使用“替换颜色”命令可以将图像中的某种颜色提出并替换成别的颜色，原理是在图像中基于某种特定的颜色创建一个临时蒙版，然后替换图像中的特定颜色。

执行“图像”|“调整”|“替换颜色”命令或按【Ctrl+B】组合键，将弹出如图 5-24 所示的“替换颜色”对话框。

选项解析

❋ “本地化颜色簇”复选框：选中此复选框后，设置替换范围会被集中在选取点的周围，对比效果如图 5-25 所示。

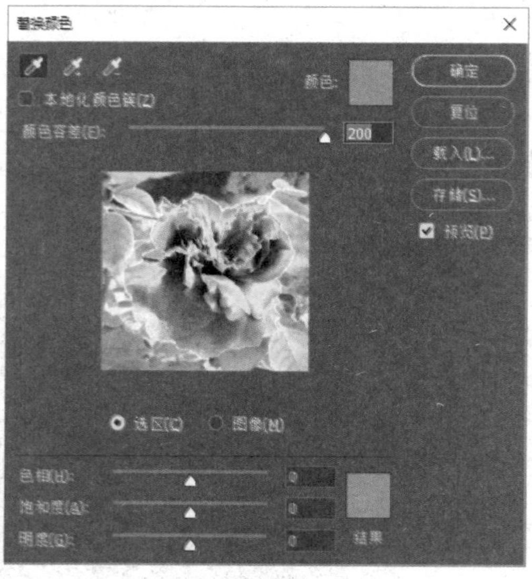

图 5-24 “替换颜色”对话框

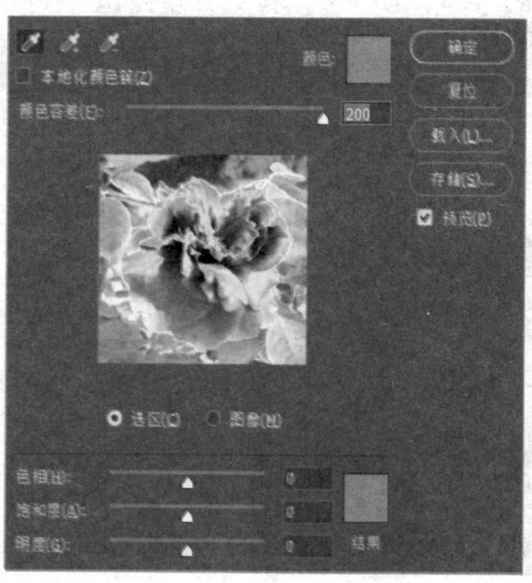

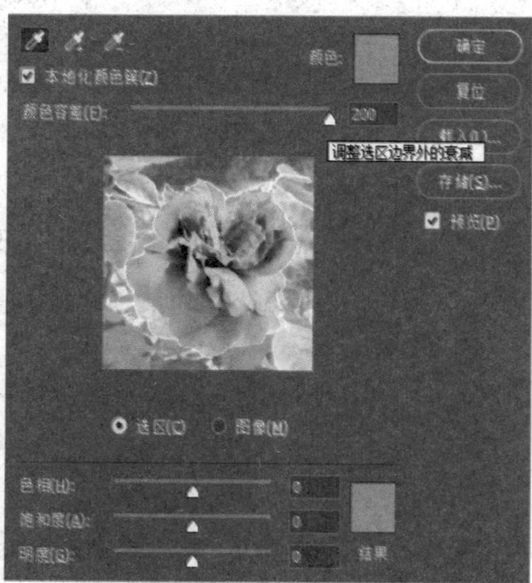

图 5-25 未选中和选中“本地化颜色簇”复选框的效果对比

❋ “颜色容差”数值框：用来设置被替换颜色的选取范围，数值越大，颜色的选取范围就越大。

❋ “选区”单选按钮：选中此单选按钮，可以在预览框中显示蒙版，即白色区域为选中区域，黑色部分为未选中区域。

❋ “图像”单选按钮：选中此单选按钮，可预览图像。

❋ “替换”选项区：用于设置替换后的颜色。

典型应用

（1）打开一幅素材图像，如图 5-26 所示。

（2）执行“图像”|“调整”|“替换颜色”命令按【Ctrl+B】组合键，弹出“替换颜色”对话框，在图像背景上单击鼠标，如图 5-27 所示。

图 5-26　素材图像

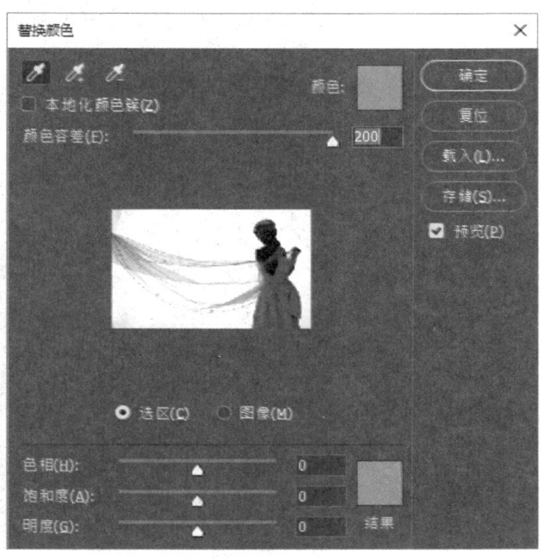

图 5-27　“替换颜色”对话框

（3）在“替换”选项区中单击“结果”色块，在弹出的“拾色器（结果颜色）”对话框中选取颜色，如图 5-28 所示。

（4）依次单击“确定”按钮，效果如图 5-29 所示。

图 5-28　选取颜色

图 5-29　替换结果

5.3.4 匹配颜色

使用“匹配颜色”命令可以匹配不同图像、多个图层或多个选区之间的颜色，并将其颜色色系保持一致。此命令在一个图像中的某些颜色与另一个图像中的颜色一致时，作用非常明显。

在 Photoshop CC2017 中，执行“图像”|“调整”|“匹配颜色”命令，将弹出“匹配颜色”对话框，如图 5-30 所示。

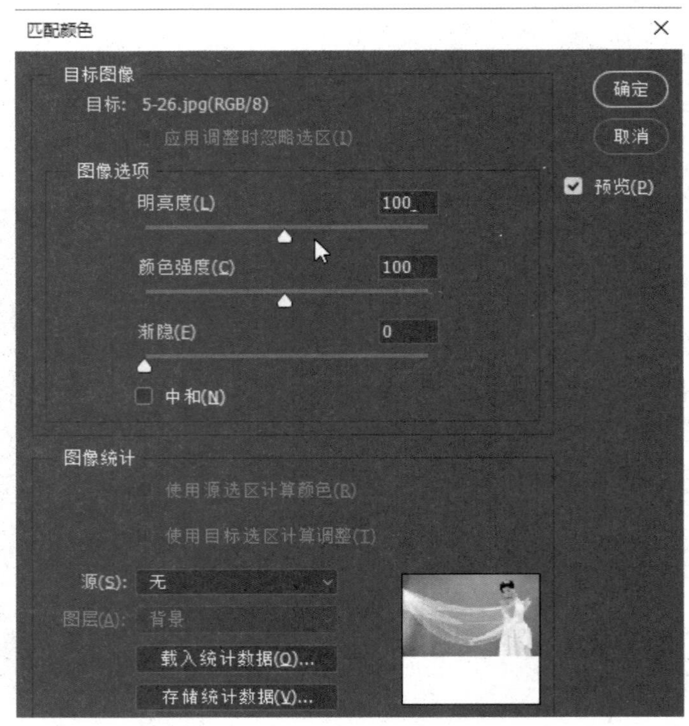

图 5-30 “匹配颜色”对话框

选项解析

❋ “应用调整时忽略选区”复选框：选中该复选框，Photoshop 会将调整应用到整个目标图层上，而忽略图层中的选区。

❋ 明亮度：用于调整当前图层中图像的明亮度。

❋ 渐隐：用于控制应用到图像中颜色的饱和度。

❋ “中和”复选框：选中该复选框，可自动消除目标图像中色彩的偏差。

❋ “使用源选区计算颜色”复选框：选中该复选框，可使用源图像中选区的颜色计算调整度。否则将忽略图像中的选区，使用原图层中的颜色计算调整度。

❋ “使用目标选区计算调整”复选框：选中该复选框，可使用目标图层中选区的颜色计算调整度。

❋ “源”下拉列表框：用于选择要将其颜色匹配到目标图像中的原图像。

❋ “图层”下拉列表框：用于选择源图像中带有需要匹配的颜色的图层。

❋ “载入统计数据”按钮：单击该按钮，可载入已存储的设置文件。

❋ “存储统计数据”按钮：单击该按钮，可将设置保存。

典型应用

（1）按【Ctrl＋O】组合键打开两幅图像素材，如图 5-31 所示。

A

B

图 5-31　素材图像

（2）将当前工作图像切换至“5-31B”图像，如图 5-32 所示。

（3）执行“图像”|“调整”|“匹配颜色”命令，弹出“匹配颜色”对话框，在“源”下拉列表框中选择“5-31A.jpg”图像，其他参数保持默认，如图 5-33 所示。

（4）单击“确定”按钮，最终效果如图 5-34 所示。

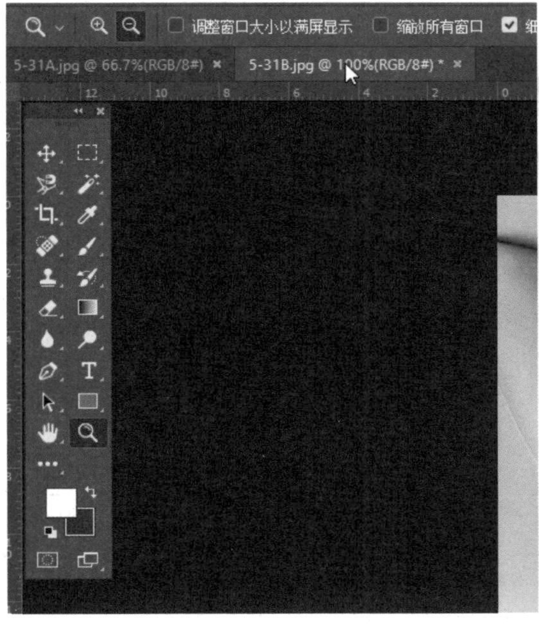

图 5-32　切换工作图像

图 5-33　设置参数

图 5-34　匹配结果

5.3.5　通道混合器

使用“通道混合器”命令，可以通过从单个颜色通道中选取所占的百分比，来创建高品质的灰度、棕褐色调或其他彩色的图像效果。执行“图像”|“调整”|“通道混合器”命令，将弹出如图 5-35 所示的“通道混合器”对话框。

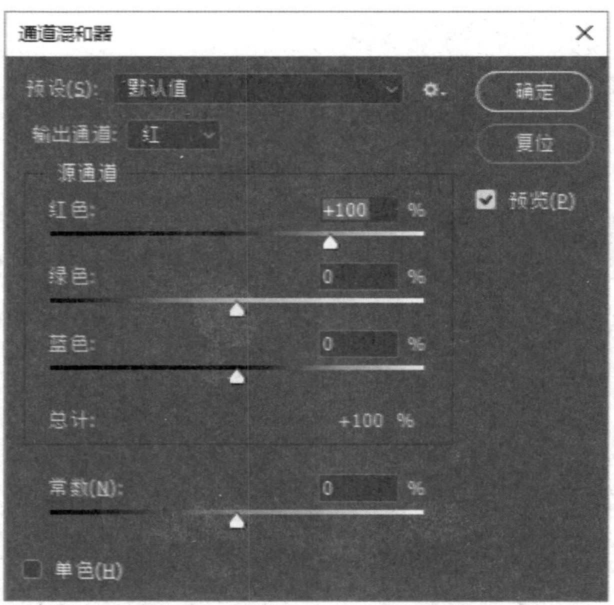

图 5-35　“通道混合器”对话框

选项解析

❋ “预设”下拉列表框：可选择系统保存的调整数据。

❋ “输出通道”下拉列表框：用于设置调整图像的通道。

❋ “源通道”选项区：根据色彩模式的不同会出现不同的调整颜色通道。

❋ “常数”色带：用来调整输出通道的灰度值。正值可增加白色，负值可增加黑色。

❋ “单色”复选框：选中该复选框，可将彩色图片变为单色图像，而图像的颜色模式与亮度保持不变。

典型应用

（1）打开一幅素材图像，如图 5-36 所示。

（2）执行“图像”|“调整”|“通道混合器”命令，弹出“通道混合器”对话框，在“预设”下拉列表中选择“使用黄色滤镜的黑白（RGB）”选项，如图 5-37 所示。

（3）单击“确定”按钮，即可制作出高质量的灰度图像，如图 5-38 所示。

图 5-36 素材图像

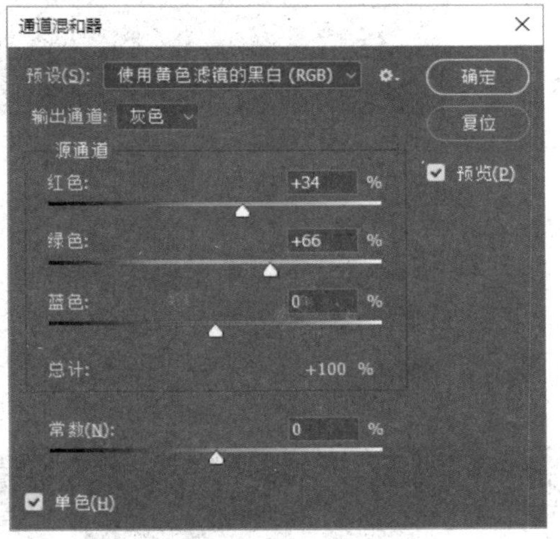

图 5-37 “通道混合器”对话框

图 5-38 混合结果

5.3.6 照片滤镜

使用“照片滤镜”命令可以将图像调整为冷、暖色调。执行“图像”|“调整”|“照片滤镜”命令，将弹出如图 5-39 所示的对话框。

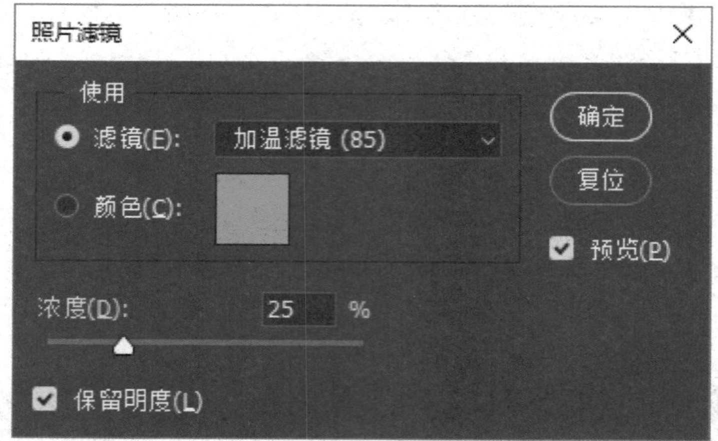

5-39 “照片滤镜”对话框

选项解析

- ❋ “滤镜”下拉列表框：可用于选择系统保存的滤镜类型。
- ❋ “颜色”单选按钮：选中该单选按钮后，可自定义色调。
- ❋ “浓度”滑块：用于调整应用到照片中的颜色数量，数值越大，色彩越饱和。

如图 5-40 和图 5-41 所示为选择不同滤镜制作出来的图像效果。

图 5-40 黄色滤镜效果

图 5-41 绿色滤镜效果

5.3.7 阴影/高光

“阴影/高光”命令用于对曝光不足或曝光过度的照片进行修正。通过“阴影/高光”命令可以对暗部或高光区域进行针对性的调整。在加亮暗部区域时不会损失高光区域的细节；在调整高光区域时，也不会损失暗部区域的细节。

执行“图像”|“调整”|“阴影/高光”命令，将弹出如图 5-42 所示的对话框。

选项解析

❈ “数量”滑块：用于调整阴影或高光的数量，其数值越大表示阴影越亮而高光越暗；反之阴影越暗而高光越亮。

❈ “显示更多选项”复选框：选中该复选框后，将展开“阴影/高光”对话框中未显示的选项，如图 5-43 所示。

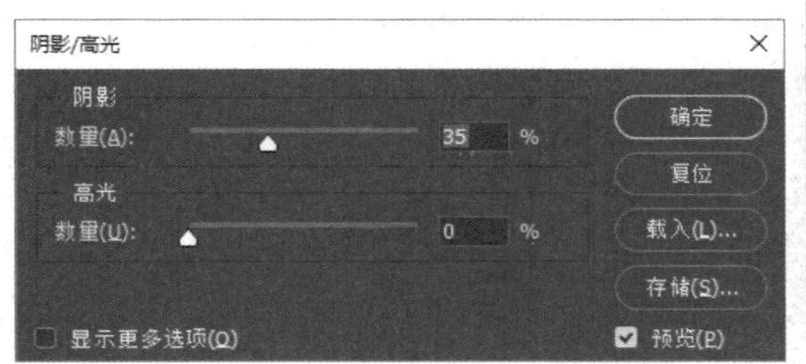

图 5-42 “阴影/高光”对话框

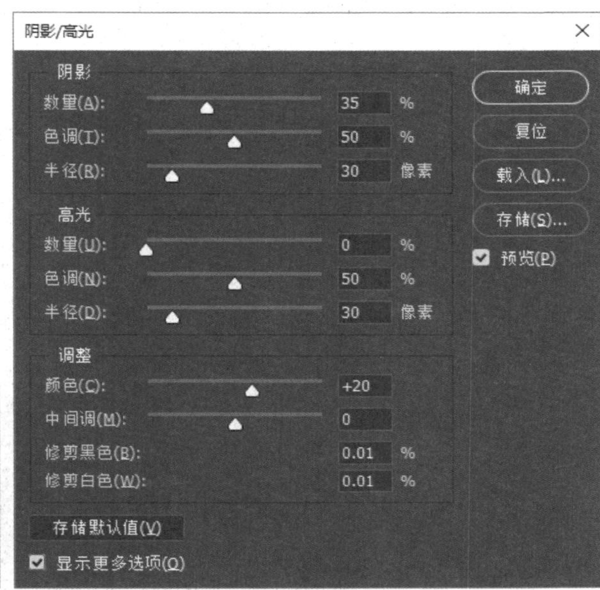

图 5-43 展开未显示的选项

❈ “半径”滑块：用于调整阴影和高光效果的范围，设置该值可决定某一像素是属于阴影还是属于高光。

❈ “颜色”滑块：用于微调彩色图像中已被改变区域的颜色。

❈ “中间调”滑块：用于调整中间色调的对比度。

❈ “存储默认值”按钮：单击该按钮，可将当前的设置存储以备使用。

典型应用

（1）打开一幅素材图像，如图 5-44 所示。

（2）执行“图像”|“调整”|“阴影/高光”命令，弹出“阴影/高光”对话框，从中设置“阴影数量”为 55。单击“确定”按钮，最终效果如图 5-45 所示。

图 5-44 素材图像

图 5-45 调整后的效果

5.3.8 HDR 色调

“HDR 色调”命令是用来修补太亮或太暗的图像，可以制作出高动态范围的图像效果。

执行“图像”|“调整”|“HDR 色调”命令，将弹出“HDR 色调”对话框，如图 5-46 所示。该命令可以通过“边缘光”“色调和细节”“高级”“色调曲线和直方图”四个设置区域对图像的细节进行调整。

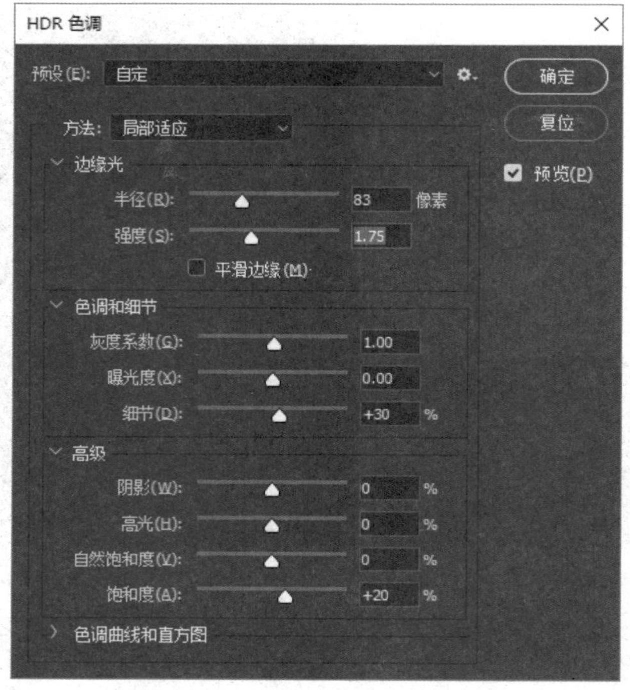

图 5-46 “HDR 色调”对话框

选项解析

- “预设”：包含了系统自带的 17 种 HDR 色调效果。
- “方法”：包含四种不同类型色调供用户选择使用。
- “边缘光”：用于设置图像边缘半径和强度大小的光线。
- “色调和细节”：用于设置图像的“灰度系数”“曝光度”“细节”的调节。
- “高级”：用于对图像“阴影”“高光”“自然饱和度”“饱和度”的设置。
- “色调曲线和直立方”：用于调整图像不均衡的光线效果。

5.3.9 曝光度

使用“曝光度”命令可以调整 HDR 图像的色调。它可以是 8 位或 16 位图像，可以对曝光不足或曝光过度的图像进行调整，如图 5-47 所示。

图 5-47 调整曝光不足的照片

执行“图像”|“调整”|“曝光度”命令后，将弹出“曝光度”对话框，如图 5-48 所示。

选项解析

❋ “曝光度”滑块：用于设置色调范围的高光端，该选项可对极限阴影产生轻微影响。

❋ “位移”滑块：用来使阴影和中间调变暗，该选项可对高光产生轻微影响。

❋ “灰度系数较正”滑块：用来调整图像中的灰度系数。

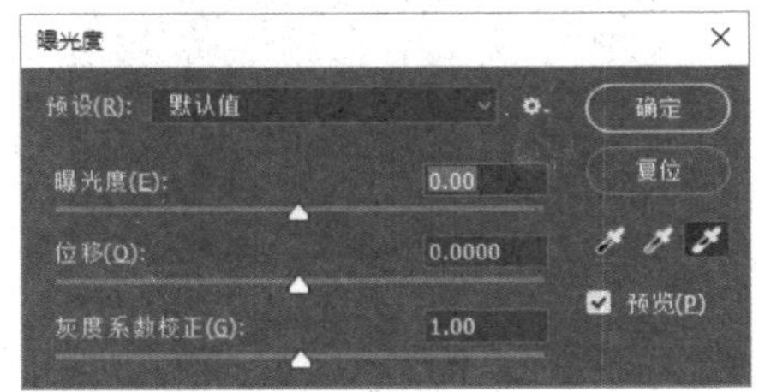

图 5-48 “曝光度”对话框

课堂实战——调整曝光不足的照片

本实例将通过对曝光不足的照片进行调整，对前面所学知识进行总结，让读者活学活用，快速提升动手操作能力。调整前后效果对比，如图 5-49 所示。

扫描观看本节视频

图 5-49 调整前后效果对比

实战操作

本实例运用了本章所学的图像色彩调整命令，其具体操作步骤如下：

（1）打开一个素材文件，如图5-50所示。

（2）新建图层，设置前景色为R247、G240、B197，按【Alt+Delete】组合键填充前景色，并将图层1的混合模式设置为“叠加”，如图5-51所示。

图5-50 素材文件

图5-51 新建图层并填充颜色

（3）设置混合模式后的效果，如图5-52所示。

（4）按【Ctrl+J】组合键复制图层，设置图层的混合模式为“线性加深”，在“图层”选项卡底部单击“为图层添加蒙版”按钮，在工具箱中选取画笔工具，选择柔和画笔，设置前景色为黑色，在黄色小车上涂抹，如图5-53所示。

图5-52 更改混合模式后的效果

图5-53 添加图层蒙版

（5）此时的效果如图5-54所示。

（6）按【Ctrl+Alt+Shift+E】组合键拼合新建的可见图层。执行“图像”|“调整”|“亮度/对比度”命令，在弹出的“亮度/对比度”对话框中设置参数，如图5-55所示。

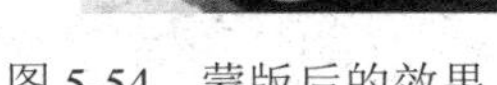
图 5-54 蒙版后的效果

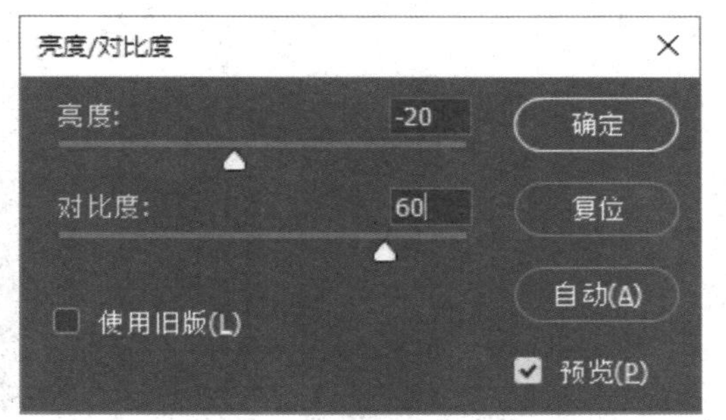

图 5-55 调整亮度对比度参数

（7）单击“确定”按钮，调整“亮度/对比度”后的效果如图 5-56 所示。

（8）在“图层”选项卡中单击底部的“创建新的填充或调整图层”按钮，在弹出的快捷菜单中选择“色相/饱和度”选项，如图 5-57 所示。

图 5-56 调整亮度对比度后的效果

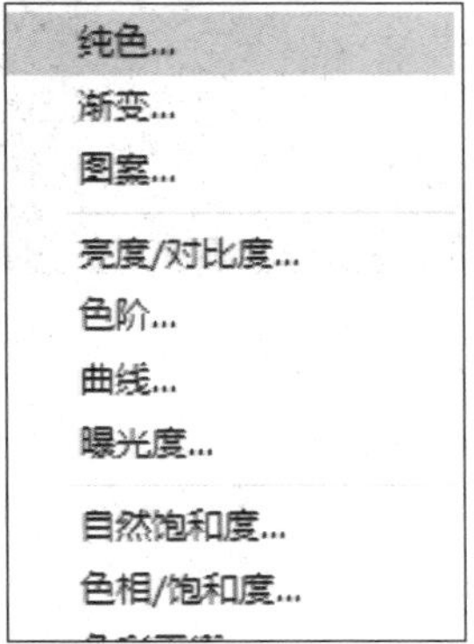

图 5-57 添加调整图层

（9）在弹出的“色相/饱和度”选项卡中设置“饱和度”为-20，如图 5-58 所示。

（10）添加“色相/饱和度”调整层后的图层选项卡，如图 5-59 所示。

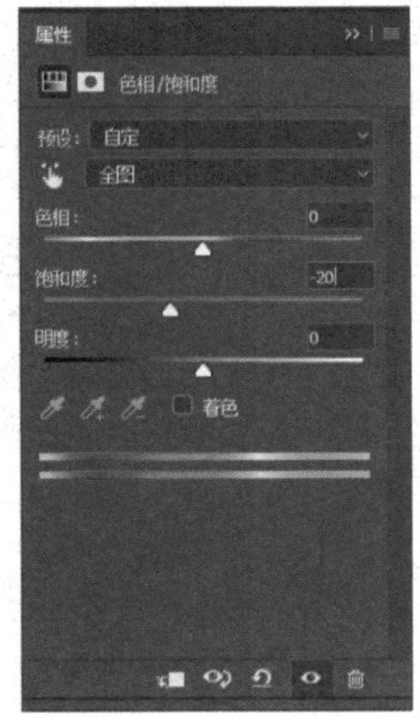

图 5-58 设置饱和度

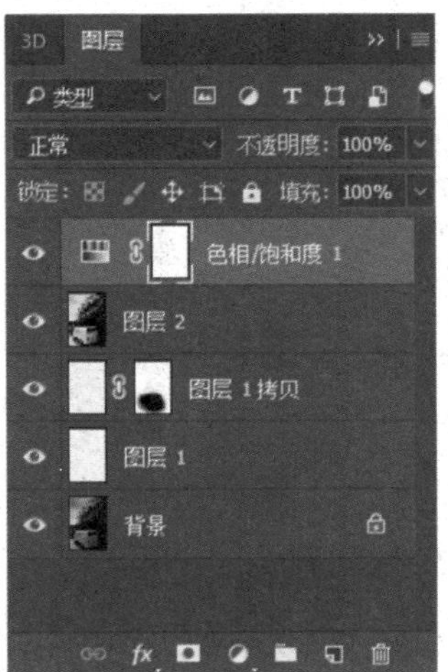

图 5-59 “图层”选项卡

（11）添加“色相/饱和度”调整层后的效果如图 5-60 所示。

（12）将“图层 2”置为当前层，执行“图像”|“调整”|“阴影/高光”命令，在弹出的“阴影/高光”对话框中设置各参数，如图 5-61 所示。

图 5-60 添加调整图层后的效果

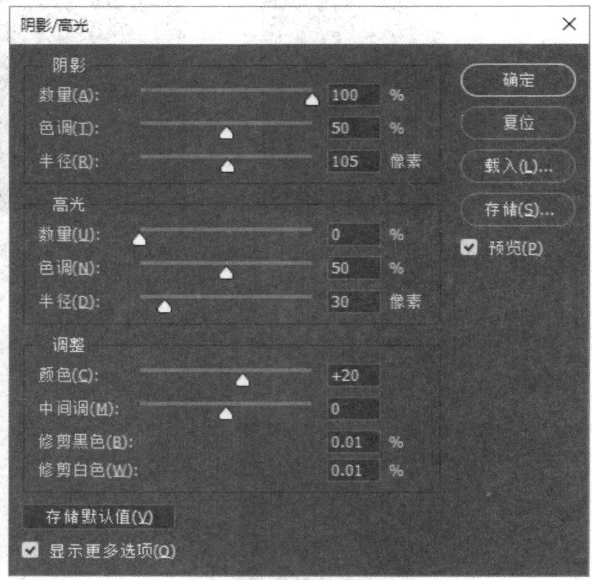

图 5-61 “阴影/高光”对话框

（13）单击“确定”按钮，调整“阴影/高光”后的效果如图 5-62 所示。

（14）按【Ctrl+J】组合键复制背景层，并将背景层置于最顶层。按【Ctrl＋M】组合键调整曲线，如图 5-63 所示。

图 5-62 调整“阴影/高光”后的效果

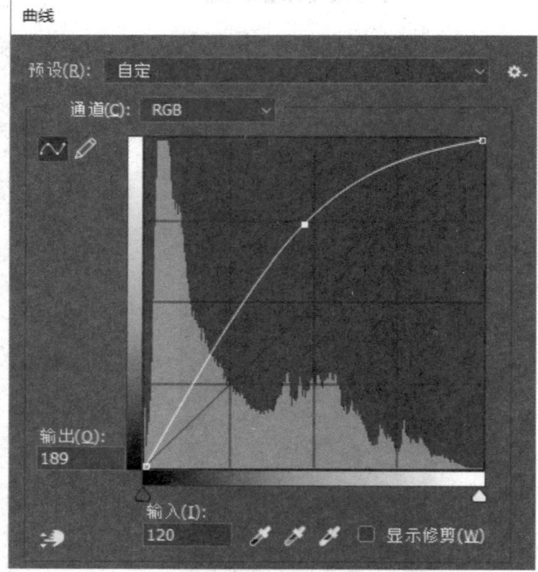

图 5-63 “曲线”对话框

专家提醒

"曲线"是所有调整工具命令中最强大的命令之一。关于它的用法将在后面的章节中详细叙述。

（15）为"背景副本"图层添加蒙版，使用黑色画笔工具，擦去除天空以外的区域（如图 5-64 所示），该图像的最终效果如图 5-65 所示。

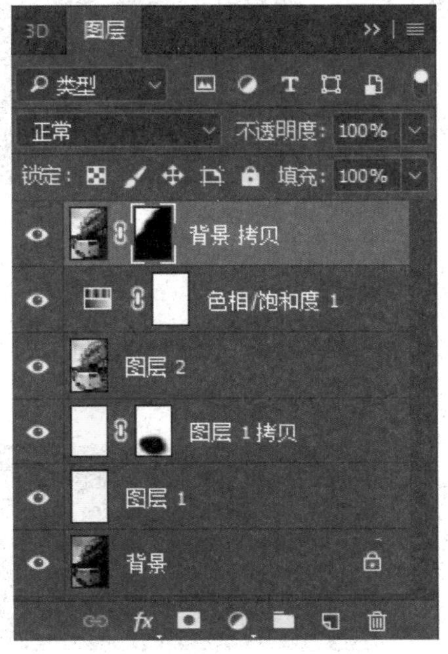

图 5-64　添加图层蒙版

图 5-65　最终效果

5.4　调整图像的色调

在 Photoshop CC2017 中，使用"亮度/对比度""色阶"和"曲线"等命令，可以快速地对图像的色调进行调整。

5.4.1　亮度/对比度

使用"亮度/对比度"命令，可以对图像的整个色调进行调整，从而改变图像的亮度和对比度。但使用这个命令调整图像时，会导致图像细节的丢失。如图 5-66 所示为使用"亮度/对比度"命令对图像的调整效果。

原图

增加对比度

减小对比度

图 5-66 调整图像的亮度/对比度

执行“图像”|“调整”|“亮度/对比度”命令，将弹出“亮度/对比度”对话框，如图 5-67 所示。

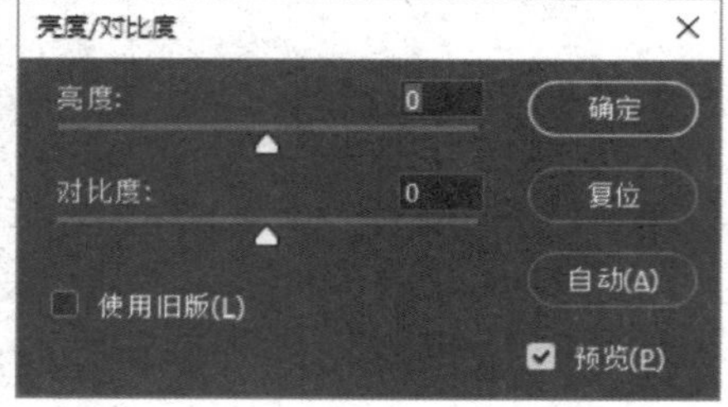

图 5-67 “亮度/对比度”对话框

选项解析

※ “亮度”滑块：用于调整图像的整体明暗度。

※ “对比度”滑块：用于控制图像的对比度。

※ “预览”复选框：选中该复选框后，同步预览结果；若未选中，则不显示预览结果。

※ “使用旧版”复选框：选中该复选框，将使用老版本的“亮度/对比度”命令调整图像。

5.4.2 色阶

与“亮度/对比度”命令相比，“色阶”命令是更加高级的色彩调整命令，它可以对图像的 255 个色阶分别进行调整。执行“图像”|“调整”|“色阶”命令，将弹出“色阶”对话框，如图 5-68 所示。

选项解析

※ “预设”下拉列表框：用于选择已经调整完毕的色阶效果。

※ “通道”下拉列表框：用于选择设定调整色阶的通道。

※ “输入色阶”图表：用于显示图像的像素分布情况，在其下的数值框内，可以输入数值以精确调整色阶。

※ “输出色阶”色带：在对应的数值框内输入数值，或拖动滑块来调整图像的亮度范围，“暗部”可以使图像中较暗的部分变亮；“亮部”可以使图像中较亮的部分变暗。

※ “自动”按钮：单击该按钮，可以将“暗部”和“亮部”自动调整到最暗和最亮。单击此按钮所得效果与执行“自动色阶”命令效果相同。

※ “选项”按钮：单击该按钮，将弹出“自动颜色较正选项”对话框，如图 5-69 所示。

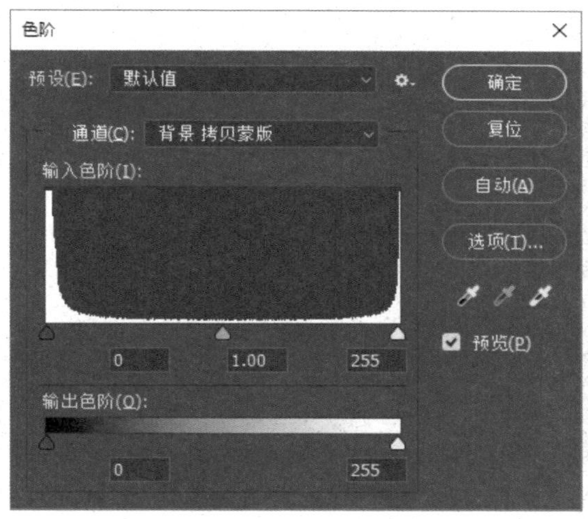

图 5-68 “色阶”对话框

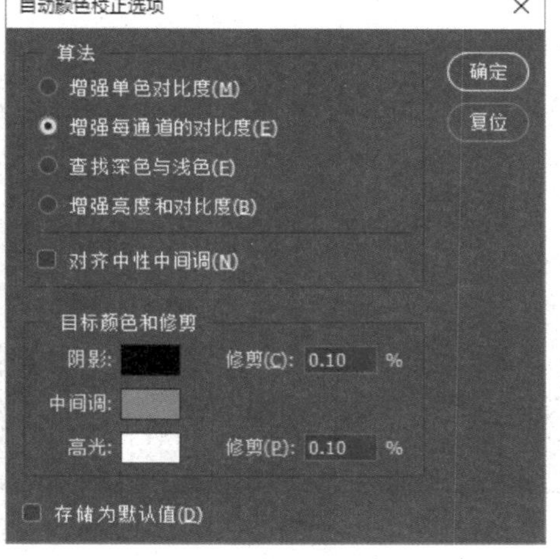

图 5-69 “自动颜色校正选项”对话框

※ “自动颜色校正选项”对话框：用于设置“阴影”和“高光”所占比例。

※ “在图像中取样以设置黑场”按钮：若使用此按钮在图像中单击，此时比取样点像素更暗的颜色会加深（黑色点除外），如图 5-70 所示。

图 5-70 调整黑场前后效果对比

※ “在图像中取样以设置灰场”按钮：使用此按钮在图像中单击，以确定图像的中间色阶（即灰场），如图 5-71 所示。

图 5-71 调整灰场前后效果对比

❋ “在图像中取样以设置白场”按钮：使用此按钮在图像中单击，以确定图像的最亮的像素（即白场）。单击该按钮后，比拾取点更亮的像素将进一步加亮（白色除外），如图5-72所示。

图5-72 调整白场前后效果对比

5.4.3 曲线

“曲线”是Photoshop中最复杂、最高级的颜色调整工具。曲线常被用作调整图像的亮度或图像的对比度，常见的曲线样式为S曲线。但一般情况下曲线的使用是不易被理解的。

执行“图像”|“调整”|“曲线”命令或按【Ctrl+M】组合键，将弹出“曲线”对话框，如图5-73所示。

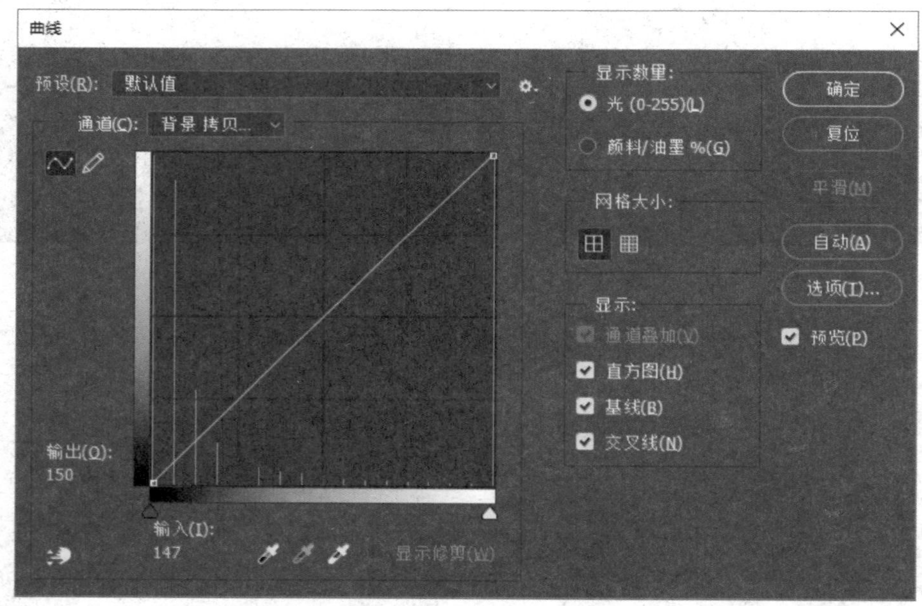

图5-73 “曲线”对话框

选项解析

❋ “通过添加点来调整曲线”按钮：在对话框左侧，可以在曲线上添加控制点来调整曲线。拖动控制点即可改变曲线形状，如图5-74所示。

❋ “使用绘制来修改曲线”按钮：可以直接在直方图内绘制曲线，此时平滑按钮被激活用来控制曲线的平滑度，如图5-75所示。

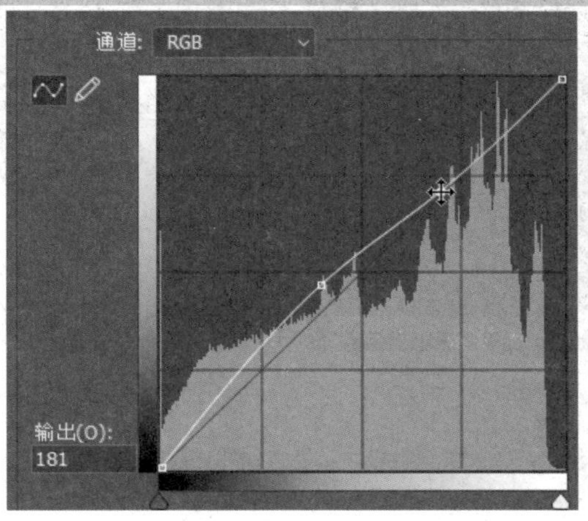

图5-74 改变曲线形状

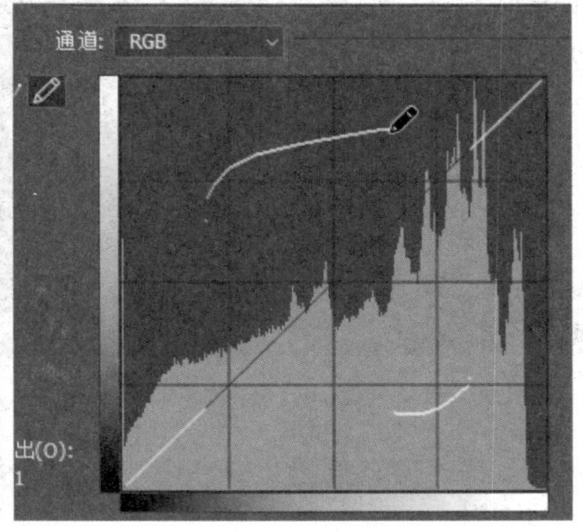

图5-75 绘制修改曲线

❋ 显示数量：包括“光”和“颜料/油墨”两个单选按钮，分别代表加色与减色模式状态。

❋ “显示”：包括显示不同通道的曲线、显示对角线那条浅灰色的基准线、显示色阶直方图和显示拖动曲线时水平和竖直方向的参考线。

❋ “显示网格大小”按钮：可显示不同大小的网格，简单网格指以25%的增量显示网格线（如图5-76所示）；详细网格以10%的增量显示网格，如图5-77所示。

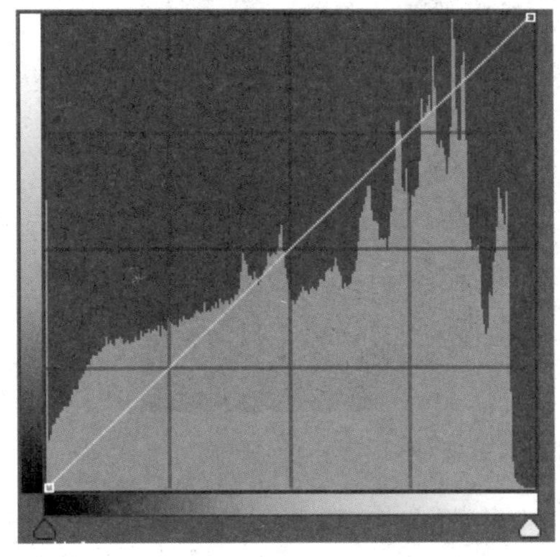

图5-76 25%增量的网格线

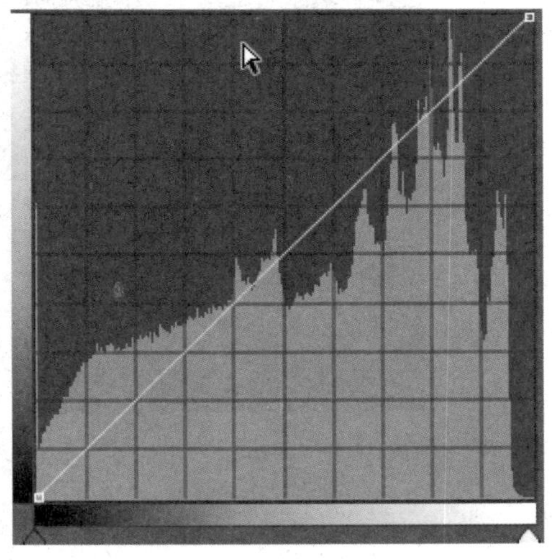

图5-77 10%增量的网格线

典型应用

（1）打开一幅素材图像，如图5-78所示。

（2）执行“图像”|“调整”|“曲线”命令，弹出“曲线”对话框，在“曲线”上添加两个节点，并调整其位置，如图5-79所示。

（3）单击“确定”按钮，效果如图5-80所示。

图 5-78 素材图像

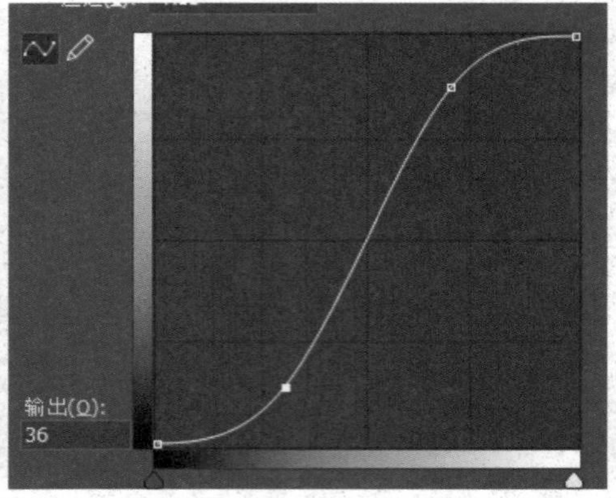

图 5-79 调整曲线

图 5-80 调整结果

5.4.4 色调均化

“色调均化”命令可用于重新分配图像中各像素的亮度值。在执行此命令时，系统会自动查找图像中最亮值和最暗值，并将这些值重新映像，使最暗值表示为黑色，最亮值表示为白色，中间像素均匀分布。执行“图像”|“调整”|“色调均化”命令，将对图像进行色调均化操作，效果如图 5-81 所示。

图 5-81 色调均化前后效果对比

5.4.5 色调分离

“色调分离”命令可用于指定图像中每个通道的色调级的数目，并将这些像素映射为最接近的匹配色调，减少并分离图像的色调。执行该命令后的图像由大面积的单色构成，如图 5-82 所示。

图 5-82 “色调分离”前后效果对比

执行“图像”|“调整”|“色调分离”命令，将弹出“色调分离”对话框，如图 5-83 所示。

在“色调分离”对话框中，“色阶”数值设置得越小，图像的变化就越剧烈。

图 5-83 “色调分离”对话框

5.5 特殊色调的调整

在对图像进行处理时，常常需要用到一些特殊色调。比如黑白照片效果、反相的底片效果等。在 Photoshop CC2017 中，预置了一组特殊色调的调整命令，本节将对这些命令进行系统的介绍。

5.5.1 反相

使用“反相”命令，可以将一张正片图像转换为负片，当然也可以将负片转换为正片。其原理是通道中每个像素的亮度值都转化为 256 级亮度刻度上相反的值。执行“图像”|“调整”|“反相”命令，可以将图像反相，如图 5-84 所示。

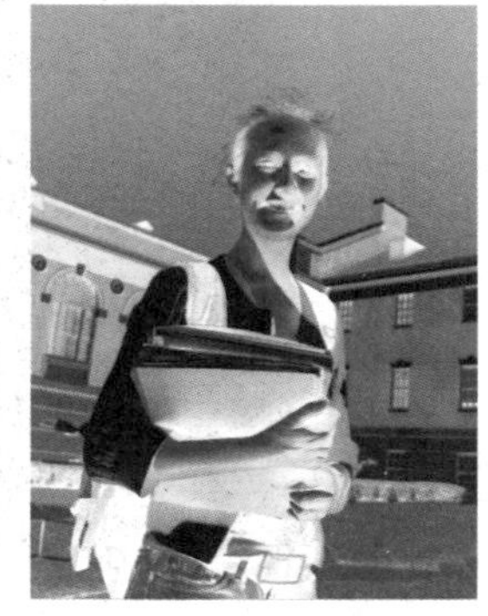

图 5-84 反相效果前后对比

按【Ctrl+I】组合键，可以快速将图像反相。

5.5.2 去色

在 Photoshop CC2017 中，去掉图像颜色的方法有很多种，“去色”命令是最为简便的一种。执行“图像”|“调整”|“去色”命令，即可将图像去色，如图 5-85 所示。

图 5-85 “去色”前后效果对比

5.5.3 黑白

和“去色”命令不同，“黑白”命令的主要作用虽然也是去色，但“黑白”命令可以对原始图像中不同的颜色通道作明暗处理，而不是单纯的去色。因此，“黑白”命令在处理黑白照片时显得更加专业。执行“图像”|“调整”|“黑白”命令，将弹出“黑白”对话框，如图 5-86 所示。

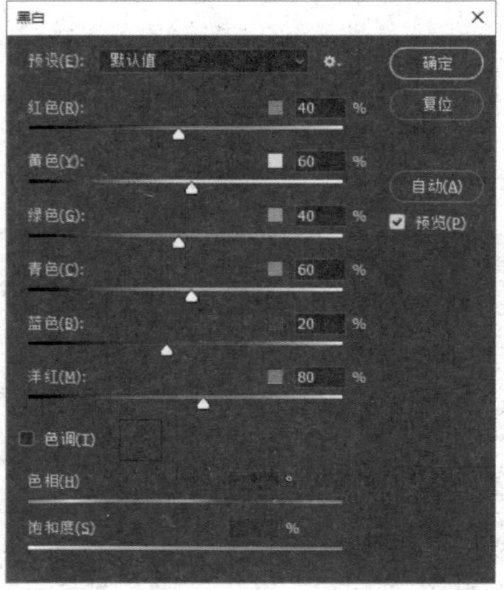

图 5-86 “黑白”对话框

“黑白”对话框中的“自动”按钮，对初学者来说是个极好的工具，单击该按钮，系统将自动通过计算对照片进行最佳状态的调整，效果如图 5-87 所示。

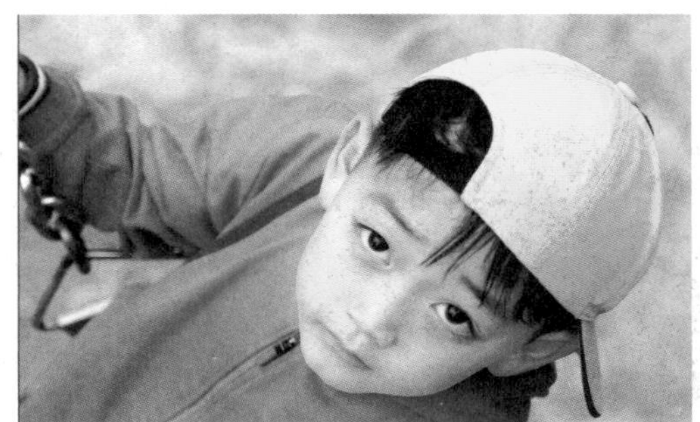

图 5-87　自动黑白效果

5.5.4　阈值

使用“阈值”命令，可以将灰度图像或彩色图像转换为高对比度的黑白图像，执行“图像”|“调整”|“阈值”命令，将弹出“阈值”对话框，如图 5-88 所示。

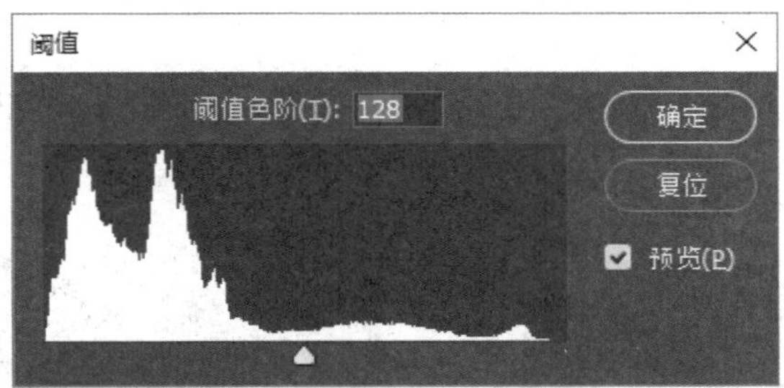

图 5-88　“阈值”对话框

“阈值”对话框中的调节滑块越靠左，白色越多；滑块越靠右，黑色越多。使用“阈值”命令的效果如图 5-89 所示。

图 5-89　使用“阈值”命令前后效果对比

5.5.5　渐变映射

使用“渐变映射”命令可以将相等的灰度颜色进行等量递增或递减运算，从而得到渐变

填充效果。如果指定双色渐变填充，图像中暗调映射到渐变填充的一个端点颜色，高光映射到渐变填充的一个端点颜色，中间调映射为两种颜色混合的结果。执行“图像”|“调整”|“渐变映射”命令，将弹出“渐变映射”对话框，如图 5-90 所示。

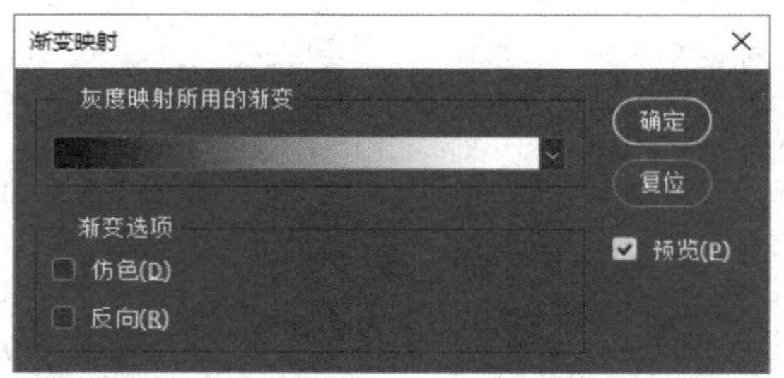

图 5-90 “渐变映射”对话框

选项解析

- ❋ 灰度映射所用的渐变：用于设置或选择渐变类型。
- ❋ “仿色”复选框：用于平滑渐变填充的外观并减少带宽效果。
- ❋ “反向”复选框：用于切换渐变填充的顺序。

“渐变映射”命令常用来制作单色图像，如图 5-91 所示。

图 5-91 使用“渐变映射”命令制作的图像效果对比

课堂实战——制作怀旧风格照片

本实例将通过制作一张怀旧风格照片，对前面所学知识进行总结。通过对实际案例的制作，可以让读者活学活用，快速提升动手能力。怀旧风格照片的最终效果如图 5-92 所示。

扫描观看本节视频

实战操作

本实例主要使用更改图层混合模式，调整图像色彩等操作来制作怀旧风格照片，具体操作步骤如下：

（1）打开素材文件，如图 5-93 和图 5-94 所示。

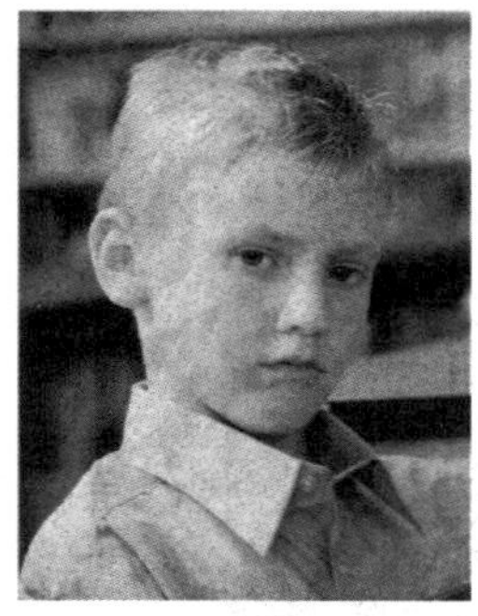

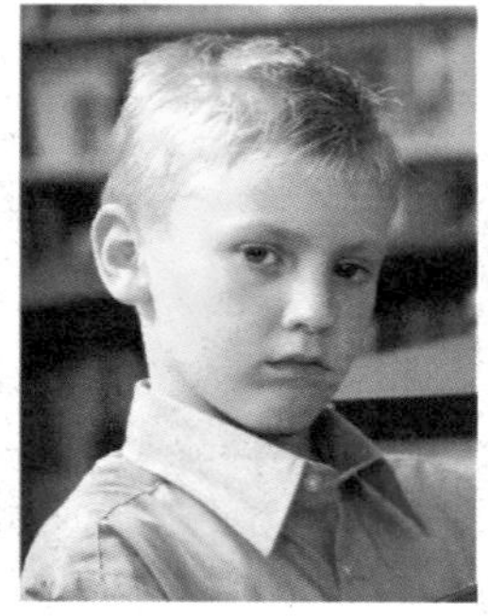

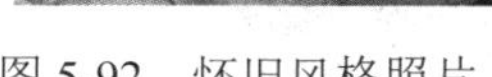

图 5-92 怀旧风格照片　　图 5-93 素材图像　　图 5-94 素材图像

（2）选择人物图像素材（5-94.jpg），执行“图像”|“调整”|“色相/饱和度”命令，在弹出的“色相/饱和度”对话框中选中“着色”复选框，并设置参数如图 5-95 所示。

（3）单击“确定”按钮，效果如图 5-96 所示。

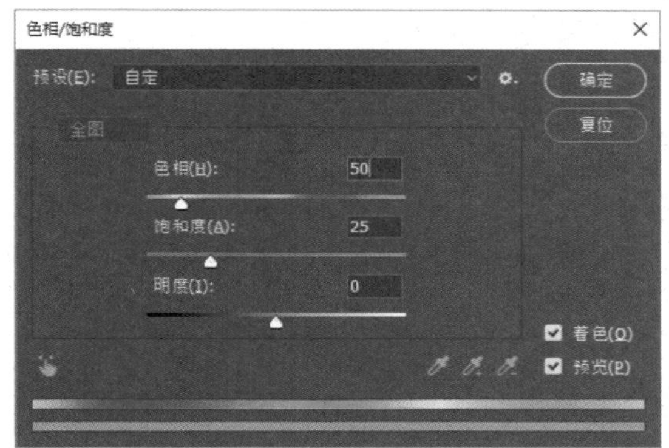

图 5-95 “色相/饱和度”对话框　　图 5-96 调整“色相/饱和度”后的效果

（4）将折褶纸素材（5-95.jpg）粘贴至当前文件，调整至合适大小后，将其图层混合模式设置为“正片叠底”，效果如图 5-97 所示。

（5）新建图层，设置前景色为黑色，按【Alt+Delete】组合键填充前景色。执行“滤镜”|“杂色”|“添加杂色”命令，在弹出的“添加杂色”对话中，设置参数，如图 5-98 所示。

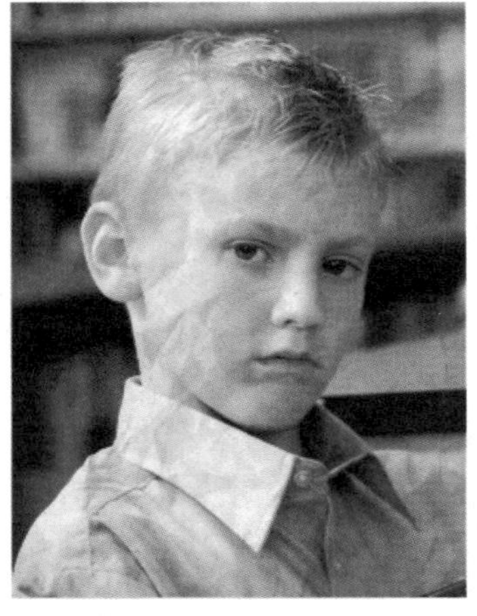

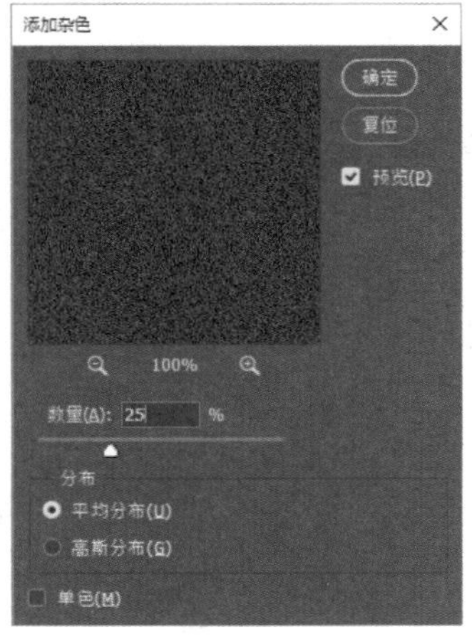

图 5-97 修改图层混合模式后的效果　　图 5-98 “添加杂色”对话框

（6）单击“确定”按钮，设置图层的混合模式为“正片叠底”，效果如图 5-99 所示。

（7）执行“图像”|“调整”|“反相”命令，效果如图 5-100 所示。

图 5-99　修改图层混合模式后的效果

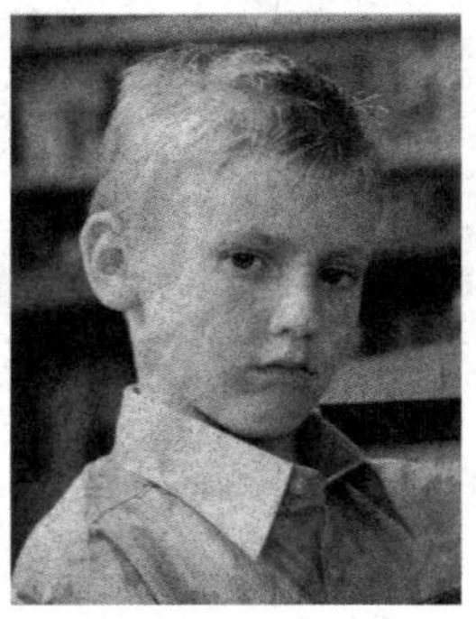

图 5-100　最终效果

课堂总结

本章重点讲述了图像颜色的调整，通过对本章的学习，应熟练掌握以下几点：

（1）在讲述颜色的生成原理时，主要了解图像的模式。在现实工作中，设计的颜色模式与打印的颜色模式是不同的。

（2）在讲述图像色彩的调整时，要重点掌握色彩平衡命令的使用，色彩平衡是 Photoshop 中使用频率非常高的命令。

（3）在讲述图像色调的调整时，要重点掌握色阶和曲线的使用，如果能灵活运用这两个工具，对图像的色调调整会进行的更加顺利。

课后巩固

一、填空题

1．计算机的显示器是使用________来创建颜色的设备。

2．使用________命令可以调整整个图片或图片中单个颜色的色相、饱和度和亮度。

3．将图像反相处理的快捷键是________。

二、简答题

1．颜色是如何生成的？

2．“色彩平衡”命令有什么作用？

3．使用反相命令可以制作什么效果？

三、上机操作

1．使用“曲线”命令，调整明度过暗的照片，如图 5-101 所示。

图 5-101 使用“曲线”命令调整明度过暗的照片

关键提示：使用“曲线”命令，调整图片亮度。

2．使用“黑白”命令和快速蒙版工具，制作背景为黑色的艺术照片效果，如图 5-102 所示。

图 5-102 制作背景为黑白的艺术照片

关键提示：

（1）快速蒙版工具，选中人形。

（2）反选选区，对背景层使用“黑白”菜单项中的“高对比度红色滤镜”命令。

第6章 图层的应用

本章导读

上一章学习了图像颜色的调整，本章我们将介绍一个非常重要的概念——图层。对图层的操作可以说是Photoshop中最为频繁的工作。通过建立图层，然后在各个图层中分别编辑图像中的各个元素，可以产生既丰富多彩又彼此关联的整体图像效果。本章将对图层的概念、类型、操作、图层混合以及图层样式等内容进行介绍，使用户对图层有一个全面深入的认识。

学习目标

- 认识图层
- 图层的操作
- 图层组
- 图层的高级应用
- 智能对象

6.1 认识图层

图层是Photoshop中最重要的概念之一。正因为有了图层，才使得图像的合成、调整得以实现。利用图层，可以将不同的图像存放在不同的图层上并进行独立操作，以保证它们之间互不影响。

6.1.1 图层的概念

图层可以看成是一张张透明的“玻璃”，将各独立的图像放置在不同的图层，最后组合在一起，就合成了一张完整的图像，其原理如图6-1所示。

图6-1 图层原理

6.1.2 图层选项卡

在 Photoshop 中，对所有图层的操作都可以在“图层”选项卡中完成。可以说，“图层”选项卡是图层的控制中心。执行“窗口”|“图层”命令或按【F7】快捷键，都可以打开“图层”选项卡，如图 6-2 所示。

在没有打开图像或新建图层的情况下，“图层”选项卡中所有按钮均为灰色状态。当文件内具有图层时，按钮和选项将被激活，如图 6-3 所示。

图 6-2 “图层”选项卡

图 6-3 创建新图层后的“图层”选项卡

选项解析

- “正常”下拉列表框：用于设置当前图层的混合模式。
- “不透明度”数值框：用于设置当前图层的不透明度，其值越小，图层越透明。
- “填充”数值框：用于设置图层内部的不透明度，如画笔绘制时的不透明度。
- 眼睛图标：用于设置图层的可见性，即显示或隐藏图层。
- 链接图标：用于表示两个图层之间的链接关系。链接图层的目的是便于同时移动、复制多层图像等变换操作。
- 按钮组：分别用于完成相对应的图层操作，从左到右依次为链接图层、添加图层样式、添加图层蒙版、创建新的填充或调整图层、创建新组、创建新图层和删除图层（此部分在后面的章节中将作详细讲解）。

6.1.3 图层的类型

为了便于图层的编辑与保存，Photoshop 中的图层分为普通图层、背景图层、文本图层、蒙版图层、形状图层以及调整图层等。

普通图层

在 Photoshop CC2017 中，新建的图层即为普通图层，普通图层为透明的图层，其缩略图为灰白的间格。默认状态下，新建的图层自动命名为“图层 1”“图层 2”……如图 6-4 所示。

📖 背景图层

背景图层即放在图层选项卡最底层的一种特殊的不透明图层，它以背景色为底色。用户可以对背景图层应用滤镜和绘制图像，但不能移动位置和改变叠放顺序，也不能更改其不透明度和混合模式。

在图像文件中，可以没有背景层，也可仅有一个背景层。背景层一般不直接用于编辑，当需要编辑时，可以将背景图层转换为普通图层。将背景图层转换为普通图层的方法很简单，只需要双击背景层即可，转换后的背景层默认命名为“图层 0”，如图 6-5 所示。

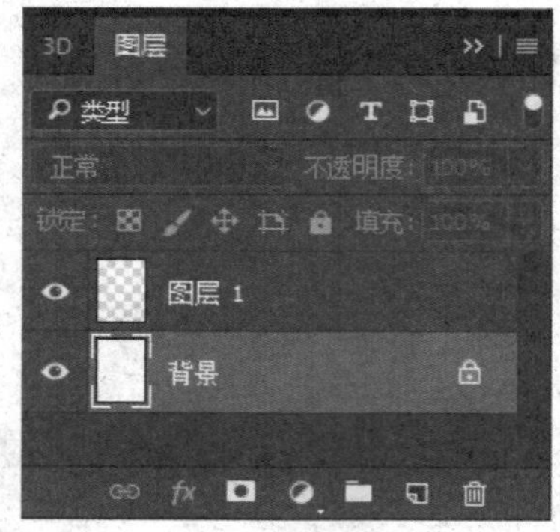

图 6-4　创建普通图层

图 6-5　将背景层转换为普通层

📖 文本图层

文本图层主要用于输入文本内容，在工具箱中选取文本工具并输入文字后，系统自动在“图层”选项卡中新建一个文本图层，如图 6-6 所示。

📖 蒙版图层

蒙版是图像合成的重要手段，蒙版图层中的黑色、白色和灰色像素控制着图层中相应位置图像的透明程度。其中，白色表示显示的区域，如图 6-7 所示。

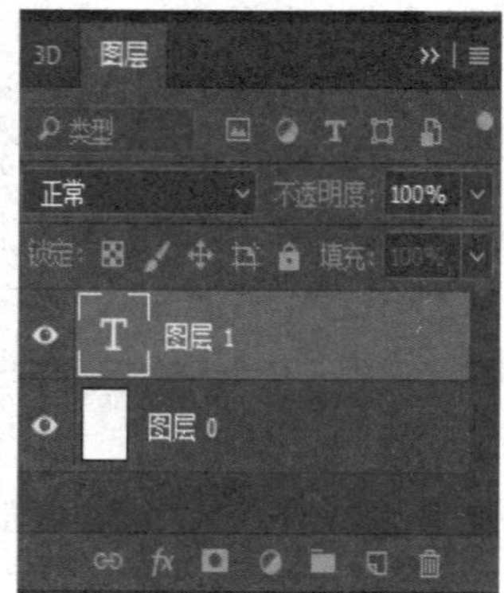

图 6-6　文本图层

图 6-7　蒙版图层

📖 形状图层

在使用形状工具绘制图形时，系统会自动创建一个形状图层。形状图层的主要作用是保存形状信息，如图 6-8 所示。

📖 调整图层

在需要调整图层的色调与色彩，但又不想影响图层的原有信息的情况下，可以使用调整图层。使用调整图层可以在当前选择的图层上方，新建一个调整层，而当前的图层并不受到任何影响。在“图层”选项卡中，单击“创建新的填充或调整图层”按钮◐，在弹出的快捷菜单中将显示可创建的调整图层，如图 6-9 所示。

图 6-8　形状图层

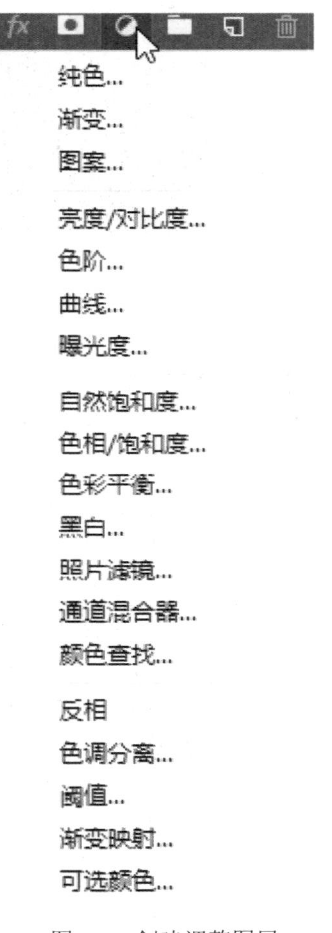

图 6-9　创建调整图层

6.2 图层的操作

图层是 Photoshop 中最基本的功能之一，也是最重要的功能。能对图层进行熟练的操作，是制作一个好作品的关键，本节将对图层的操作作详细的讲解。

6.2.1 新建图层

若直接在一个图层上绘制图形，绘制多个图形之后，会变得不易于修改。因此在绘制图形之前，要考虑到此图形是否会在今后的工作中进行修改。如果可以的话，应将每个图形单元分别绘制在不同的图层上。

新建图层的操作非常简单，在“图层”选项卡中，单击“创建新图层”按钮，即可快速创建一个新的普通图层。

执行“图层”|“新建”|“图层”命令，或按【Ctrl＋Shift＋N】组合键，将弹出“新建图层”对话框，如图 6-10 所示。在该对话框中，进行相应设置后，单击“确定”按钮，也可新建普通图层。

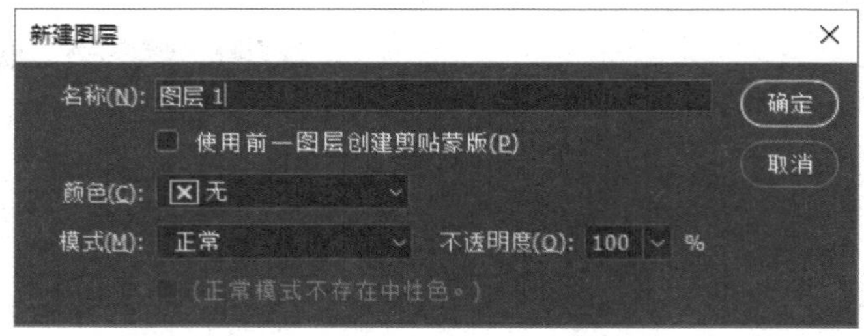

图 6-10　“新建图层”对话框

在“新建图层”对话框中，“颜色”下拉列表框，指的是图层缩略图的颜色。

6.2.2　删除图层

为了节约磁盘空间，通常会将不需要使用的图层删除。将某一图层删除，则位于该图层中的所有图形对象都会被删除。选中某个需要删除的图层，单击“图层”选项卡底部的“删除图层”按钮，将弹出提示信息框，如图 6-11 所示。

单击“是”按钮，即可删除选择的图层。此外，还可以通过在图层上单击鼠标右键，在弹出的快捷菜单中，执行删除命令，如图 6-12 所示。

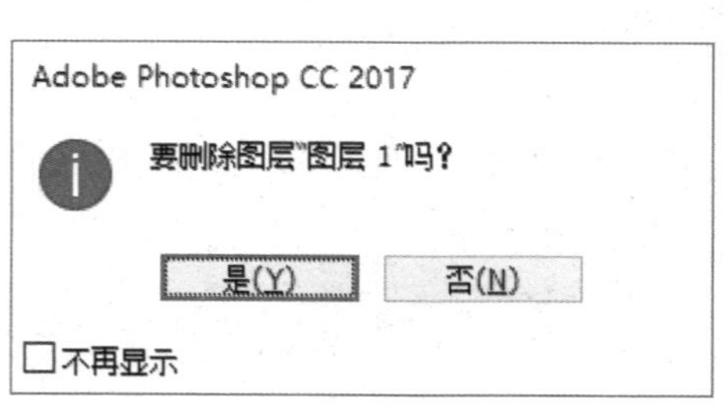

图 6-11　删除图层提示信息框

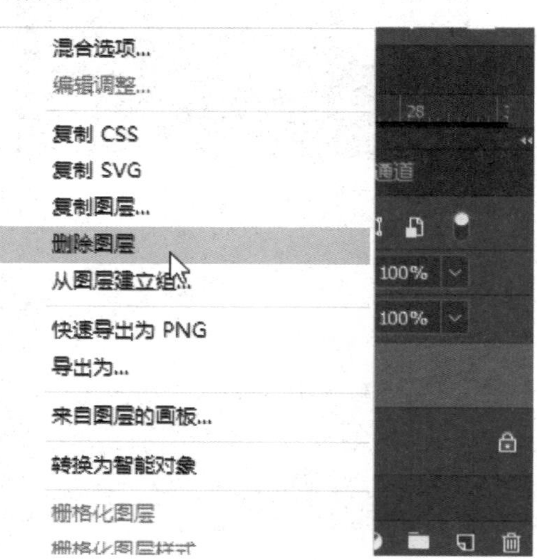

图 6-12　快捷菜单

6.2.3 复制图层

复制图层指的是将当前图层复制一个副本。副本图层的内容与原图层的内容完全一致，复制图层的方法通常有以下几种：

菜单复制法

执行“图层”|“复制图层”命令，将弹出“复制图层”对话框，如图 6-13 所示。在“复制图层”对话框中进行相应的设置后，单击“确定”按钮，即可复制图层。

拖曳法

选中需要复制副本的图层后，将图层拖至“图层”选项卡中的“新建图层”按钮上，也可复制图层，如图 6-14 所示。

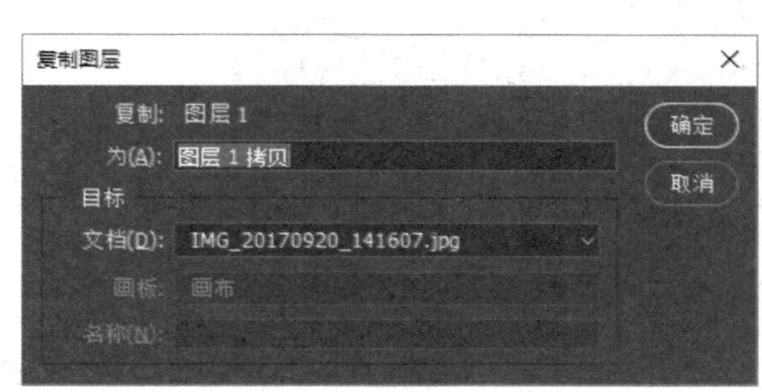

图 6-13 “复制图层”对话框

图 6-14 拖曳法复制图层

快捷键

选中需要复制副本的图层后，按【Ctrl＋J】组合键，同样可以复制图层。

6.2.4 合并图层

合并图层是指将两个或两个以上的图层合并为一个图层。由于图层越多，占用的磁盘空间越大，用户可以将不需要再修改的图层合并，以节约磁盘空间。合并图层通常有以下几种类型：

向下合并图层

将当前选择图层与下一层的图层合并，按快捷键【Ctrl＋E】。

合并可见图层

将所有未隐藏的图层合并在一起，按快捷键【Ctrl＋Shift＋E】。

盖印图层

盖印图层可以将选项卡中显示的图层合并在一个新图层中，原来的图层不变，按【Ctrl＋Shift＋Alt＋E】组合键可以盖印图层，如图 6-15 所示。

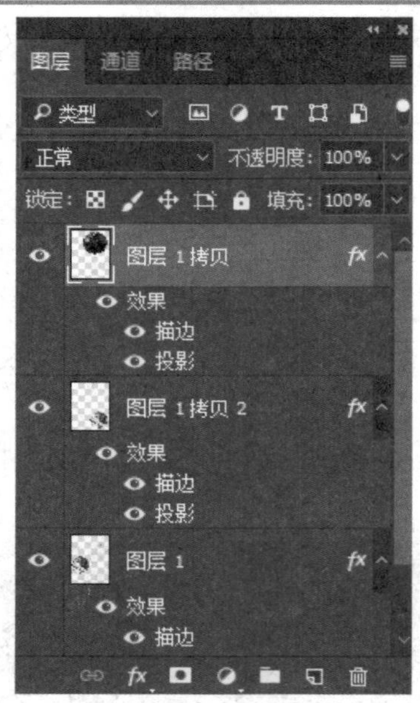

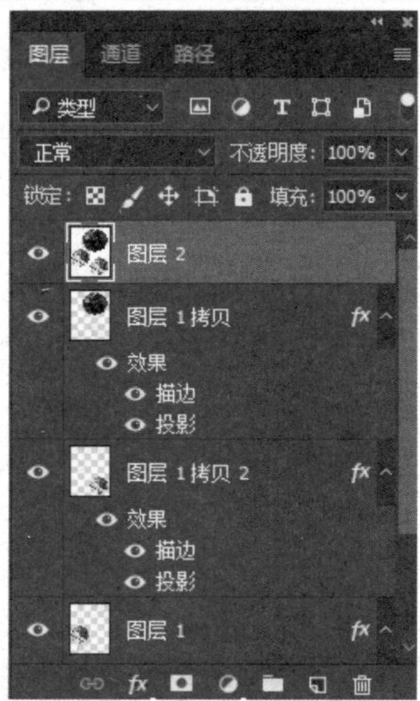

图 6-15 盖印图层

🕮 合并选定图层

合并用户所指定图层的方法：按住【Ctrl】键，选择需要合并的图层后按【Ctrl＋E】组合键，如图 6-16 所示。

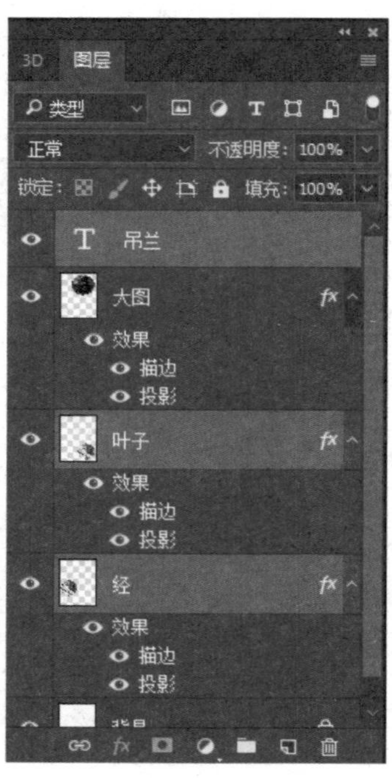

图 6-16 合并选定图层

6.2.5 重命名图层

默认状态下创建图层后，系统会按照创建顺序自动为图层命名，如图层 1、图层 2……但是当创建的图层多了之后，默认命名的图层将变得不好区分，此时用户可以通过重命名来区别图层。重命名图层的方法通常有以下几种：

📖 菜单

执行“图层”|“重命名图层”命令，如图 6-17 所示，图层面板内需要重命名的图层名称将被激活，此时可以为图层重命名。

📖 双击

在“图层”选项卡中双击图层名称激活文本框，此时也可为图层重命名，如图 6-18 所示。

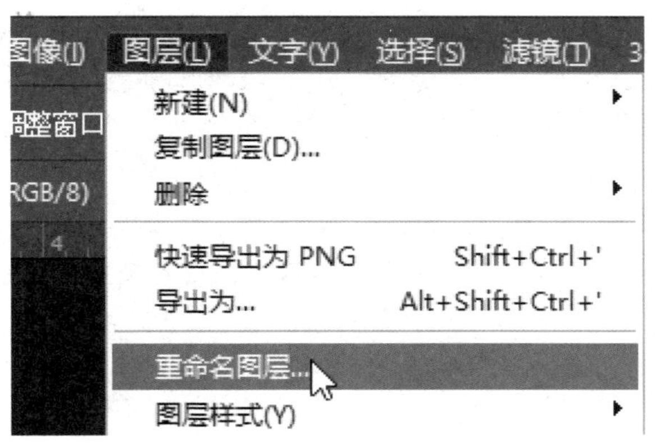

图 6-17　执行“重命名图层”命令

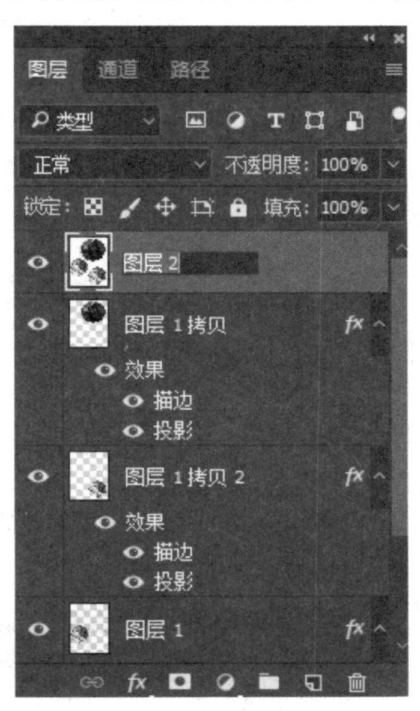

图 6-18　重命名图层

6.2.6 锁定/解锁图层

锁定图层主要用于限制图层编辑的内容和范围，以避免操作失误。“图层”选项卡中的四个锁定按钮分别可执行相应的锁定操作，如图 6-19 所示。

图 6-19　锁定按钮

选项解析

※ “锁定透明像素”按钮：锁定图层或图层组中的透明区域。在使用绘图工具时只对图层的非透明区域有效，如图 6-20 所示。

未锁定透明像素

锁定透明像素

图 6-20 锁定透明像素绘制效果

❋ "锁定图像像素"按钮：锁定图层或图层组中有像素的区域。单击该按钮，任何绘图编辑工具和命令都不能在图层上进行操作。

❋ "锁定位置"按钮：锁定像素的位置。单击此按钮后，相应的图层不能执行移动、旋转和自由变换等操作。

❋ "锁定全部"按钮：完全锁定图层，不能对图层进行任何操作。

典型应用

(1) 在按住【Ctrl】键的同时，选中多个图层，如图 6-21 所示。

(2) 执行"图层"|"锁定图层"命令，弹出"锁定图层"对话框，从中选择锁定方式，如图 6-22 所示。

图 6-21 选中多个图层

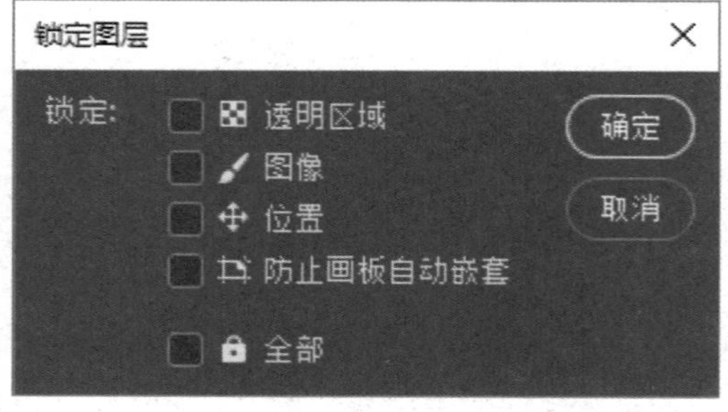

图 6-22 "锁定图层"对话框

6.2.7 图层的对齐与分布

使用图层的对齐与分布命令，可以将不同图层的图像按照一定的规律进行排列。图层的对齐是指以当前图层为基础，在指定的方向上对齐；图层的分布是指在指定方向上均匀排列

图层。

典型应用

（1）打开素材图像文件（如图 6-23 所示），按住【Ctrl】键选择需要对齐的图层，如图 6-24 所示。

图 6-23　素材文件

图 6--24　选择图层

（2）执行“图层”|“对齐”|“垂直居中”命令，效果如图 6-25 所示。

（3）再执行“图层”|“分布”|“水平居中”命令，效果如图 6-26 所示。

图 6-25　垂直居中对齐

图 6-26　水平居中

6.2.8　调整图层的叠放顺序

在 Photoshop 中，图层的叠放顺序不同，所产生的图像效果也不同，因此常常需要对图层的顺序进行调整。在“图层”选项卡中，拖动当前图层至目标位置，即可更改图层的叠放顺序，如图 6-27 所示。

选定图层

拖曳图层

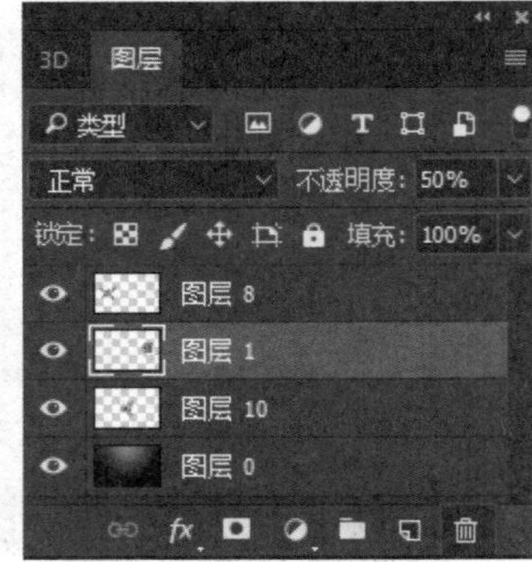

放置图层

图 6-27 调整图层顺序

6.3 图层组

用户可以将多个图层放在图层组中，可以让用户更方便地管理图层，图层组中的图层可以统一进行移动或变换。

6.3.1 创建组

新建图层组指的是在图层列表中新建一个用于存放多个图层的图层组。

典型应用

（1）选中需要创建组的图层，如图 6-28 所示。

（2）执行“图层”|“图层编组”命令，或单击鼠标右键，在弹出的快捷菜单中选择“从图层建立组”命令。都可将选中的图层放置在同一个组中，如图 6-29 所示。

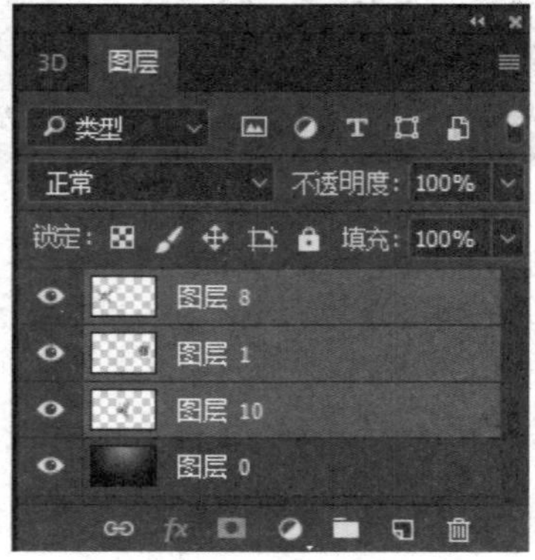

图 6-28 选中图层

图 6-29 创建图层组

选中图层后，按【Ctrl+G】组合键，可以快速创建图层组。

6.3.2 重命名组

和图层命名一样，图层组也是可以重命名的。选中图层组，可执行“图层”|“重命名组”命令，或者在“图层”面板中双击图层组名称激活组名称文本框，两种方法都可为图层组重命名。如图 6-30 所示。

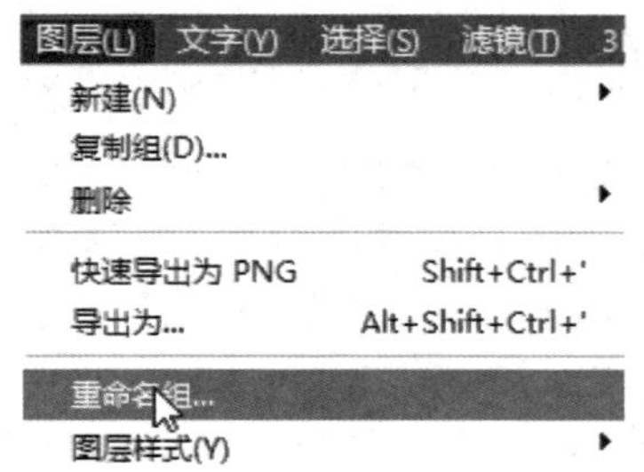

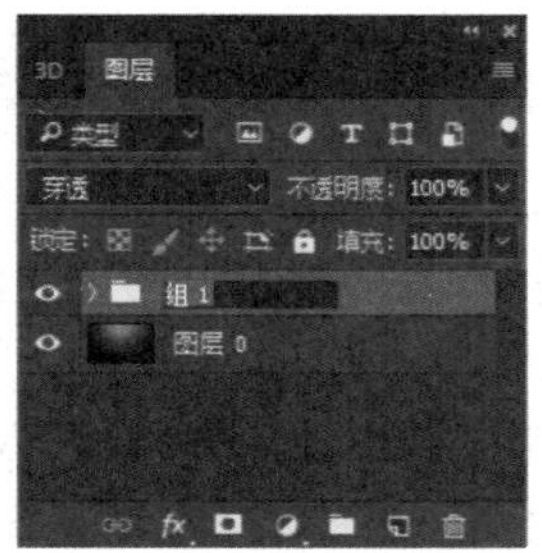

图 6-30 重命名组

6.3.3 合并组

当不需要使用组时，可以将组合并，合并后的组将成为一个单独的图层。在图层组上单击鼠标右键，在弹出的快捷菜单中选择“合并组”选项，即可将组合并，如图 6-31 所示。

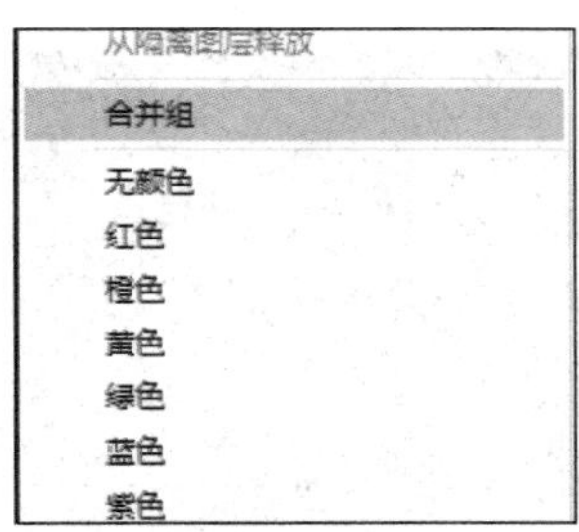

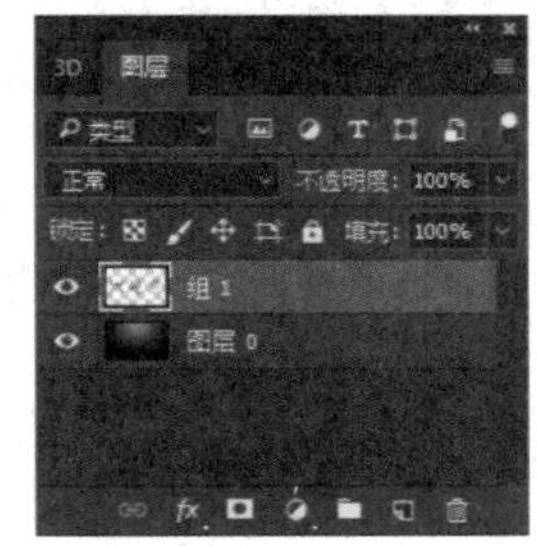

图 6-31 合并组

6.3.4 取消图层编组

取消图层编辑组是指将组中的图层都释放出来，成为单独的图层。在图层组上单击鼠标右键，在弹出的快捷菜单中选择“取消图层编辑”选项即可将图层组取消，如图 6-32 所示。

取消前

取消后

图 6-32 取消图层编组

6.4 图层的高级应用

了解了图层的基本操作之后，本节将对图层的高级应用进行介绍，如图层的混合、图层样式等。

6.4.1 图层混合

图层混合主要用于控制图层与图层之间的像素颜色的相互作用，从而达到不同的效果。当“图层”选项卡中存在两个以上的图层时，上面一层的图像会对下面图层的图像产生作用。

在 Photoshop CC2017 中，图层的混合模式有 28 种。在“图层”选项卡中，单击“模式”下拉列表框，可展开图层混合模式列表，如图 6-33 所示。

在介绍图层混合模式之前，先定义 3 种色彩概念即基色、混合色和结果色。基色指的是图像中的原有颜色，也就是位于底层的图层色彩；混合色指的是通过绘画或编辑工具应用的颜色，也就是位于上面的图层；结果色是指两个图层混合后的颜色。

用户可以试着在同一个文档中的两个图层上分别放置不同的图像（如图 6-34 所示），再调整上面图层的混合模式，看看会发生什么变化。

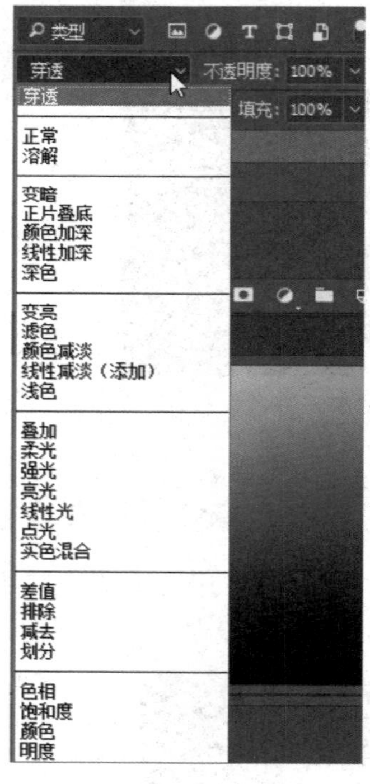

图 6-33 图层混合模式下拉列表

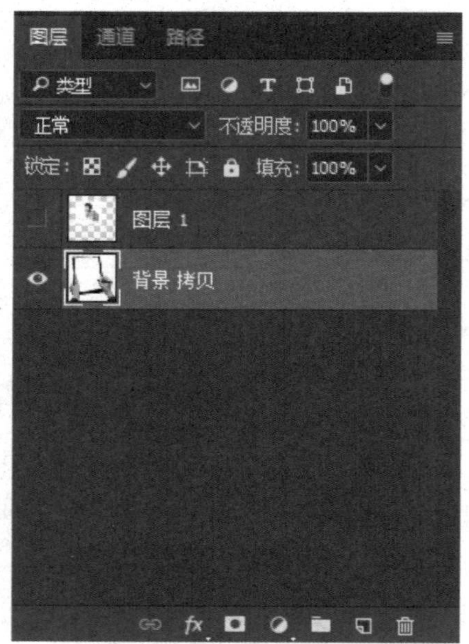

图 6-34 放置图像

选项解析

❋ 正常：系统默认的混合模式，不与基色发生混合，如图 6-35 所示。

❋ 溶解：当不透明度为 100%时，该模式不起作用。当透明度小于 100%时，“结果色”由“基色”或“混合色”的像素随机替换，如图 6-36 所示。

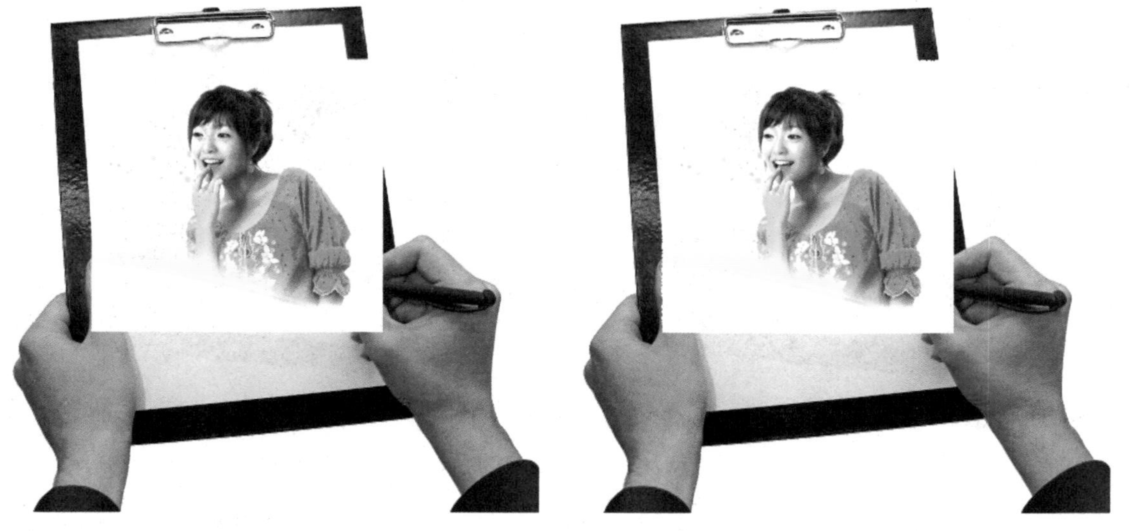

图 6-35　正常模式　　　　图 6-36　溶解模式

※ 变暗：选择“基色”或“混合色”中较暗的颜色作为“结果色”。比“混合色”亮的像素将被替换，比“混合色”暗的像素保持不变。“变暗”模式将导致比背景颜色淡的颜色从“结果色”中去掉，如图 6-37 所示。

※ 正片叠底：将“基色”与“混合色”复合。“结果色”总是较暗的颜色，任何颜色与黑色复合产生黑色，任何颜色与白色复合保持不变，如图 6-38 所示。

图 6-37　变暗模式

图 6-38　正片叠底模式

※ 颜色加深：通过增加对比度使基色变暗以反映“混合色”，与白色混合的话将不产生任何变化，如图 6-39 所示。

※ 线性加深：通过减小亮度使“基色”变暗以反映“混合色”。如果“混合色”与“基色”上的白色混合，将不会产生变化，如图 6-40 所示。

图 6-39　颜色加深模式

图 6-40　线性加深模式

※ 深色：两个图层混合后，通过“混合色”中较亮的区域被“基色”替换来显示“结果色”，如图 6-41 所示。

※ 变亮：选择“基色”或“混合色”中较亮的颜色作为“结果色”。比“混合色”暗的像素将被替换，比“混合色”亮的像素保持不变。在这种与“变暗”模式相反的模式下，较淡的颜色区域在最终的“结果色”中占主要地位。较暗区域并不出现在最终的“结果色”中，如图 6-42 所示。

图 6-41　深色模式

图 6-42　变亮模式

※ 滤色：“滤色”模式与“正片叠底”模式正好相反，它将图像的“基色”与“混合色”结合起来，产生比两种颜色都浅的第三种颜色作为“结果色”，如图 6-43 所示。

※ 颜色减淡：通过减小对比度使“基色”变亮以反映“混合色”，与黑色混合时不发生变化，应用“颜色减淡”混合模式时，“基色”上的暗区域都将会消失，如图 6-44 所示。

※ 线性减淡：通过增加亮度使“基色”变亮，以反映“混合色”。与黑色混合则不发生变化，如图 6-45 所示。

※ 浅色：两个图层混合后，通过“混合色”中较暗的区域被“基色”替换，来显示“结果色”，效果与“变亮”模式类似，如图 6-46 所示。

图 6-43 滤色模式

图 6-44 颜色减淡模式

图 6-45 线性减淡模式

图 6-46 浅色模式

❋ 叠加：利用图像的“基色”与“混合色”相混合来产生一种中间色。“基色”比“混合色”暗的颜色会加深，比“混合色”亮的颜色将被遮盖，而图像内的高亮部分和阴影部分保持不变，因此对黑色或白色像素着色时，“叠加”模式不起作用，如图 6-47 所示。

❋ 柔光：可以产生一种柔光照射的效果，如图 6-48 所示。

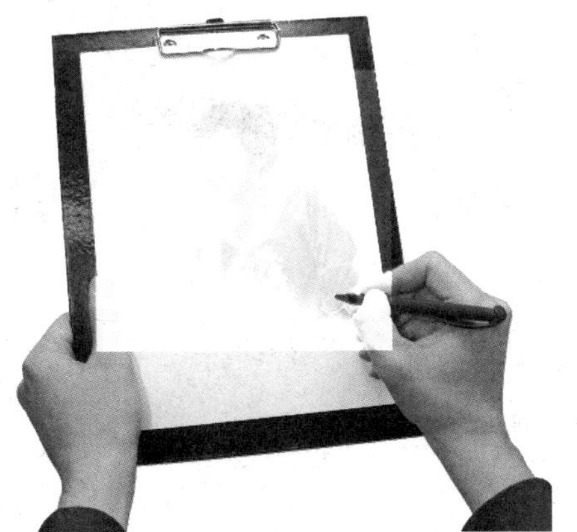

图 6-47 叠加模式

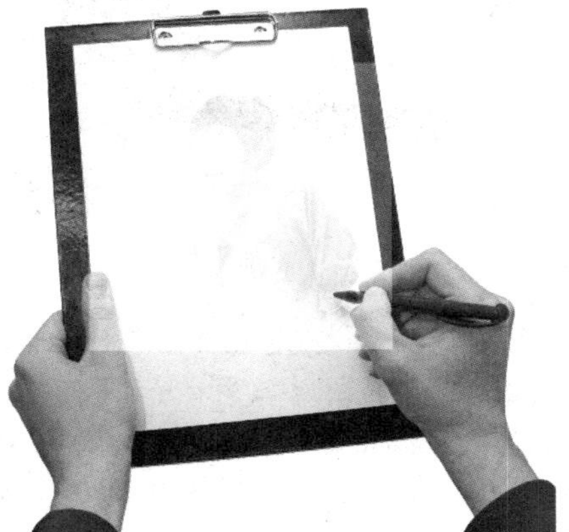

图 6-48 柔光模式

※ 强光：可以产生一种强光照射的效果，如图 6-49 所示。

※ 亮光：通过增加或减小对比度来加深或减淡颜色，具体效果取决于“混合色”。如果“混合色”比 50%灰色亮，则通过减小对比度使图像变亮。如果“混合色”比 50%灰色暗，则通过增加对比度使图像变暗，如图 6-50 所示。

图 6-49　强光模式

图 6-50　亮光模式

※ 线性光：通过减小或增加亮度来加深或减淡颜色，具体取决于“混合色”。如果“混合色”比 50%灰色亮，则通过增加亮度使图像变亮。如果“混合色”比 50%灰色暗，则通过减小亮度使图像变暗，如图 6-51 所示。

※ 点光：主要作用是替换颜色，具体取决于“混合色”。如果“混合色”比 50%灰色亮，则替换比“混合色”亮的像素，但不改变比“混合色”暗的像素。这对于向图像添加特殊效果非常有用，如图 6-52 所示。

图 6-51　线性光模式

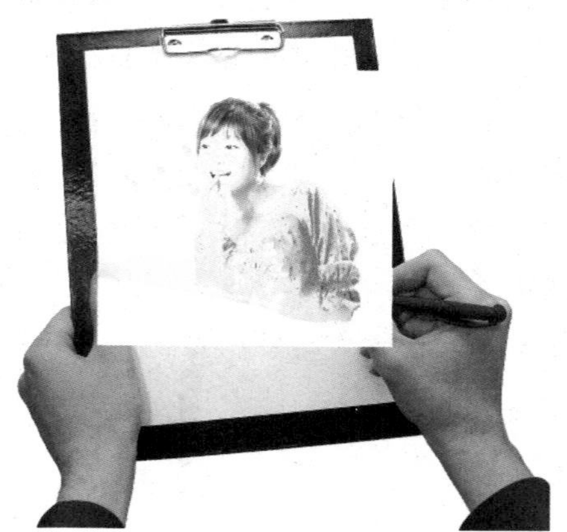

图 6-52　点光模式

※ 实色混合：用“基色”与“混合色”相加产生混合后的“结果色”，该模式能产生颜色较少、边缘较硬的图像效果，如图 6-53 所示。

※ 差值：用图像中“基色”的亮度值减去“混合色”的亮度值，如结果为负，则取正值，产生反相效果。由于黑色的亮度值为 0，白色的亮度值为 255，因此用黑色着色不产生任何效果，用白色着色则产生与原始像素颜色相反的效果。“差值”模式用于创建与背景颜色相反的色彩，如图 6-54 所示。

图 6-53　实色混合模式

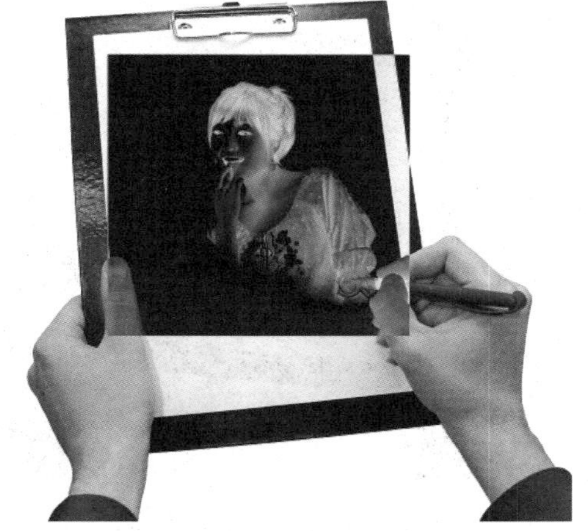

图 6-54　差值模式

※　排除：“排除”模式与“差值”模式相似，但具有高对比度和低饱和度的特点，比用“差值”模式获得的颜色效果更柔和、更明亮一些。与白色混合将反转“基色”值，而与黑色混合则不发生变化，如图 6-55 所示。

※　减去：减去混合色中颜色和亮度，越亮减得越多，黑色不减。“减去”模式是 Photoshop CS5 中新增的图层混合模式，它所产生的效果如图 6-56 所示。

图 6-55　排除模式

图 6-56　减去模式

※　划分：“基色”根据“混合色”的颜色的纯度，相应减去同等纯度的颜色，“混合色”颜色的明暗度不同，被减去区域图像的明暗度也不同，“混合色”颜色越亮，变化就越少，反之则变化越大。“划分”也是 Photoshop CC2017 新增的颜色混合模式，它产生的效果如图 6-57 所示。

※　色相：用“混合色”的色相值进行着色，而饱和度和亮度值保持不变。只有当“基色”与“混合色”的色相值不同时，才能使用描绘颜色进行着色，如图 6-58 所示。

图 6-57 划分模式

图 6-58 色相模式

※ 饱和度：“饱和度”模式的作用方式与“色相”模式相似，但它只用“混合色”的饱和度值进行着色，而色相值和亮度值保持不变。只有当“基色”与“混合色”的饱和度值不同时，才能使用描绘颜色进行着色，如图 6-59 所示。

※ 颜色：使用“混合色”的饱和度值和色相值同时进行着色，可使“基色”的亮度值保持不变。“颜色”模式可以看成是使用“饱和度”模式和“色相”模式的综合效果。该模式能使灰色图像的阴影或轮廓透过着色的颜色显示出来，产生某种色彩化的效果。这样可以保留图像中的灰阶，并且对于给单色图像上色和给彩色图像着色都会非常有用，如图 6-60 所示。

※ 明度：使用“混合色”的亮度值进行着色，保持“基色”的饱和度和色相数值不变，即用“基色”中的色相饱和度以及“混合色”中的亮度创建“结果色”。此模式创建的效果与“颜色”模式相反，如图 6-61 所示。

图 6-59 饱和度模式　　图 6-60 颜色模式　　图 6-61 明度模式

6.4.2 图层样式

图层样式是指在图层中，对图形添加诸如投影、外发光、内发光等之类的效果。在 Photoshop CC2017 中，为图层添加图层样式的方法是双击相应图层，即可打开“图层样式”对话框，如图 6-62 所示。

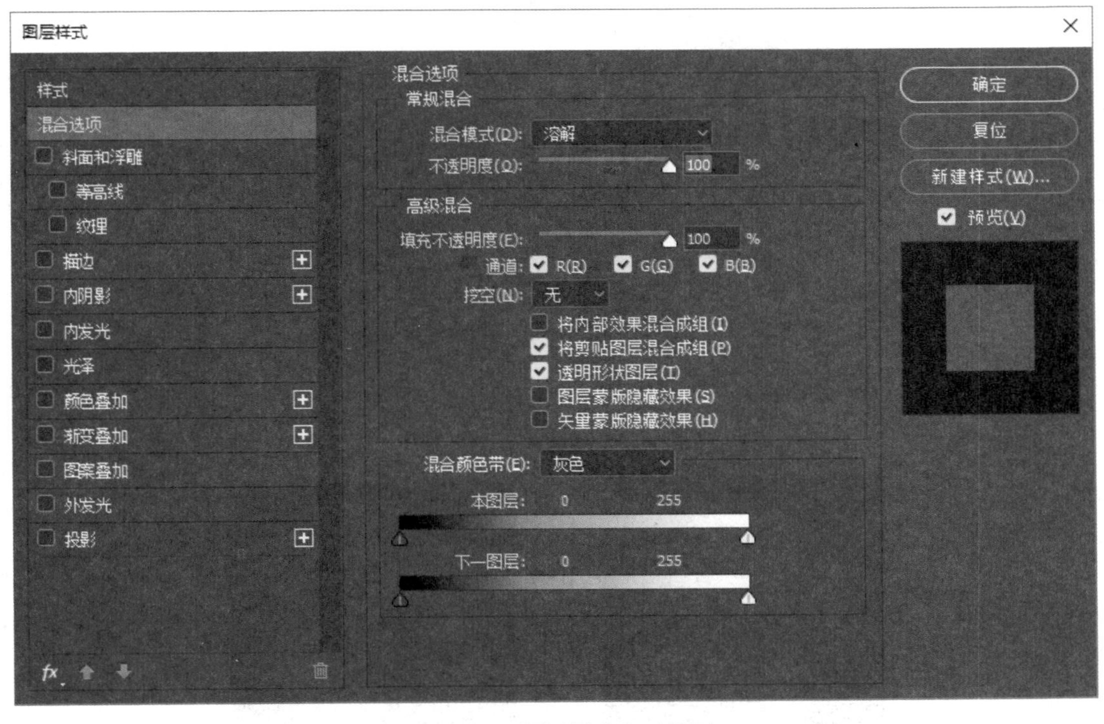

图 6-62 “图层样式”对话框

在“图层样式”对话框中，左侧的列表框中，列出了 Photoshop 中的所有图层样式，选中其左侧的复选框，表示启用相应的图层样式；反之，则表示未启用图层样式。

📖 投影

使用“投影”图层样式，可以为图层添加立体投影效果，如图 6-63 所示。

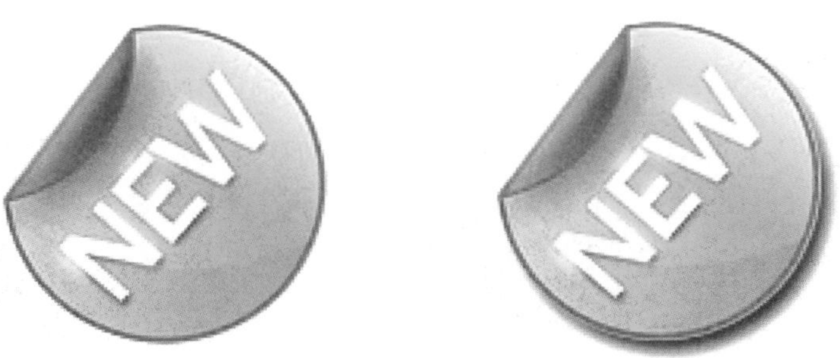

图 6-63 添加投影前后效果对比

📖 内阴影

使用“内阴影”图层样式，可以为图层的边缘向内添加阴影，如图 6-64 所示。

图 6-64　添加内阴影前后效果对比

外发光

使用“外发光”图层样式，可以为图层的边缘向外产生光晕效果，如图 6-65 所示。

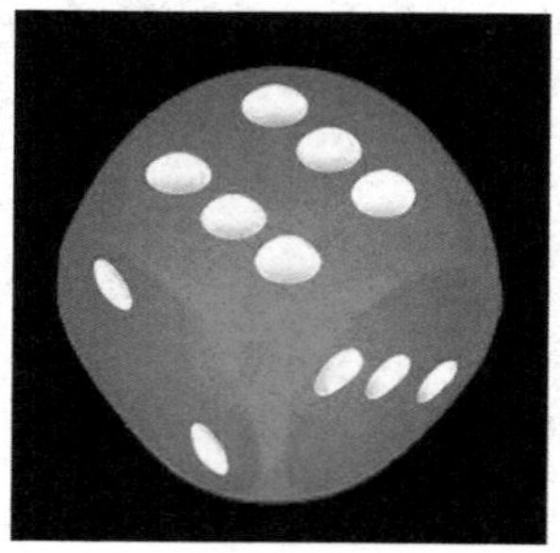

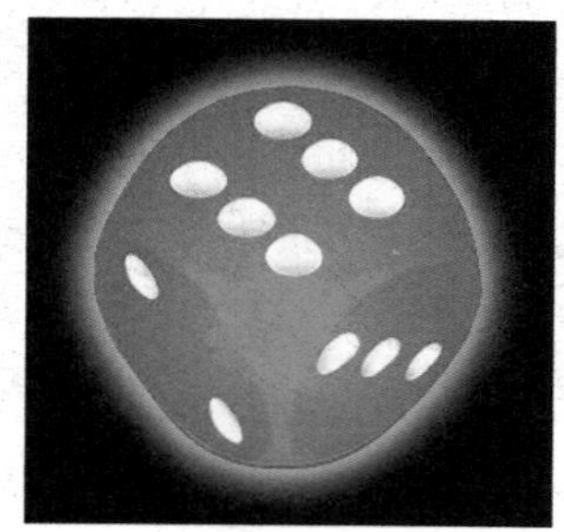

图 6-65　添加外发光前后效果对比

内发光

使用“内发光”图层样式，可以为图层的边缘向内产生光晕效果，如图 6-66 所示。

图 6-66　添加内发光前后效果对比

斜面与浮雕

使用“斜面和浮雕”样式，可以添加不同组合方式的浮雕效果。此样式常用于制作图像的立体效果，如图 6-67 所示。

图 6-67　添加斜面与浮雕前后效果对比

📖 光泽

使用“光泽”图层样式，可以模拟物体的内反射效果，如图 6-68 所示。

图 6-68　添加光泽前后效果对比

📖 颜色叠加、渐变叠加和图案叠加

“颜色叠加”“渐变叠加”和“图案叠加”这三种样式都是用于在图层上填充像素，其中“颜色叠加”指在图层对象上填充单一颜色；“渐变叠加”指在图层对象上填充一种渐变色；“图案叠加”是在图层对象上填充一种图案；如图 6-69 所示。

原图　　颜色叠加　　渐变叠加　　图案叠加

图 6-69　添加颜色叠加、渐变叠加和图案叠加前后效果对比

📖 描边

使用“描边”图层样式，可以为图层的边缘添加描边。描边可以是纯色、渐变色或图案，效果如图 6-70 所示。

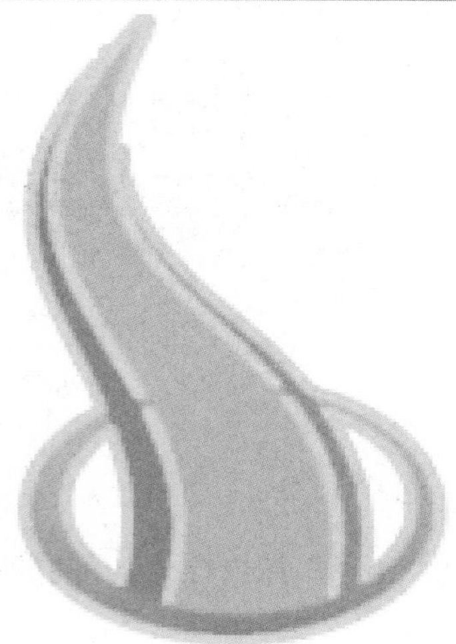

图 6-70　添加描边前后效果对比

6.4.3　管理图层样式

图层样式的应用，是因图层的效果层而存在的，因此可以对其进行一些复制、粘贴、清除和缩放等操作，执行“图层”|“图层样式”命令，或右键单击效果图层右端的“图层效果”按钮 fx，将弹出快捷菜单如图 6-71 所示。

停用图层效果
混合选项...
斜面和浮雕...
描边...
内阴影...
内发光...
光泽...
颜色叠加...
渐变叠加...
图案叠加...
外发光...
投影...
拷贝图层样式
粘贴图层样式
清除图层样式
全局光...
创建图层
隐藏所有效果
缩放效果...

图 6-71　“图层效果”快捷菜单

📖 拷贝图层样式

在需要对多个图层应用相同的图层样式时，可以拷贝图层样式，然后在未使用图层样式的图层上进行粘贴。

📖 移动图层样式

不同图层之间的图层样式可以进行移动操作，不仅可以移动所有图层样式，还可以移动某一种具体的图层样式，如图 6-72 所示。

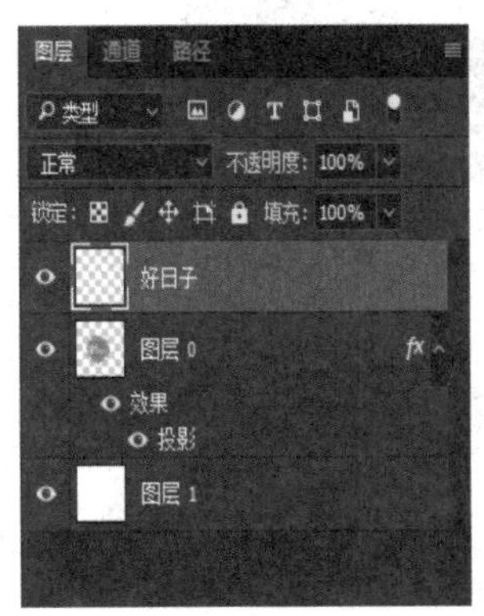

移动前

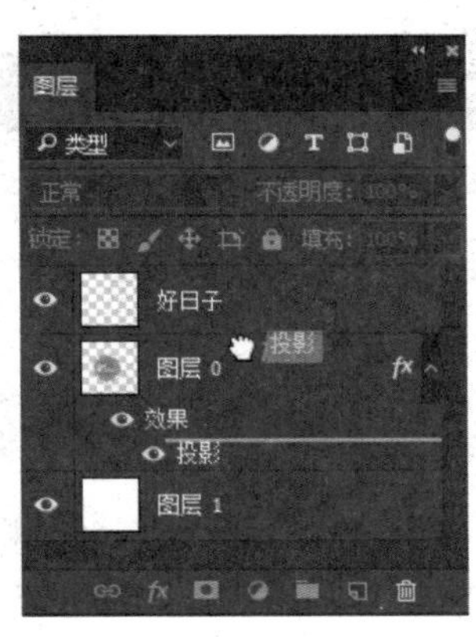

移动中

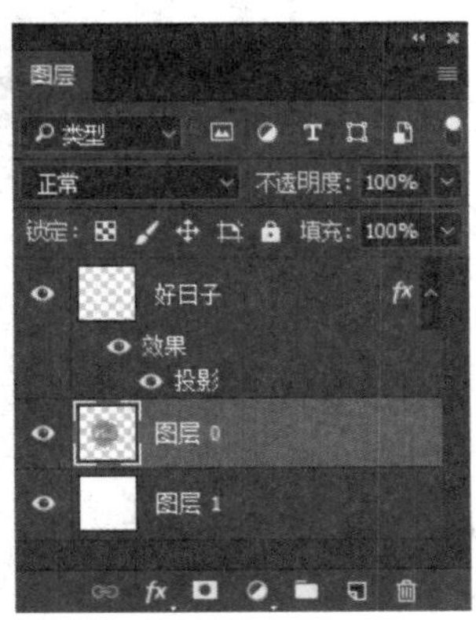

移动后

图 6-72　移动图层样式

📖 缩放图层样式

缩放图层样式是指按比例调整样式参数，以获得更好的视觉效果。在不同图像之间复制图层样式时，若目标图像的大小及分辨率与源图像不同，则在应用图层效果后可能会出现拥挤或松散的情况，此时就需调整该图层样式的缩放效果。执行“图层”|“图层样式”|“缩放效果”命令，将弹出“缩放图层效果”对话框，在其中可对图层样式进行缩放设置，如图 6-73 所示。

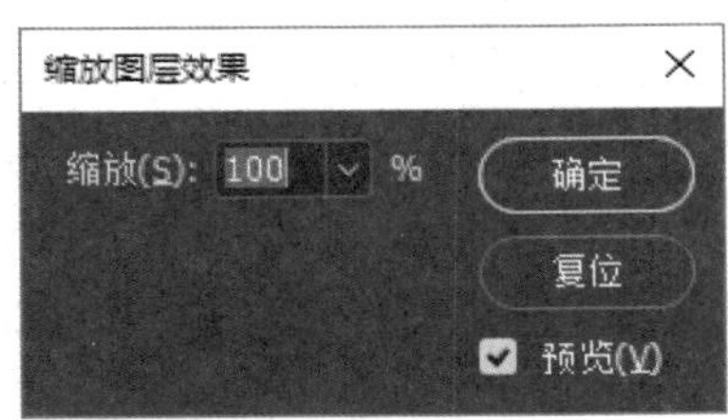

图 6-73　“缩放图层效果”对话框

6.5　智能对象

智能对象是新版本的 Photoshop 中新增的功能。智能对象具有以下特性：将图像缩小，再恢复到原来大小后，图像的像素不会丢失。智能对象还支持多层嵌套功能和应用滤镜，应用的滤镜将显示在智能对象图层的下方。

6.5.1　创建智能对象

执行“图层”|“智能对象”|“转换为智能对象”命令，可以将图层中的单个或多个图层转换成一个智能对象，也可将普通图层与智能对象转换成一个智能对象，如图 6-74 所示。

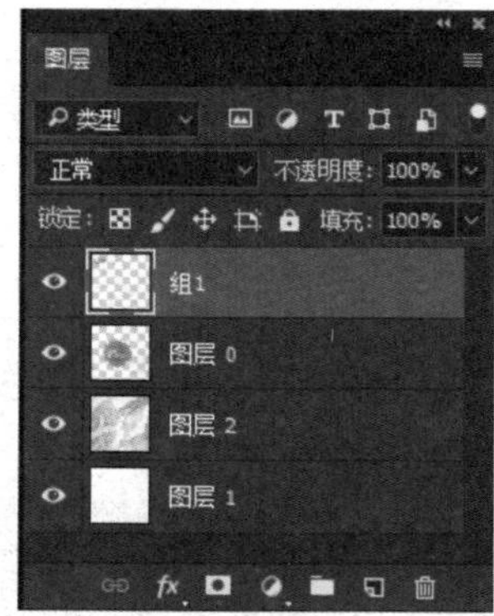

原图层

智能图层

图 6-74　创建智能对象

6.5.2　导出智能对象

执行“图层”|“智能对象”|“导出内容”命令，可以将智能对象的内容按照原样导出到任意存储地址，智能对象将采用 PSB 格式储存，如图 6-75 所示。

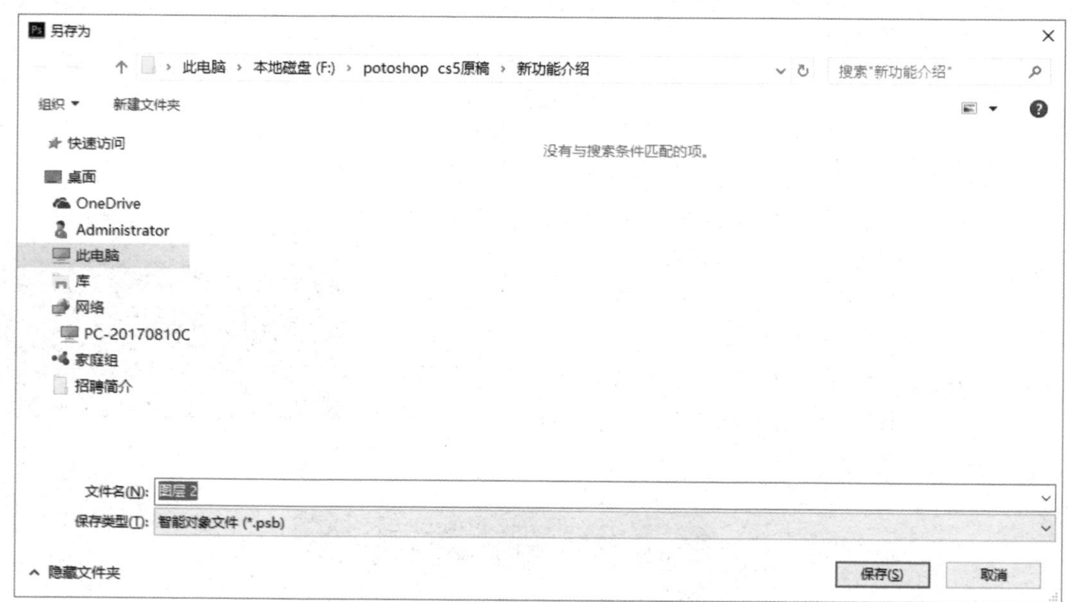

图 6-75　导出智能对象

课堂实战——制作逼真文身效果

本例通过复制图层、更改图层的混合模式和调整图像的色调等命令，制作逼真的文身效果，最终效果如图 6-76 所示。

扫描观看本节视频

实战操作

本实例主要运用更改图层的混合模式和更改图像色调来制作仿真文身效果，具体操作步骤如下：

（1）启动 Photoshop CC2017，打开一幅素材图像，如图 6-77 所示。

（2）再次打开一幅素材图像，如图 6-78 所示。

图 6-76　文身效果

图 6-77　素材图像

图 6-78　素材图像

（3）使用移动工具将文身图案（6-78.jpg）拖至美女图像（6-77.jpg）中，如图 6-79 所示。

（4）使用魔术橡皮擦工具，在属性栏设置“容差”为 20，在白色背景上单击，效果如图 6-80 所示。

图 6-79　拖曳图像至一个文件

图 6-80　删除背景图像

（5）按【Ctrl＋T】组合键调出变换控制框，缩小并移动图像，效果如图 6-81 所示。

（6）在变换控制框角点停留鼠标，当出现旋转图标时调整图像的角度，如图 6-82 所示。

图 6-81　缩小图像

图 6-82　调整角度

（7）按【Enter】组合键确认变换，如图 6-83 所示。

（8）按【Ctrl＋J】组合键复制“图层 1”，得到“图层 1 拷贝”，将“图层 1”的图层混合模式设置为“正片叠底”；“图层 1 拷贝”的混合模式设置为“颜色”，“图层”选项卡如图 6-84 所示。

图 6-83　变换后的效果

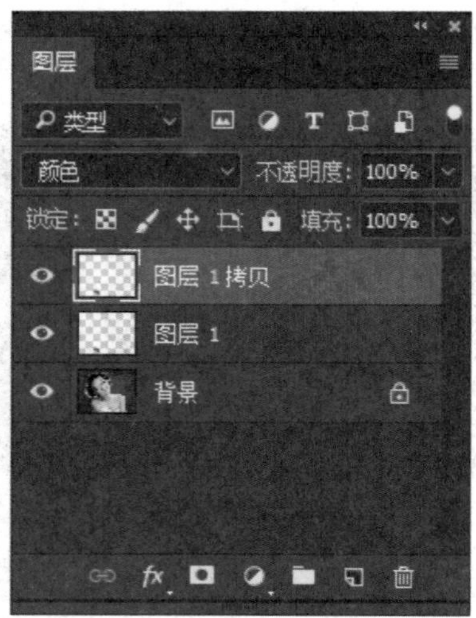

图 6-84　“图层”选项卡

（9）修改图层混合模式后的效果如图 6-85 所示。

（10）按【Ctrl＋E】组合键向下合并图层，如图 6-86 所示。

图 6-85　更改混合模式后的效果

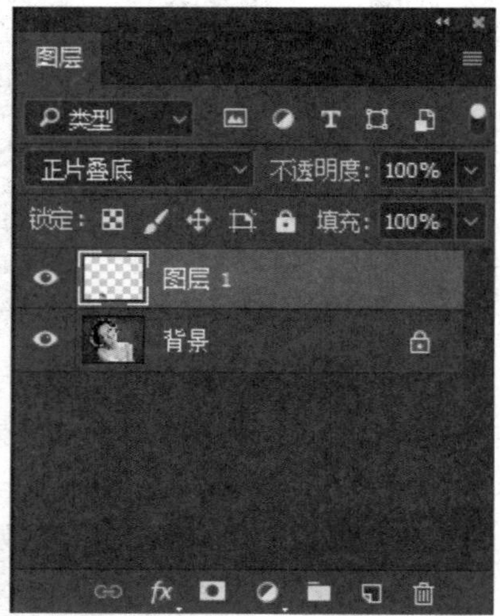

图 6-86　合并图层

（11）按【Ctrl＋M】组合键弹出“曲线”对话框，调整曲线如图 6-87 所示。

（12）单击“确定”按钮，选取背景橡皮擦工具，设置笔头为柔和的画笔，使用较低的不透明度，将皮肤高光处的文身图像擦除一部分，效果如图 6-88 所示。

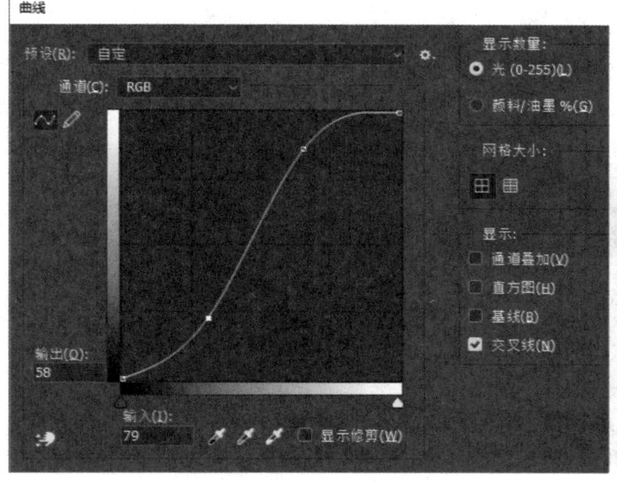

图 6-87 “曲线”对话框

图 6-88 擦除部分图像

课堂总结

本章主要讲述了图层的使用。有了图层的概念，使得图像合成、图像处理变得更加生动而灵活。使用图层样式，可以制作出非常精美的具有立体效果的图形。用户在学习时应结合课堂指导内容重点掌握命令的应用。学习了本章以后，应做到以下两点：

（1）在讲述图层的概念时，着重掌握图层的操作技巧，并知道什么时候需要创建图层。

（2）图层混合是图像合成的重要手段，使用不同的图层混合模式，可以合成出令人意想不到的图像效果，用户在练习时应注意各混合模式的特点。

课后巩固

一、填空题

1．选中图层后，按________组合键，可以快速创建编组。

2．Photoshop CC2017 中，图层的混合模式有________种。

3．使用________图层样式，可以模拟物体的内反射效果。

二、简答题

1．如何复制图层样式？

2．图层混合有什么意义？

3．智能对象有什么特点？

三、上机操作

1．使用图层混合，合成如图 6-89 所示的图像。

素材图像　　　　合成效果

图 6-89　合成图像

关键提示：使用变换工具，变换素材图形，更换图像的混合模式。

2．结合各种图层样式，绘制如图 6-90 所示的按钮图形。

关键提示：使用椭圆选区工具，绘制正圆选区；填充颜色并添加图层样式，使用文本工具，输入文本。

图 6-90　按钮效果

第 7 章　文字的编辑

本章导读

上一章讲述了图层的使用，本章我们将学习平面创作中的另一个元素——文字。利用Photoshop 创建平面作品时，文字是不可缺少的一部分，它不仅可以让人们快速了解作品所呈现的主题，还可以在整个作品中充当重要的修饰元素。下面将对文字的创建、栅格化、特效制作等内容进行详细的介绍。

学习目标

- 文本的输入
- 文本的编辑
- 文字特效化

7.1　输入文本

在 Photoshop 中，可以使用直排文字工具和横排文字工具直接在画布上输入文本。在工具栏中选取“文本”工具后在画布上单击，出现光标后输入文本，这种文本被称为点文本。点文本独立成行，不会自动换行，若要换行需按【Enter】键。

7.1.1　输入水平或垂直文字

使用直排文字工具和横排文字工具分别可以输入垂直和水平文字，文字的输入非常简单，在工具箱中选取直排文字工具或横排文字工具后在画布上单击，当出现了文字光标后，即可以开始输入文字，如图 7-1 所示。

横排文本

直排文本

图 7-1　输入文本

在工具箱中选取文本工具后，其工具选项栏也会发生相应的变化，如图 7-2 所示。

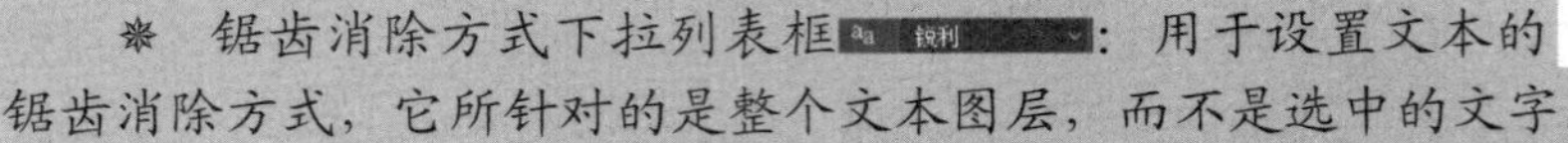

图 7-2 文本工具的工具选项栏

选项解析

※ ：用于更改文本的文字方向，可在横排文本与直排文本之间切换。

※ 字体下拉列表框：用于设置文本的字体。

※ 字体样式下拉列表框：选择不同的字体时，会在“字体样式”列表中出现该种字体对应的不同字体样式，如图 7-3 所示。

图 7-3 字体样式下拉列表

※ 文字大小数值框：用于设置文字的大小，可以在下拉列表中选择，也可直接输入数值。

※ 锯齿消除方式下拉列表框：用于设置文本的锯齿消除方式，它所针对的是整个文本图层，而不是选中的文字。

※ “对齐方式”按钮：用于设置输入文字的对齐方式，包括文本左对齐、文本居中对齐和文本右对齐 3 个选项。

※ “文字颜色”按钮：用于设置文本的颜色。

※ “文字变形”按钮：单击该按钮，将弹出“变形文字”对话框，用于设置变形文字。如图 7-4 所示。

※ 显示或隐藏“字符”和“段落”选项卡按钮：单击该按钮将弹出“字符”和“段落”选项卡组，在该选项卡组中，可对文本进行更进一步的设置，如图 7-5 所示。

图 7-4 “变形文字”对话框

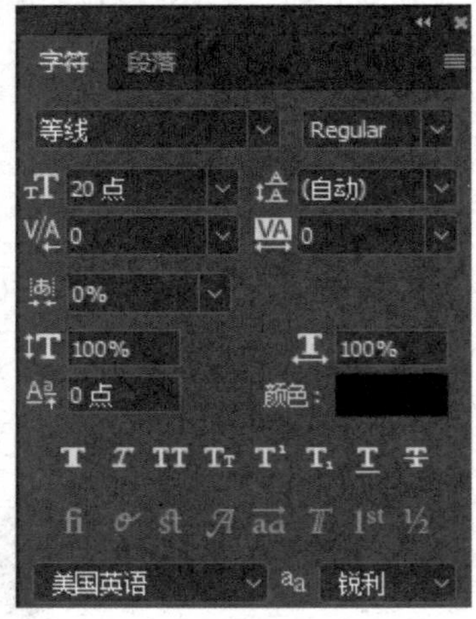

图 7-5 “段落”选项卡

※ “取消所有当前编辑”按钮：单击该按钮，将取消所有对当前选中文字进行的编辑。

※ “提交所有当前编辑”按钮：单击该按钮，可以将正在处于编辑状态的文字应用于设置的编辑效果。

7.1.2 创建文字形选区

虽然在创建文本之后还有很多方法可以将文本转换为选区，但工具箱中的“横排文字蒙版工具”和“直排文字蒙版工具”却是最方便创建文字选区的工具。在工具箱中选取“直排文字蒙版工具”或“横排文字蒙版工具”后，在画布上单击，画布即呈蒙版状态显示，待用户输入文本之后，单击“提交所有当前编辑”按钮✓即可创建文字形选区，如图7-6所示。

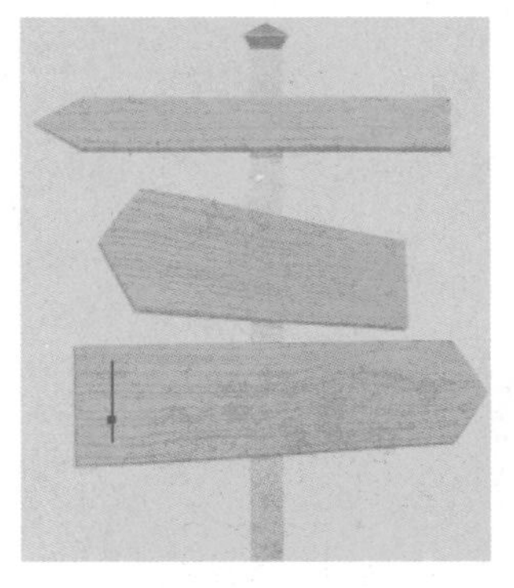
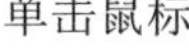

单击鼠标

输入文本

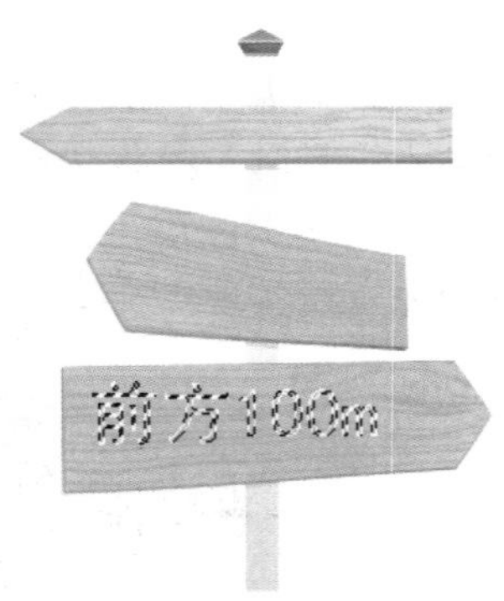

提交编辑

图7-6 创建文字形选区

专家提醒

创建完文本之后，按【Ctrl+Enter】组合键，或在工具箱中选取其他工具，可提交正在编辑的文本，创建文字形选区。

7.1.3 创建段落文本

段落文本是相对于点文本而言的，段落文本指的是一整段的文本。在输入段落文本之前，首先选取文本工具在画布中拖曳出一个矩形文本框，所有的文字就都将输入在此文本框中，如图7-7所示。

拖曳出文本框

输入文本

图7-7 创建段落文字

专家提醒

当要输入少量文本时，可以使用点文本类型；当要输入大量的文字时，选择使用段落文本比较方便。

7.1.4 点文本与段落文本的转换

根据用户的需要，点文本与段落文本之间是可以相互转换的，二者最主要的区别在于：在使用文本工具时，段落文本的边界处有一个文本框；点文本的每一行下有下划线。用鼠标右键单击“文字”图层，在打开的快捷菜单中选择“转换为点文本”命令或 “转换为段落文本”命令可以实现点文本与段落文本之间的转换，如图 7-8 所示。

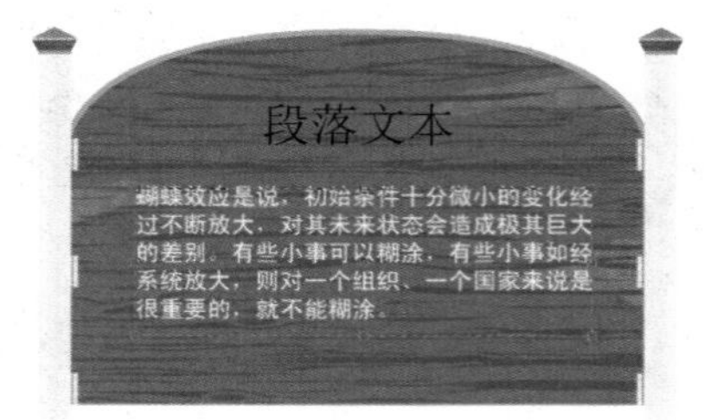

图 7-8　点文本与段落文本的转换

7.2 编辑文本

在制作版面时为了达到更美观的效果，常常需要对文本进行编辑操作。如更改字间距、行间距等。需要注意的是，在编辑文本时，文本的编辑操作只对选中的文字起作用。

7.2.1 调整文本的行间距

文本的行间距指的是文字上一行基线与下一行基线之间的垂直距离。输入文字后，在“字符”选项卡中的“设置行距”数值框中输入相应的数值，可以调整行间距，如图 7-9 所示。

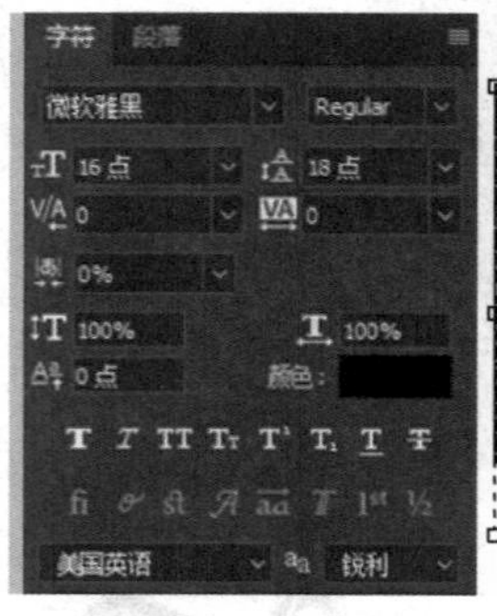

行间距为 18 点的效果　　　　行间距为 24 点的效果

图 7-9　调整文本行间距

使用【Alt+↑】组合键或【Alt+↓】组合键可快速调整文本的行间距。

7.2.2 调整文本的字间距

文本的字间距指的是两个文字的水平间距。在“字符”选项卡中的数值框中，可以对文本的字间距进行设置，如图 7-10 所示。

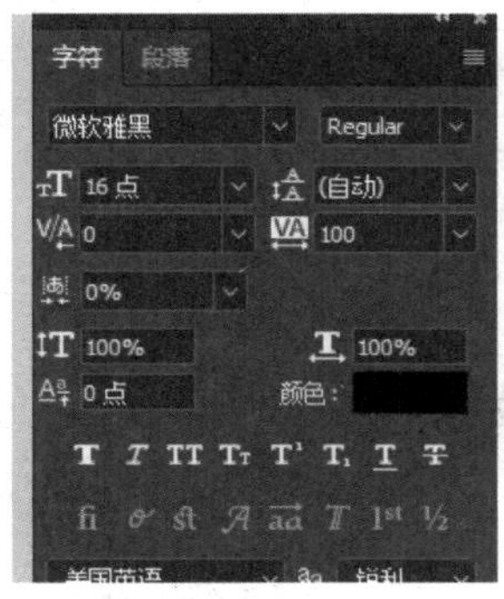

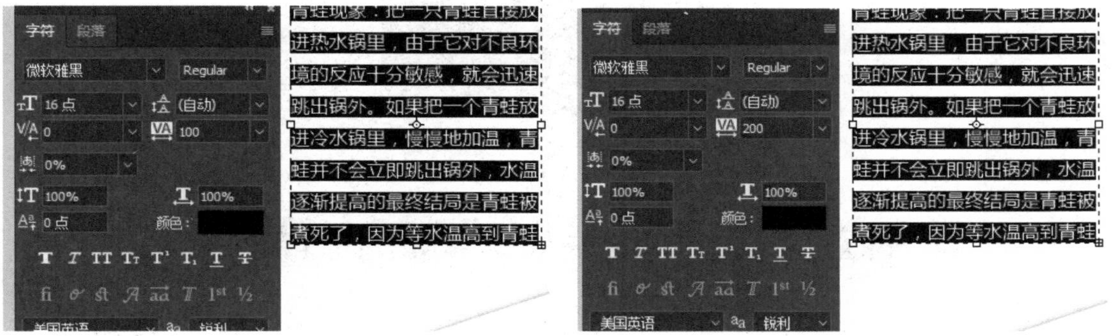

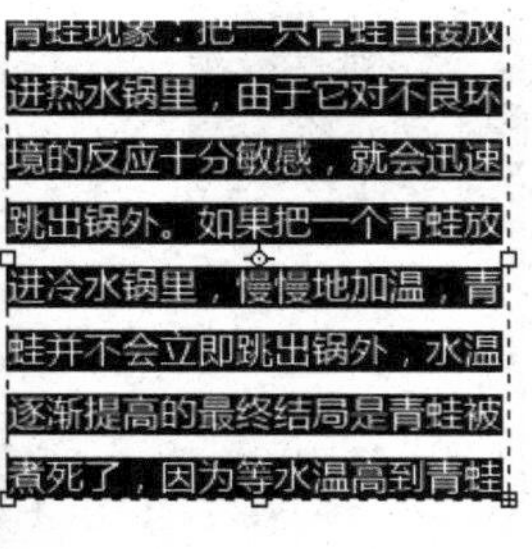

字间距为 100 的效果

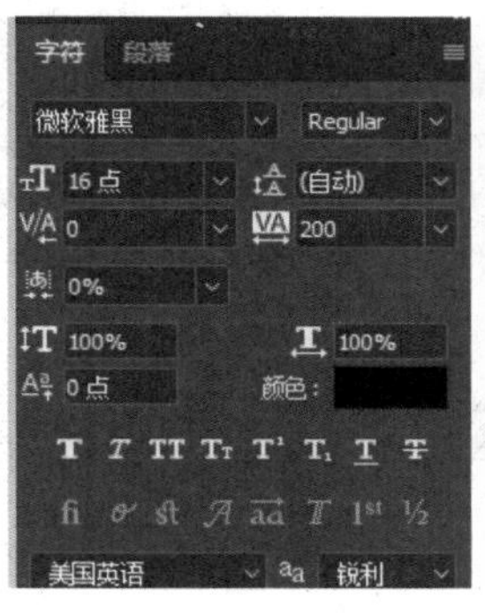

进热水锅里，由于它对不良环境的反应十分敏感，就会迅速跳出锅外。如果把一个青蛙放进冷水锅里，慢慢地加温，青蛙并不会立即跳出锅外，水温逐渐提高的最终结局是青蛙被煮死了，因为等水温高到青蛙

字间距为 200 的效果

图 7-10 调整文本的字间距

此外，使用【Alt+→】组合键或【Alt+←】组合键可快速调整文本的字间距。

7.2.3 字符样式

“字符”选项卡中还设有各种“字符样式”按钮，字符样式指的是输入字符的显示状态，如粗体、斜体、上标、下标等，如图 7-11 所示。

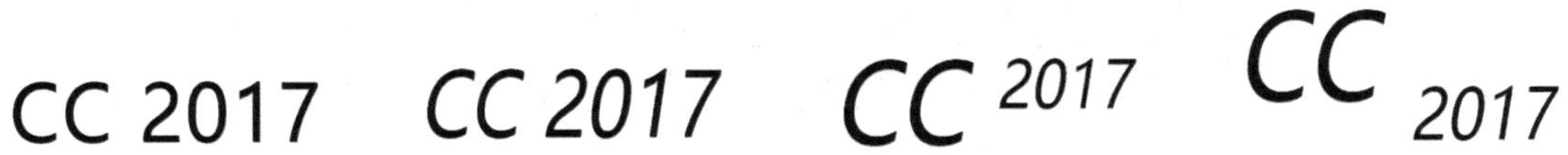

CC 2017
仿粗体

CC 2017
仿斜体

CC ^{2017}
上标

CC $_{2017}$
下标

图 7-11 字符样式

7.2.4 文字的栅格化

文字图层是一种特殊图层,文本不能直接用于滤镜操作，在制作文字特效时,需要将文字栅格化。将文本图层栅格化之后，文本将不能继续编辑。

将文字栅格化的操作是右键单击文本图层，在弹出的快捷菜单中选择“栅格化文字”选项，栅格化的文本图层将成为普通图层，如图 7-12 所示。

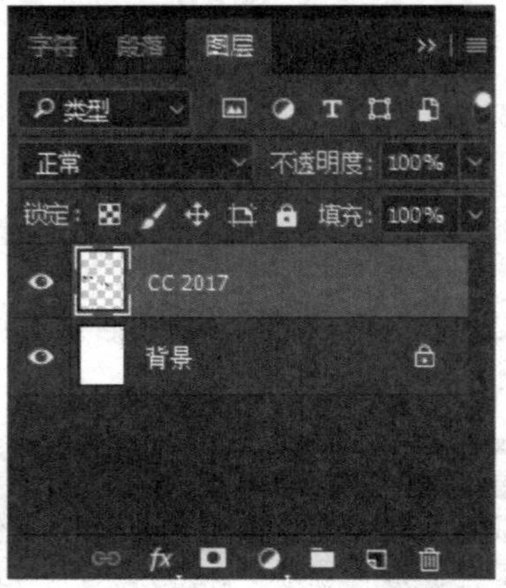

图 7-12　栅格化后的文字图层

课堂实战——使用点文本制作门面广告

本节通过使用点文本，制作生活中常见的平面广告，本例最终效果如图 7-13 所示。

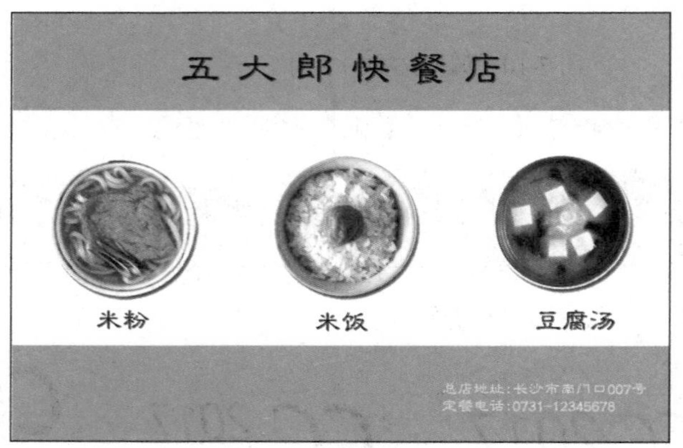

图 7-13　门面广告效果

实战操作

本实例主要运用文本工具，制作常见海报效果，具体操作步骤如下：

（1）启动 Photoshop CC2017，单击“文件”|“新建”命令，在弹出的“新建”对话框中设置各参数如图 7-14 所示。

（2）单击“创建”按钮，新建文档，然后选取矩形选框工具，绘制矩形选框如图 7-15 所示。

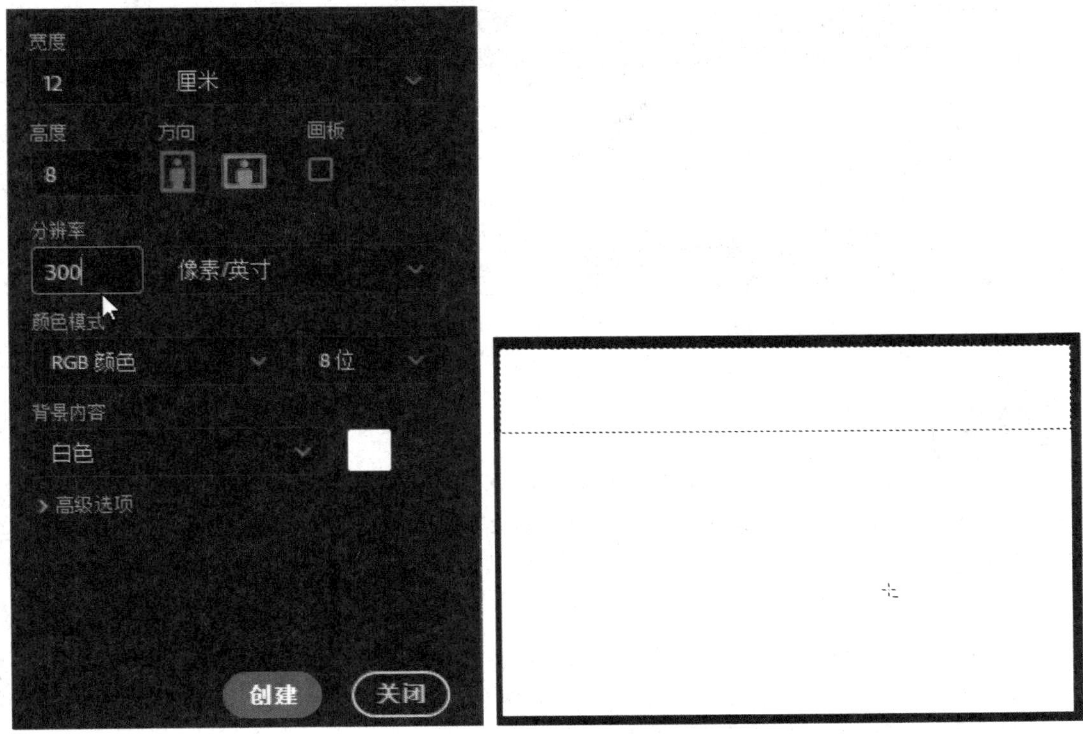

图 7-14 新建文档　　图 7-15 绘制选区

（3）设置前景色为 R255、G108、B0，新建图层，按【Alt+Delete】组合键填充前景色，如图 7-16 所示。

（4）按【Ctrl+J】组合键建立“图层 1 拷贝”，使用移动工具将图形移动至合适位置，如图 7-17 所示。

图 7-16 填充前景色　　图 7-17 移动图形

（5）打开一个素材文件，并将素材文件移动至当前文件，调整至合适位置，如图 7-18 所示。

（6）使用横排文字工具，在画布的任意位置单击鼠标，出现文本光标后，输入“米粉”文本，如图 7-19 所示。

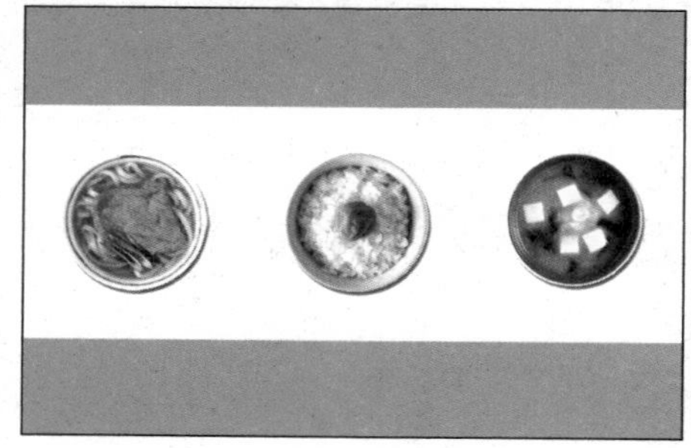

图 7-18　调入素材图形

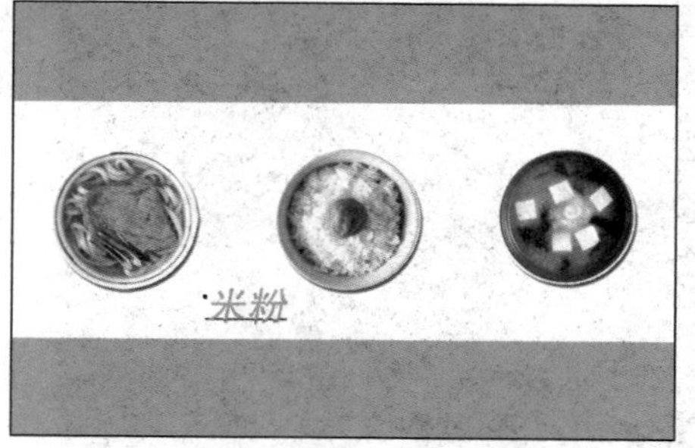

图 7-19　输入文本

专家提醒

使用文本工具时，系统会按照上次使用过的文本字体，所以在制作本实例时，用户的字体可能与图 7-19 里显示的字体不一样，但在稍后的操作中，用户可以对字体进行修改。

（7）选择输入的文本，如图 7-20 所示。

（8）在工具选项栏设置字体为“隶书”，字体大小为 24、字体颜色为“黑色”、字体间距为默认，设置完成后，单击空白区域退出文字编辑状态，然后运用选择工具选中文本图层讲文本移动到合适位置，如图 7-21 所示。

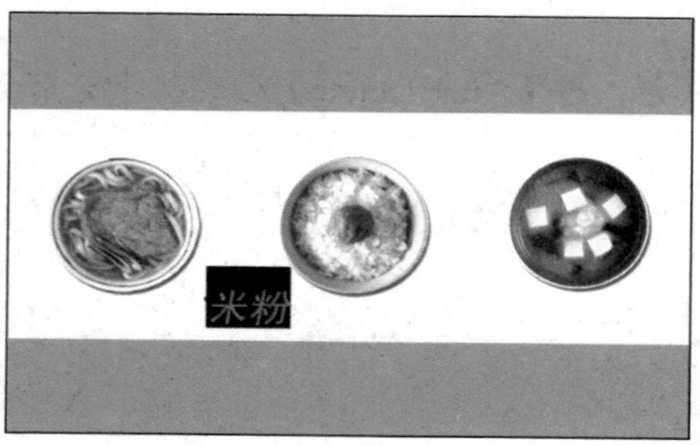

图 7-20　选择文字

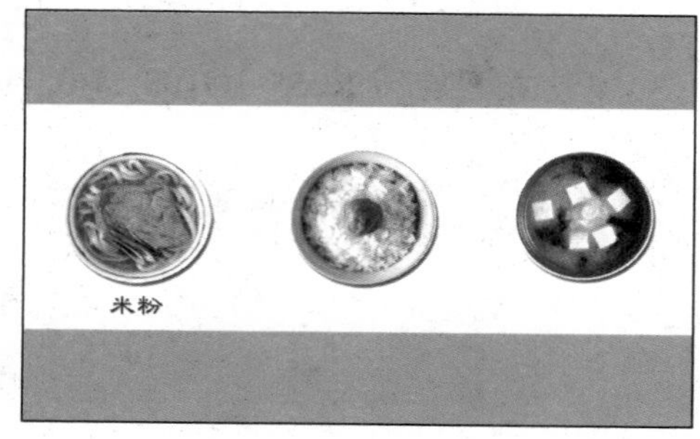

图 7-21　修改文字参数

（9）复制“米粉”文本图层，并修改文本，效果如图 7-22 所示。

（10）继续复制文本图层至标题处，并修改字体大小为 48、文本间距为 400，效果如图 7-23 所示。

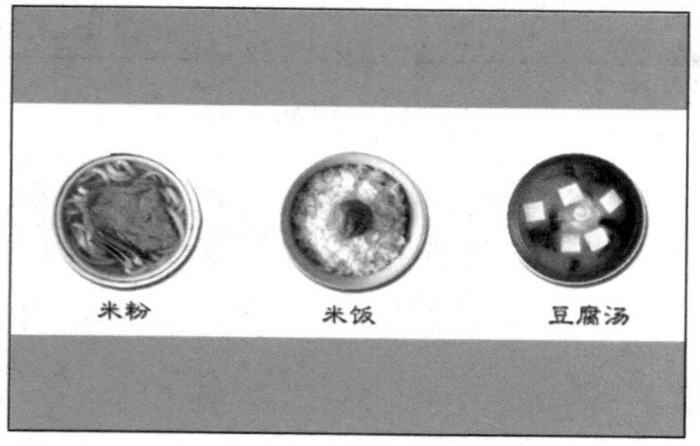

图 7-22　复制文本并修改内容

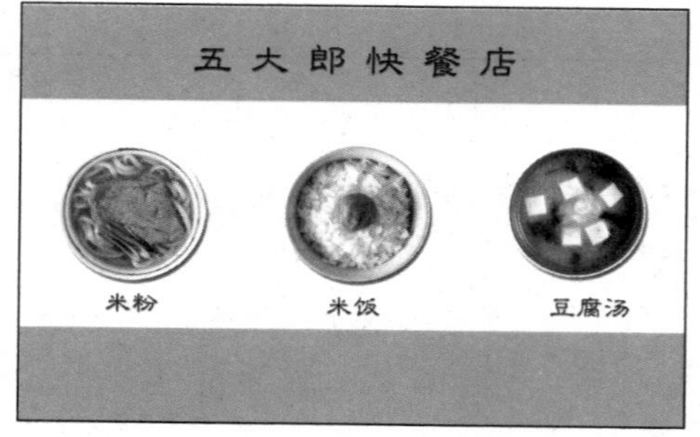

图 7-23　输入标题

（11）复制“米粉”文本图层至画面右下角，修改文本内容，并修改文本大小为 14，字体颜色为白色，效果如图 7-24 所示。

（12）再复制一行文本，修改文本内容，最终效果如图 7-25 所示。

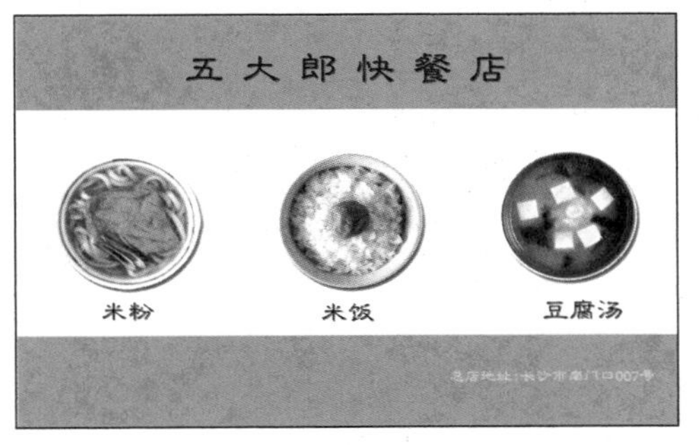

图 7-24　输入地址

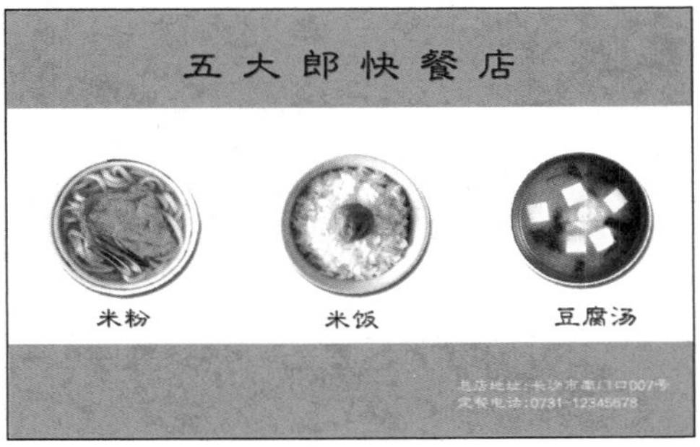

图 7-25　输入电话

7.3　特效文字

在进行平面设计时，还常会制作一些特效文字，如变形文字、路径文字等。本节我们将对这两种特效文字进行介绍。

7.3.1　变形文字

使用变形文字功能可以为文字添加变形效果，在 Photoshop CC2017 中提供了 15 种变形样式，使用这些变形样式，可以创建多种艺术字效果。输入文本后，在属性栏中单击“变形”按钮，在弹出的“变形文字”对话框中，可以选择变形样式，并对样式参数进行修改。

常用的变形样式如图 7-26 所示。

扇形　　旗帜　　鱼眼

图 7-26　变形文字

7.3.2　路径变形文字

创建路径变形文字首先需要有一条路径，该路径可以是封闭的，也可以是开放的，如图 7-27 所示为利用钢笔工具创建的一条曲线。

在工具箱中选取文本工具，移动鼠标至路径，当鼠标指针呈形状时单击鼠标，即可开始输入文本内容，如图 7-28 所示。

图 7-27　绘制路径

图 7-28　输入文本

7.3.3 在路径内部添加文本

在封闭的路径内，可以沿路径创建文本，相当于为文本添加了一个界定框，如图 7-29 所示。

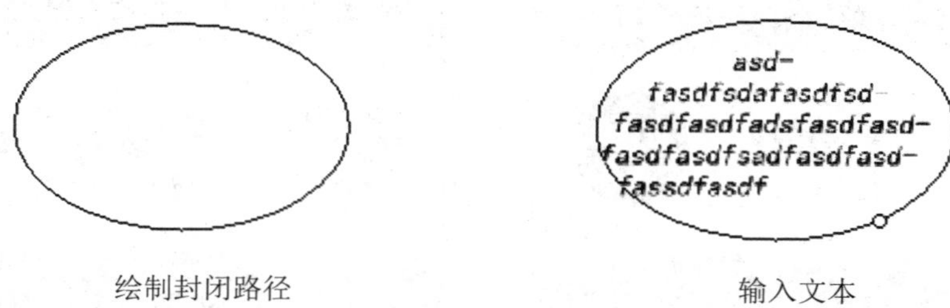

图 7-29 在路径内部添加文本

7.3.4 使用 OpenType SVG 字体

在 Photoshop CC2017 中文字支持 OpenType SVG 字体，并且随附了 Trajan Color Concept 和 EmojiOne 字体。使用 Emoji 字体，用户可以在文档中包含五颜六色、图形化的字符，例如表情符号、旗帜、路标、动物、人物、食物和地标等。

🕮 打开“字形”选项卡

要使用 OpenType SVG 字体如 EmojiOne，可以执行以下步骤打开字形选项卡：

（1）创建一个段落或点文本类型的图层。

（2）将字体设置为 EmojiOne 字体。界面将自动弹出字形选项卡，如图 7-30 所示。

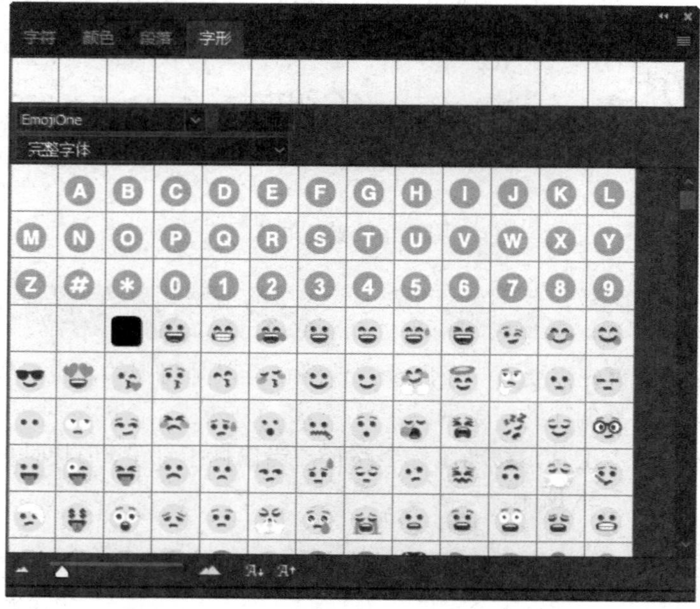

图 7-30 “字形”选项卡

专家提醒

打开“字形”选项卡有两种方式：第一种是选择菜单“窗口”|“字形”命令。打开“字形”选项卡。第二种单击工具栏右侧的“选择工作区”按钮，在下拉菜单中选择“图形和 Web”命令，单击打开“字形”选项卡。无论哪种方式打开都可以使用“字形”选项卡选择特定字形。

创建复合字形

用户在“字形”列表中前后选择两个表情包后会合成一个新的表情包，比如先双击字母“C”再双击字母“N”，就会自动变为中国国旗；先双击字母“U”再双击字母“S”，就会自动变为美国国旗，如图 7-31 所示。

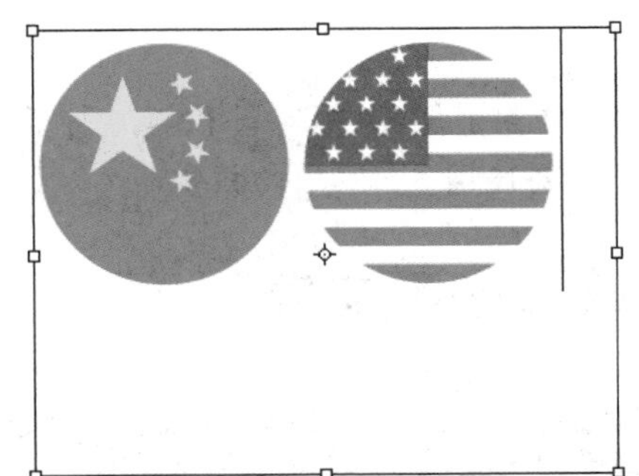

U + S =　C + N =
G + M =　M + G =

图 7-31　创建复合字形

创建字符变体

在 Photoshop CC2017 中，还可以对已输入的表格变换颜色。具体操作步骤如下：

（1）首先在“字形”选项卡中双击要输入的表情，如图 7-32 所示。

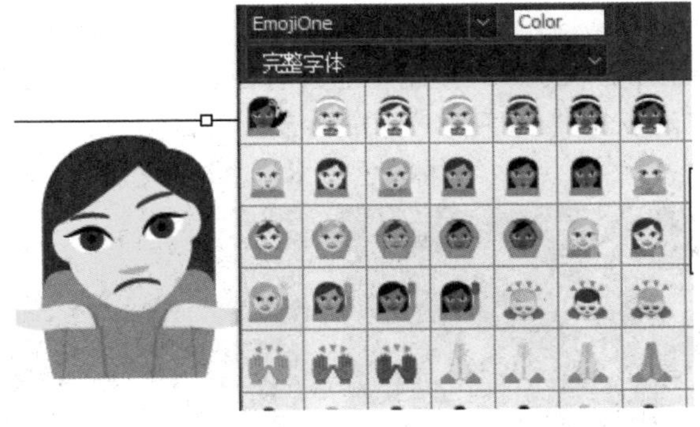

图 7-32　输入表情

（2）双击要改变的颜色，即可变为要改变的颜色，如图 7-33 所示。

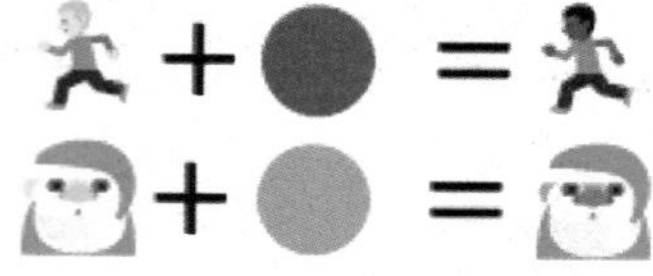

图 7-33　创建字符变体

专家提醒

当我们删除创建后的复合字体时，则相当于删除第二个字体，剩下第一个，即删除美国国旗时，删除的是 S，还会留下 U 创建国家/地区的旗帜。

课堂实战——制作草绿长毛文字

本例通过使用文本、画笔和图层样式等命令，绘制具有草绿长毛的特效字。本实例的重点在于对“画笔预设”和文字命令的操作，最终效果如图 7-34 所示。

扫描观看本节视频

图 7-34　草绿长毛字效果

实战操作

本实例主要运用文本工具、更改图层样式和更改画笔参数设置制作长毛文字效果，具体操作步骤如下：

（1）启动 Photoshop CC2017，打开一幅素材图像，如图 7-35 所示。

（2）在工具箱中选取横排文字工具，在画布合适位置输入文本，并设置文本字体为“汉仪超粗圆简”、字体大小为 72 点、字体颜色为 R1、G129、B7，效果如图 7-36 所示。

图 7-35　素材图像

图 7-36 输入文本

（3）在“图层”选项卡中单击“添加图层样式”按钮，在弹出的下拉菜单中选择“混合选项”选项，在弹出的“图层样式”对话框中设置“投影”参数，如图 7-37 所示。

（4）在“内阴影”选项区，修改参数，如图 7-38 所示。

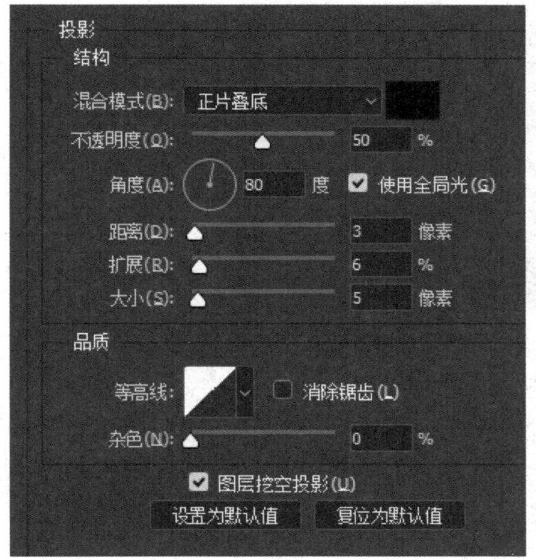

图 7-37 修改投影参数

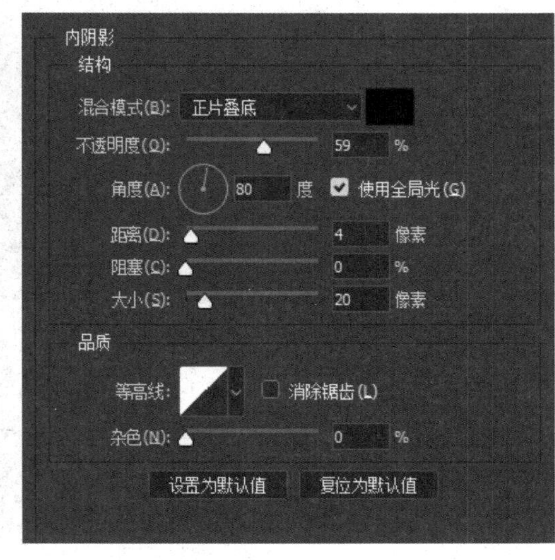

图 7-38 修改内阴影参数

（5）在“斜面与浮雕”选项区中修改参数，如图 7-39 所示。

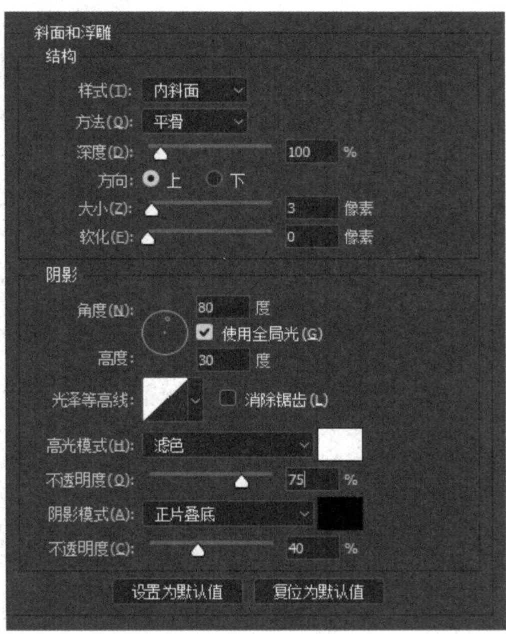

图 7-39 修改斜面与浮雕参数

（6）在“颜色叠加”选项区中设置叠加颜色（R93、G241、B82），如图 7-40 所示。

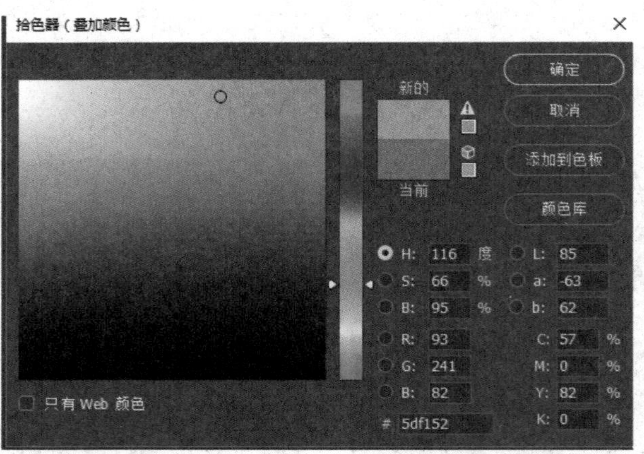

图 7-40　修改颜色叠加参数

（7）依次单击“确定”按钮，添加图层样式后的效果如图 7-41 所示。

（8）选取画笔工具，按【F5】键打开“画笔”选项卡，在左侧列表框中选择“画笔笔尖形状”选项，在打开的“画笔笔尖形状”面板中选择 112 号画笔，如图 7-42 所示。

图 7-41 加图层样式后的效果　　图 7-42 选择画笔

（9）展开“形状动态”选项，修改画笔的形状动态如图 7-43 所示。

（10）打开“散布”选项，修改画笔的散布参数如图 7-44 所示。

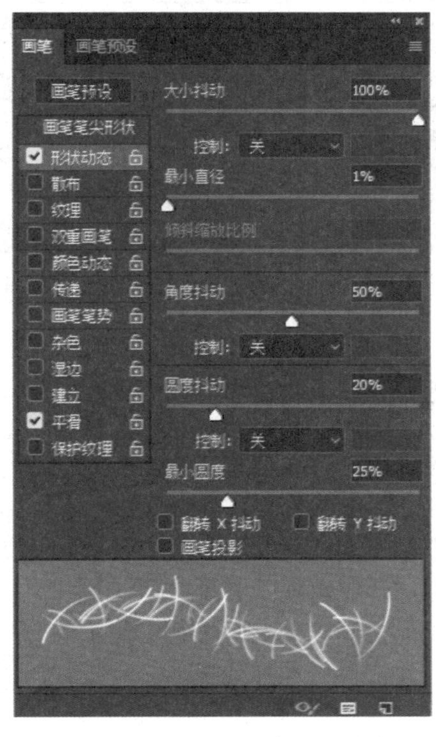

图 7-43 修改画笔形状动态

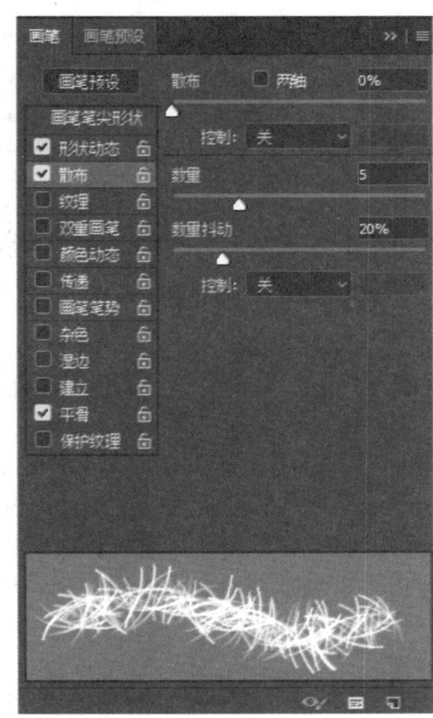

图 7-44 修改画笔散布参数

（11）打开“颜色动态”选项，修改颜色动态参数如图 7-45 所示。

（12）打开“传递”选项，修改传递动态参数如图 7-46 所示。

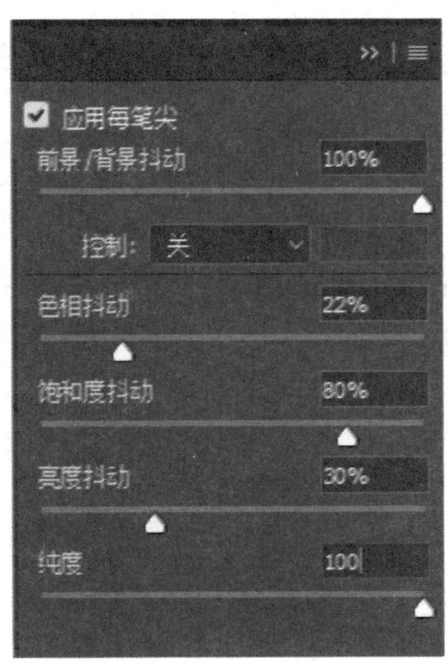

图 7-45 修改颜色动态参数

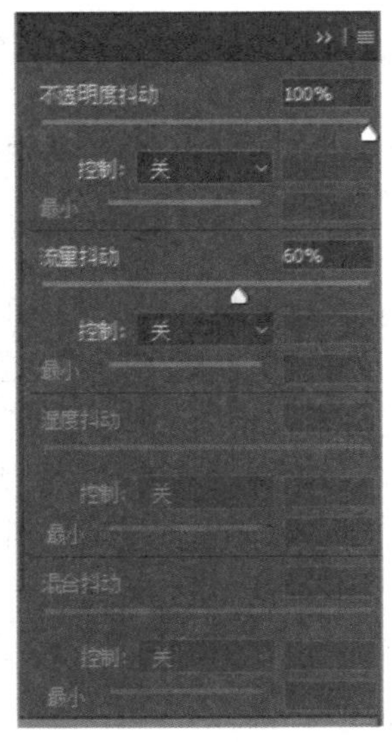

图 7-46 修改传递动态参数

（13）设置前景色为黑色，新建“图层 1”，在文本上绘制图案如图 7-47 所示。

（14）修改图层 1 的混合模式为“划分”，效果如图 7-48 所示。

图 7-47 绘制图案

图 7-48 最终效果

课堂总结

本章主要讲述了文本的编辑方法，文本是平面设计中不可缺少的组成要素。在新版本的 Photoshop 中，文本已经可以直接使用图层样式，可以制作出非常精美的具有立体效果的图形；另外，将文本栅格化，可以结合滤镜制作更加丰富的文字特效，读者在学习时应结合课堂指导内容重点掌握命令的应用。在通过本章的学习后，应做到以下两点：

（1）在讲述文本编辑时，需要注意文本的编辑只对选中的对象起作用，初学者常常忘记这一点。

（2）变形文字是制作特效文字常用的工具，读者在练习时应注意不同变形效果之间的区别。

课后巩固

一、填空题

1．点文本独立成行，不会自动换行，若要换行，可使用________键。

2．创建好文本之后，按________组合键，或在工具箱中选取其他工具，可提交正在编辑的文本。

3. 用变形文字功能可以为文字添加变形效果，在 Photoshop CC2017 中提供了________种变形样式，利用这些变形样式，可以创建多种艺术字效果。

二、简答题

1．点文本与段落文本有什么区别？

2．什么情况下要将文本栅格化？

3．如何沿路径输入文本？

三、上机操作

1．利用文本工具制作如图 7-49 所示的海报。

图 7-49 海报效果

关键提示：使用各种字体的文本排版，添加素材图形。

2．利用变形文字功能，制作如图 7-50 所示的文字效果。

图 7-50 变形文字效果

关键提示：将文本栅格化、描边、变形，再制作爆裂效果。

第 8 章　通道与蒙版的应用

本章导读

通道与蒙版是 Photoshop 中较高级的内容。通道是基于色彩模式而衍生出的一种简化操作工具，打开图像后即可自动创建颜色信息通道。而通过蒙版可对图像的某个区域进行保护，在处理其他位置的图像时，被蒙版的区域不会受到影响。通道与蒙版对图像的处理都有着非常重要的作用，希望读者能够花时间理解并应用。

学习目标

- 认识通道
- 通道的基本操作
- 通道的分离与合并应用图像与计算
- 理解并应用蒙版

8.1　初识通道

在 Photoshop 中，通道是存储不同类型信息的灰度图像，颜色信息通道是在打开图像时由系统自动创建的。图像的颜色模式决定了所创建的颜色通道的数目，对于一幅 RGB 模式的图像来说，它具有 Red（红）、Green（绿）、Blue（蓝）三个默认通道；而对于一幅 CMYK 模式的图像来说，它便具有 Cyan（青色）、Magenta（洋红）、Yellow（黄色）、Black（黑色）四个默认通道。

打开一幅图像后，单击"窗口"|"通道"命令，即可打开相应图像的"通道"选项卡，如图 8-1 所示。

RGB 图像通道

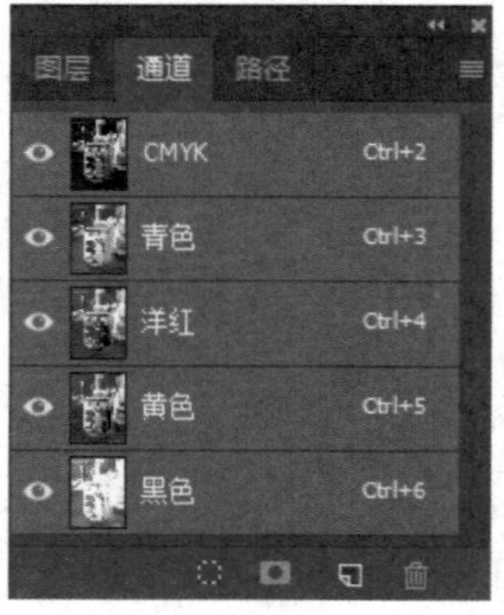

CMYK 图像通道

图 8-1　"通道"选项卡

一个图像最多具有 56 个通道。所有的新通道都具有与原图像相同的尺寸和像素。通道所需要的文件大小由通道中的像素信息决定。某些文件模式（包括 TIFF 和 Photoshop 格式）将压缩通道信息并节约空间。

实际上，通道是单一色彩的平面。大家平时见到的彩色印刷品，其实是在印刷过程中用了四种颜色。即在印刷之前先通过计算机或电子分色机将一个电子图像分解成四色，并打印出分色胶片。一般来说，一张真彩色图像的分色胶片是四张透明的灰度图，单独看每一张单色胶片时没有什么特别之处，但如果将这几张分色胶片分别以青色、洋红、黄色和黑色四种颜色按一定的网屏角度叠印到一起时，就会变为一张绚丽多彩的彩色图片。

8.2 Alpha 通道

Alpha 通道是计算机图形学中的术语，它是将选区转化为 8 位灰色图像放置在“通道”选项卡中，用于隔离和保护图像的特定部分。该通道在生成图像文件时不会自动产生，而是在图像处理过程中人为创建，并从中读取选择区域的信息。使用 PSD、GIF 与 TIFF 格式文件都可以保存 Alpha 通道。

Alpha 通道与颜色通道不同，它是为保存选择区域而专门设计的通道。其中，白色表示被选择的区域，黑色表示非选择区域，不同层次的灰度则表示该区域被选取的百分率。选区保存后就成为一个蒙版保存在 Alpha 通道中，在需要时可载入图像继续使用。

8.2.1 新建 Alpha 通道

Alpha 通道用于存储选区，通道操作一般在“通道”选项卡中进行。

典型应用

（1）打开任意图像文件，切换到“通道”选项卡，如图 8-2 所示。

（2）在“通道”选项卡底部单击“创建新通道”按钮，即可创建一个 Alpha 通道，如图 8-3 所示。

图 8-2 “通道”选项卡

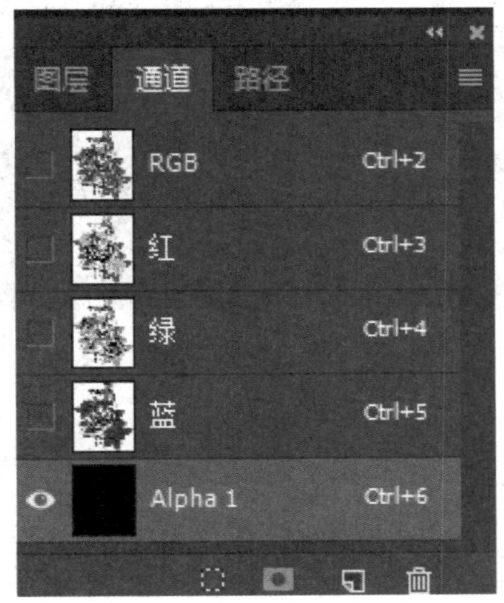

图 8-3 创建新通道

8.2.2 将选区保存为通道

在处理复杂图像时，经过长时间绘制的选区，往往在图像处理过程中将不只使用一次，这就要将绘制的选区保存，此时可以将选区保存为通道。

典型应用

（1）打开一幅素材图像（如图 8-4 所示），从中创建如图 8-5 所示的选区。

图 8-4 素材图像

图 8-5 创建选区

（2）单击“选择”|“存储选区”命令，在弹出的“存储选区”对话框中设置参数如图 8-6 所示。

（3）单击“确定”按钮切换到“通道”选项卡，可以看到存储的选区，如图 8-7 所示。

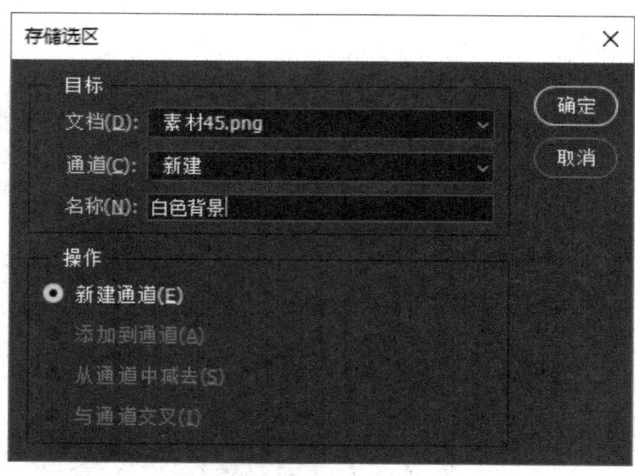

图 8-6 “存储选区”对话框

图 8-7 存储的选区

8.2.3 编辑 Alpha 通道

创建 Alpha 通道后，可以通过相应的工具或命令对 Alpha 通道进行进一步的编辑，在“通道”选项卡中将 Alpha 通道前面的小眼睛显示出来，可以更加直观地编辑通道，此时的编辑方法与快速蒙版类似，如图 8-8 所示。

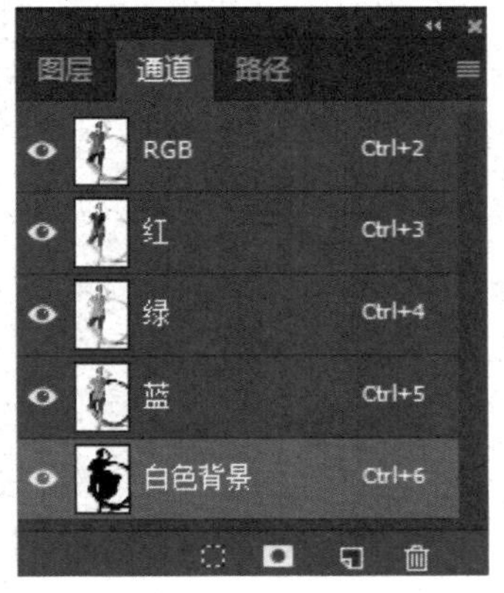

图 8-8 编辑通道

8.2.4 将通道作为选区载入

当需要使用包含存储的选区时，可以将通道作为选区载入。

典型应用

（1）接上例操作，切换至“通道”选项卡，如图 8-9 所示。

（2）单击“通道”选项卡底部的“将通道作为选区载入”按钮，隐藏“白色背景”图层，选择 RGB 通道，切换到“图层”选项卡，即可对图层进行操作了，如图 8-10 所示。

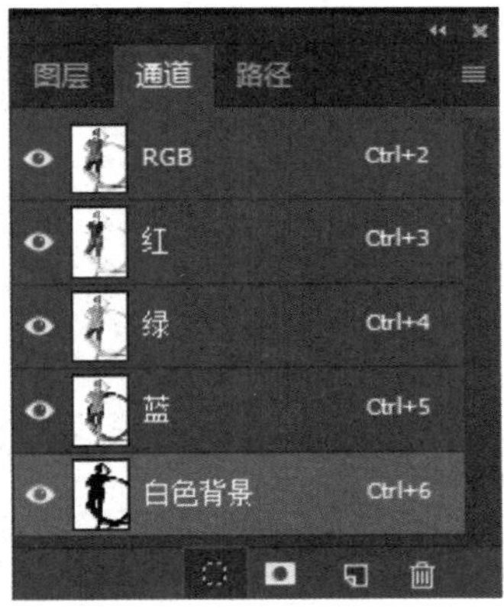

图 8-9 素材图像

图 8-10 载入选区

8.2.5 复制与删除通道

直接对图像的通道进行操作，会影响到图像的显示。因此，需要复制通道，然后对其复本操作。

典型应用

（1）打开一幅素材图像，并切换至“通道”选项卡，如图 8-11 所示。

（2）将需要复制的通道拖动至“创建新通道”按钮上，如图 8-12 所示。

（3）释放鼠标，即可复制通道，如图 8-13 所示。

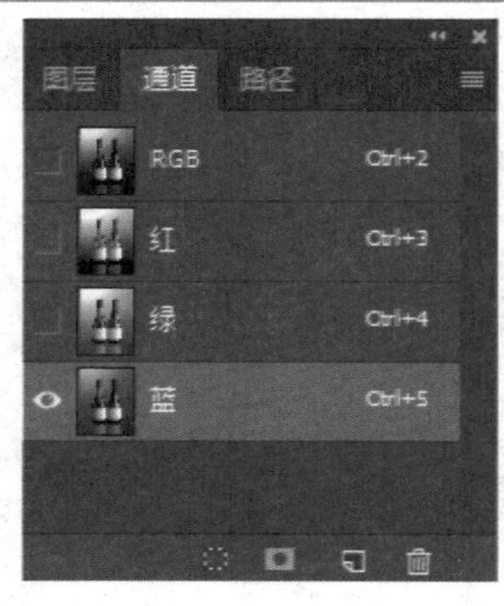

图 8-11 “通道”选项卡

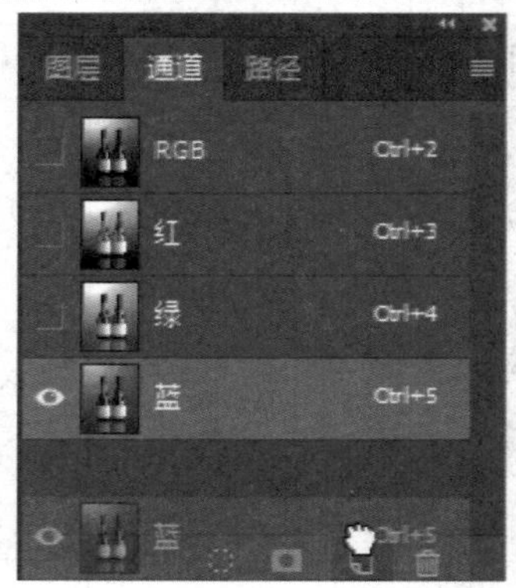

图 8-12 复制通道

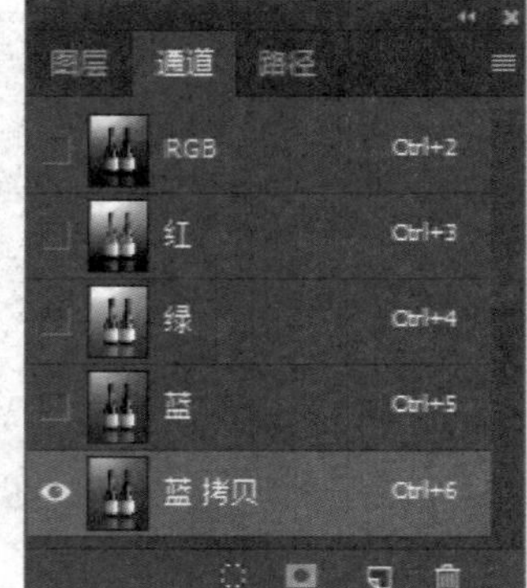

图 8-13 复制通道

选中相应通道，拖动至“删除当前通道”按钮上，即可删除通道。

8.2.6 创建专色通道

通常情况下，为了使印刷品达到一定的效果，需要做一些特殊处理，如增加夜光油墨、烫金等，这些特殊颜色的油墨称为专色。在印刷时，每个专色通道对应一块印版，即当打印一幅包含专色通道的图像时，该通道将被单独打印输出。

典型应用

（1）打开一幅素材图像，并切换至“通道”选项卡，单击“菜单”按钮，在弹出的下拉菜单中选择“新建专色通道”选项，如图 8-14 所示。

（2）在弹出的“新建专色通道”对话框中设置选项参数，如图 8-15 所示。

更改通道的蒙版显示颜色与快速蒙版的改变方法相同。Alpha 通道一般用来储存选区；专色通道是一种预先混合的颜色。当只需要在部分图像上打印一种颜色或两种颜色时，常使用专色通道。该通道常用在徽标或文字上，用来加强视觉效果。

（3）单击“确定”按钮，即可新建专色通道，如图 8-16 所示。

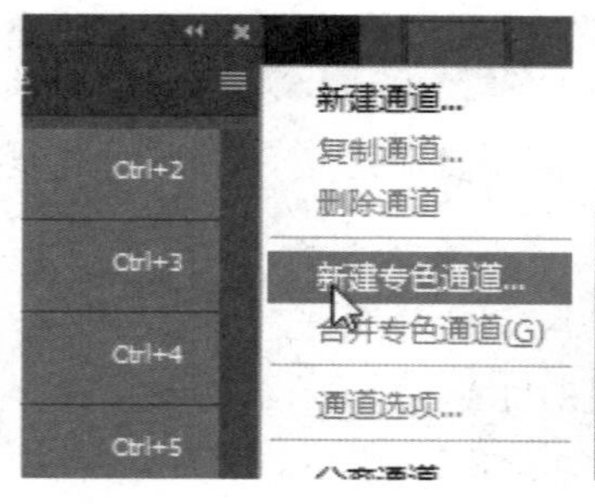

图 8-14 下拉菜单

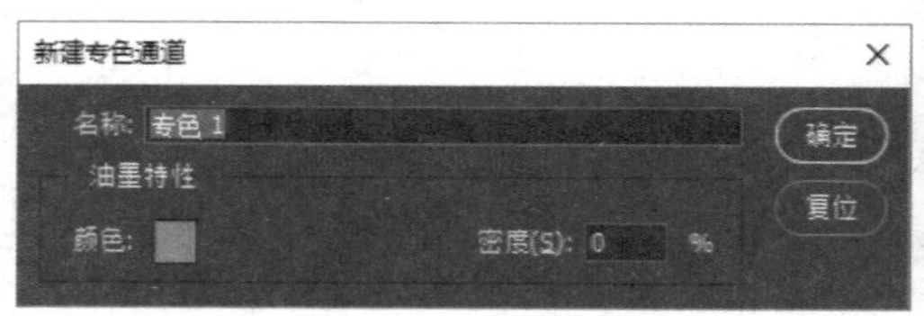

图 8-15 “新建专色通道”对话框

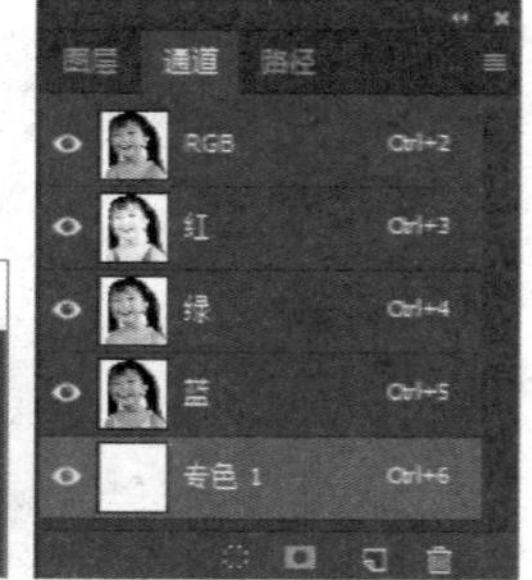

图 8-16 新建的专色通道

专家提醒

在“新建专色通道”对话框中，颜色色块用于选择油墨的颜色；“密度”数值框用于设置油墨的密度，其取值范围为 0%~100%，只是用来在屏幕模拟打印专色的密度，而非打印效果。

8.3 通道的分离与合并

Photoshop 中的通道是允许被拆分和拼合的。拆分后可得到在不同通道下图像显示的灰度效果，将分离并单独调整后的图像通过“合并通道”命令，可以还原彩色，只是当设置通道图像不同时会产生颜色差异。

8.3.1 分离通道

分离通道可以将图像从彩色图像中拆分出来，从而显示原本的灰度图像。图像被通道分离后，原文件将被关闭，每一个通道均以灰度颜色模式成为一个独立的图像文件。

典型应用

（1）打开一幅素材图像，如图 8-17 所示。

（2）切换至“通道”选项卡，单击“菜单”按钮，在弹出的快捷菜单中选择“分离通道”选项，如图 8-18 所示。

图 8-17 素材图像

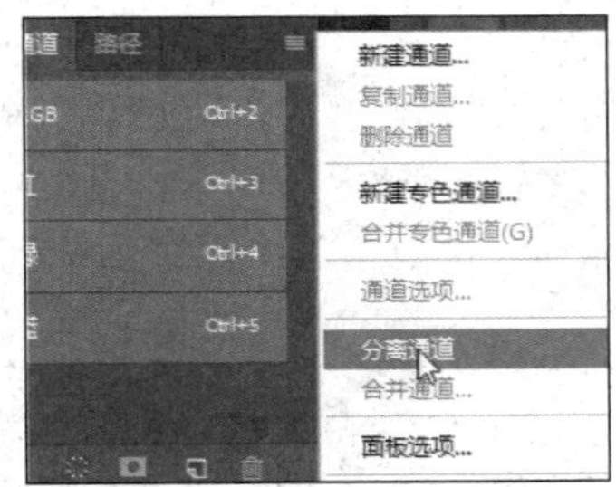

图 8-18 单击“分离通道”命令

（3）原文件关闭并被拆分为三幅灰度图像，如图 8-19 所示。

R 图像

G 图像

B 图像

图 8-19 拆分通道

8.3.2 合并通道

合并通道的操作是分离通道的逆操作。合并通道时将使用到“合并通道”对话框，如图 8-20 所示。在该对话框中，可以对图像进行有选择性的合并，选择的源对象不同，合并的效果也不相同。

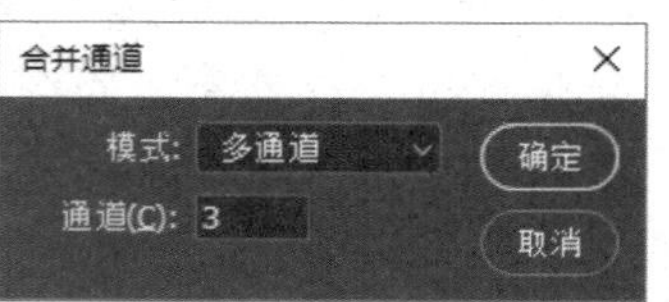

图 8-20 “合并通道”对话框

通过分离和合并通道，可以将两副尺寸相同的图像进行有选择性的合并。

8.4 应用图像与计算

使用“计算”命令，可以将同一幅图像或将具有相同尺寸和分辨率的两幅图像的通道相合并，从而形成一个新图像。

单击“图像”|“计算”命令，弹出“计算”对话框，如图 8-21 所示。

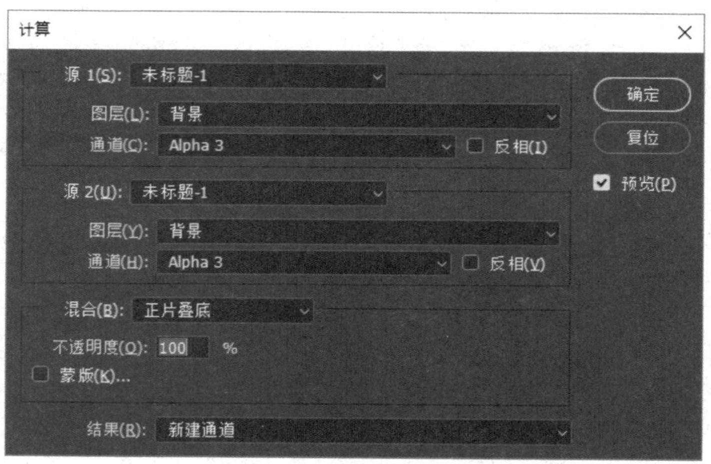

图 8-21 “计算”对话框

选项解析

❋ 源 1 下拉列表框：用于选择与目标图像相混合的源图像文件。

❋ 图层下拉列表框：如果源是多图层文件，则可以选择源图像中相应的图层作为混合对象。

❋ 通道下拉列表框：用于指定源文件参与混合的通道。

❋ “反相”复选框：选中该复选框，在混合图像时使用通道内容的负片。

❋ 源 2 下拉列表框：用于选择另一个源文件。

❋ 混合下拉列表框：设置图像的混合模式。

❋ “不透明度”数值框：用于设置图像混合效果的强度。

❋ “蒙版”复选框：可以应用图像的蒙版进行混合。

典型应用

（1）同时打开两幅素材图像，如图 8-22 所示。

图 8-22　素材图像

（2）将第一幅素材图像作为当前编辑图像，单击“图像”|“计算”命令，打开“计算”对话框，设置参数如图 8-23 所示。

（3）单击“确定”按钮，在“通道”选项卡中，将发现通过计算而得到的新通道，如图 8-24 所示。

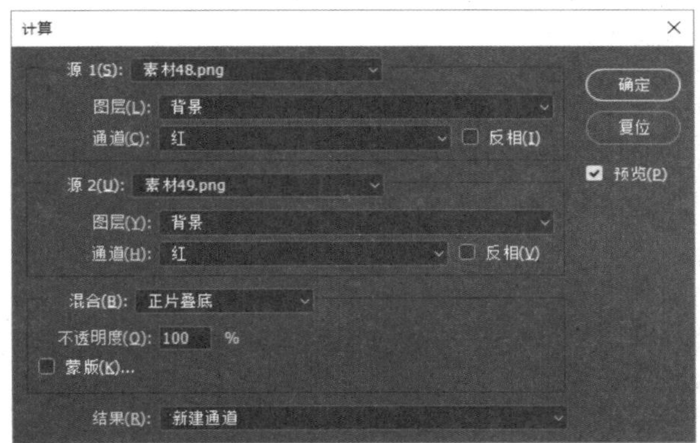
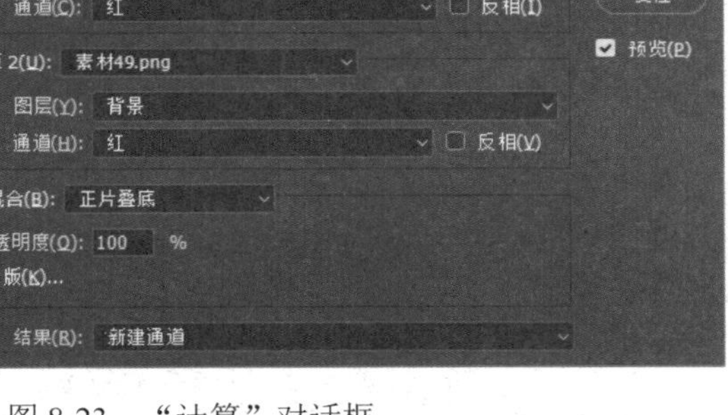

图 8-23　“计算”对话框

图 8-24　通过计算所得的新通道

（4）此时的图像显示效果如图 8-25 所示。

单击“图像”|“应用图像”命令的操作方法与通道计算类似，所不同的是，使用“应用图像”命令所得到的结果，直接生成了图像，而不是图层蒙版，上述实例执行“应用图像”命令后的效果如图 8-26 所示。

图 8-25　显示计算结果

图 8-26　应用图像

课堂实战——使用通道处理风景图像

本节将以利用通道处理风景照片为例，让读者更深入地了解通道的处理流程。本实例最终效果如图 8-27 所示。

扫描观看本节视频

图 8-27 风景照片效果

实战操作

本实例主要使用通道调整图像的色调，具体操作步骤如下：

（1）启动 Photoshop CC2017，打开一个素材文件，如图 8-28 所示。

（2）按【Ctrl＋L】组合键打开“色阶”对话框，单击“自动”按钮，如图 8-29 所示。

图 8-28 素材图像

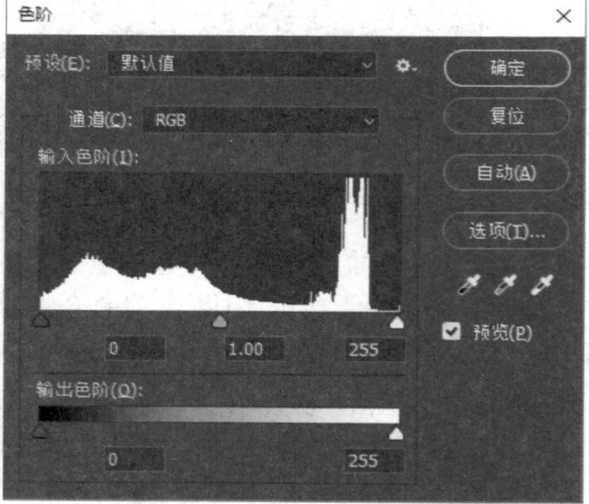

图 8-29 “色阶”对话框

（3）单击“确定”按钮，关闭对话框，然后分别单击“图像”|“自动色调”和“图像”|“自动对比度”命令及“图像”|“自动颜色”命令，调整后的效果如图 8-30 所示。

（4）按【Ctrl＋J】组合键复制背景层，按【Ctrl＋U】组合键打开“色相/饱和度”对话框，增大饱和度参数，如图 8-31 所示。

图 8-30 调整后的图像效果

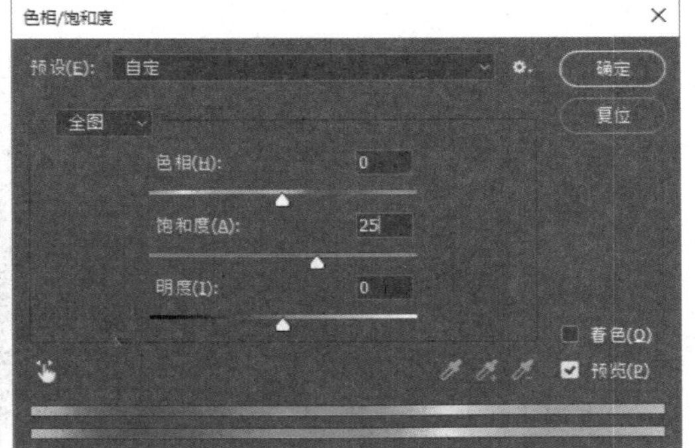

图 8-31 “色相/饱和度”对话框

（5）单击“确定”按钮，调整饱和度后的效果如图 8-32 所示。

（6）切换至“通道”选项卡，选择“绿”通道，按【Ctrl＋A】组合键全选图形，按【Ctrl＋C】组合键复制图像，再切换至“蓝”通道，按【Ctrl＋V】组合键粘贴图像。返回“图层”选项卡，效果如图 8-33 所示。

图 8-32 调整饱和度后的效果　　图 8-33 通道处理后的效果

（7）为图层添加“色相/饱和度”调整层，增加饱和度，如图 8-34 所示。

（8）然后单击“滤镜”|“模糊”|“高斯模糊”命令，在弹出的“高斯模糊”对话框中，修改“半径”为 4，如图 8-35 所示。

（9）单击“确定”按钮，修改图层混合模式为“柔光”，按【Ctrl＋E】组合键，向下合并图层，效果如图 8-36 所示。

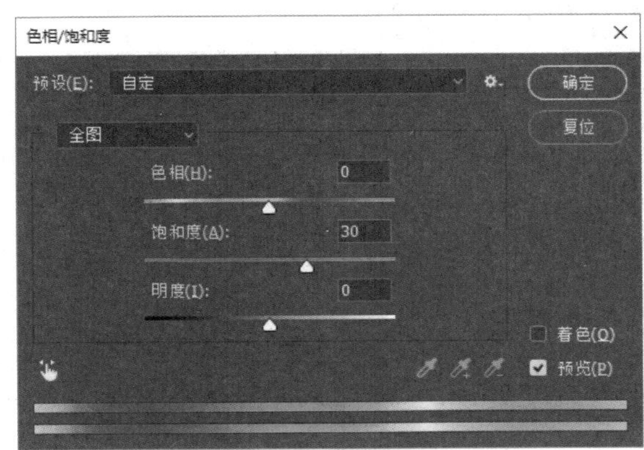

图 8-34 增加饱和度

图 8-35 “高斯模糊”对话框

图 8-36　更改图层混合模式后的效果

8.5 蒙版

蒙版是 Photoshop 又一重要工具，使用蒙版可以将一部分图像区域保护起来，从而通过更改蒙版对图层应用各种效果，而不影响到图层上的图像。

8.5.1 图层蒙版

图层蒙版是位图图像，它与分辨率有关，由绘图工具创建。在“图层”选项卡中，单击“图层蒙版”按钮即可将其激活，此时可以使用任意编辑工具在蒙版上编辑。将蒙版填充为白色，可以显示图层中对应部分的图像；将蒙版填充成灰色，对应部分的图像显示为半透明效果；将蒙版填充为黑色，对应的部分图像将被隐藏。

典型应用

（1）打开一幅素材图像，如图 8-37 所示。

（2）切换至“通道”选项卡，选中“蓝”通道，单击右键，在弹出的快捷菜单中选择“复制通道”选项，复制蓝通道，如图 8-38 所示。

图 8-37　素材图像

图 8-38　复制蓝通道

（3）选中“蓝拷贝”按【Ctrl+L】组合键，在弹出的“色阶”对话框中调整色阶，参数设置如图 8-39 所示。

（4）单击“确定”按钮返回窗口。用黑色画笔，将图像内部的白色杂点涂黑，如图 8-40 所示。

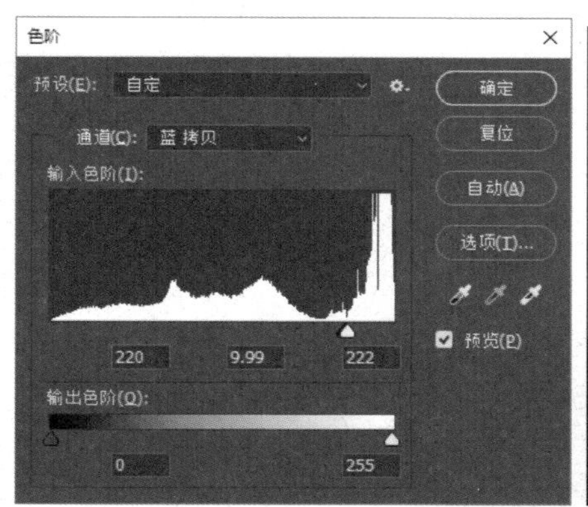

图 8-39　调整色阶

图 8-40　画笔涂抹

（5）切换至“图层”选项卡，新建图层，应用渐变工具，设置顶部颜色为 R0、G80、B190，底部颜色为白色（R255、G255、B255），在画布上自顶向下拖动鼠标，效果如图 8-41 所示。

（6）切换至“通道”选项卡，按住【Ctrl】键，单击“蓝通道副本”缩略图，载入选区，如图 8-42 所示。

图 8-41　渐变填充效果

图 8-42　载入选区

（7）切换至“图层”选项卡，将图层 1 置为当前图层。单击“图层”底部的“添加图层蒙版”按钮◘，效果如图 8-43 所示。

图 8-43　添加蒙版后的效果

8.5.2 矢量蒙版

矢量蒙版即形状蒙版，其优点是可以自由变换形状，选择图形的路径可以保存为矢量蒙版，以便于以后调用。矢量蒙版与分辨率无关，它由钢笔工具或形状工具创建。图层蒙版与矢量蒙版可以同时存在，使用这两种蒙版可以对局部图像的不透明度进行设置。

复制背景图层，并选取形状工具，在状态栏将“形状”更改为“路径”状态，然后在图像上绘制一个椭圆路径。“图层”|“矢量蒙版”|“当前路径”命令，可以为路径添加矢量蒙版，如图8-44所示。

此时如果对路径使用变换工具如放大、缩小、移动，图像的蒙版区域也会随之改变，如图8-45所示。

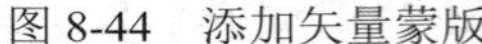

图8-44 添加矢量蒙版

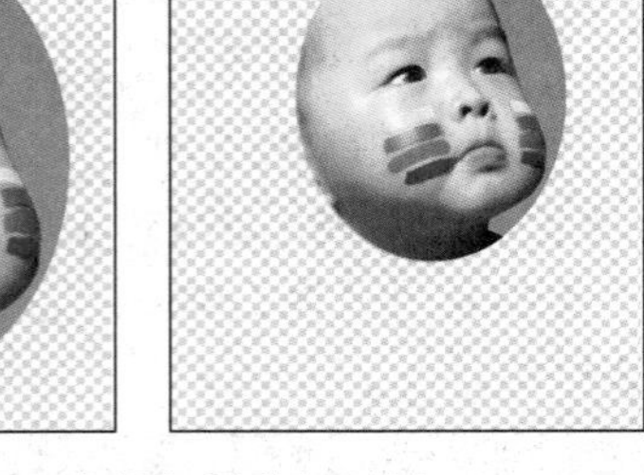

图8-45 变换矢量蒙版区域

8.5.3 快速蒙版

快速蒙版是一种临时的蒙版，它可以快速地为图像创建选区。

典型应用

（1）打开一幅素材图像，如图8-46所示。

（2）按【Q】键，进入快速蒙版编辑状态，使用绘图工具（如画笔）填充选区，如图8-47所示。

（3）再次按【Q】键，退出蒙版编辑状态，按住【Ctrl+Shift+I】反选键，选区创建如图8-48所示。

图8-46 素材图像

图8-47 快速蒙版

图8-48 创建的选区

专家提醒

使用绘图工具调整蒙版时应注意，当前景色为白色时，使用绘图工具涂抹图像将清除蒙版，使选区扩大；当前景色为黑色时，涂抹图像可以增加蒙版。

8.5.4 蒙版的编辑

创建蒙版后，还需要经常对蒙版进行编辑，如停用图层蒙版、删除图层蒙版等。这些基本操作可以在图层蒙版的快捷菜单中进行，如图 8-49 所示。

停用图层蒙版
删除图层蒙版
应用图层蒙版
添加蒙版到选区
从选区中减去蒙版
蒙版与选区交叉
选择并遮住...
蒙版选项...

图 8-49 编辑蒙版

课堂实战——通天大道

本实例通过使用蒙版、图像的混合模式制作虚拟场景，重点在于对蒙版的编辑操作，最终效果如图 8-50 所示。

扫描观看本节视频

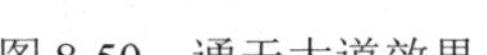

图 8-50 通天大道效果

实战操作

本实例主要使用蒙版、模糊以及更改图层的混合模式制作虚拟场景效果，具体操作步骤如下：

（1）启动 Photoshop CC2017，打开一幅素材图像，如图 8-51 所示。

（2）调入另一幅素材图像，如图 8-52 所示。

图 8-51 素材图像

图 8-52 调入素材

（3）按【Ctrl＋T】组合键调出变换控制框，修改“路”的大小，在变换时结合【Ctrl】键对“路”素材进行透视变形，效果如图 8-53 所示。

（4）将“图层 1”的混合模式设置为“明度”，效果如图 8-54 所示。

图 8-53 变换图像

图 8-54 更改图像混合模式

（5）为“图层 1”添加图层蒙版，设置前景色为“黑色”，使用柔和的画笔，在部分云朵处涂抹，让云朵突出地面，效果如图 8-55 所示。

（6）拖入另一幅素材图像，并缩放至合适大小，如图 8-56 所示。

图 8-55 添加并修改蒙版

图 8-56 调入素材

（7）按【Ctrl+J】组合键复制素材图层，并移动、缩放图形，如图 8-57 所示。

（8）调入云朵素材图像并缩放至合适大小，移动到合适位置，如图 8-58 所示。

图 8-57 复制素材

图 8-58 调入素材

（9）按【Ctrl＋B】组合键打开“色彩平衡”对话框，修改色彩平衡参数，如图 8-59 所示。

（10）单击“确定”按钮，按【Ctrl＋U】组合键打开“色相/饱和度”对话框，修改参数设置，如图 8-60 所示。

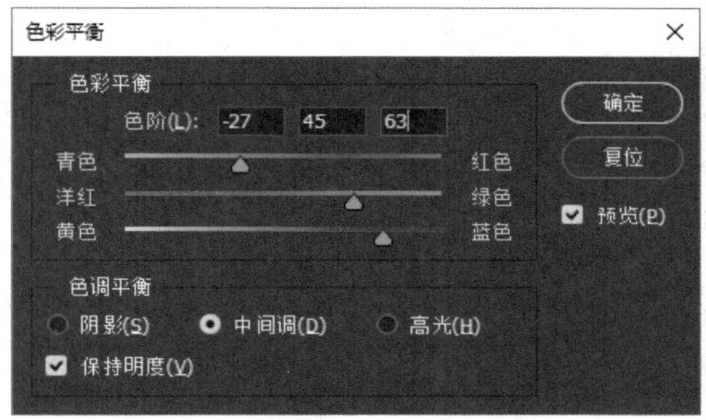

图 8-59 “色彩平衡”对话框

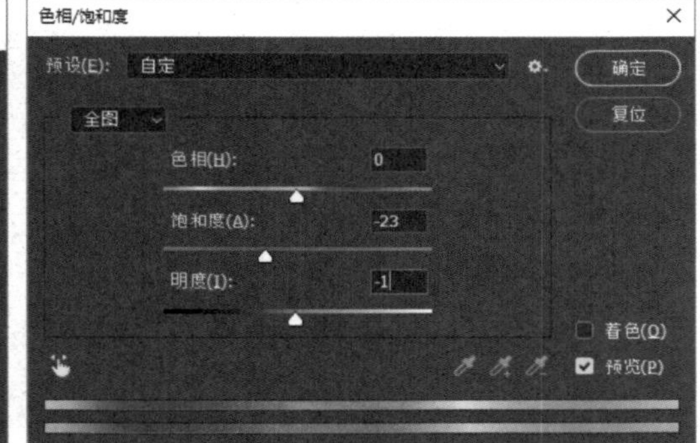

图 8-60 “色相/饱和度”对话框

（11）单击“确定”按钮，为云朵所在图层添加图层蒙版，在保证前景色为黑色的情况下，使用柔和画笔在图像边缘涂抹，效果如图 8-61 所示。

（12）在“图层”选项卡中选中图像缩略图，单击“滤镜”|“模糊”|“动感模糊”命令，打开“动感模糊”对话框，设置其参数如图 8-62 所示。

图 8-61 添加蒙版

图 8-62 “动感模糊”对话框

（13）单击“确定”按钮，效果如图 8-63 所示。

（14）按【Ctrl+J】组合键复制“云朵”图层，调整至合适位置后，对其稍做变换，最终效果如图 8-64 所示。

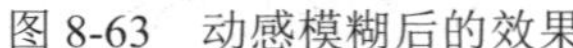
图 8-63　动感模糊后的效果

图 8-64　复制图像

课堂总结

本章主要讲述了通道与蒙版的使用方法与技巧。在 Photoshop 的学习过程中，对通道和蒙版的掌握是非常重要的，这是由于它们的功能及实现的效果是其他命令或工具所不能相比的。本章对通道和蒙版进行了全面具体的介绍，读者在学习时需要注意以下几点：

（1）在讲述通道时，需要详细了解通道的含义，只有理解了通道的原理，才能灵活地掌握使用通道的技巧。

（2）在讲述蒙版时，需要重点理解蒙版的蒙色原理，即将蒙版涂为白色，可以显示图层中对应部分的图像；将蒙版涂成灰色，对应部分的图像显示为半透明效果；将蒙版填涂为黑色，对应部分的图像被隐藏。

课后巩固

一、填空题

1. Alpha 通道与颜色通道不同，它是为保存选择区域而专门设计的通道。其中，______表示被选择的区域，________表示非选择区域，不同层次的灰度则表示该区域被选择的百分率。

2. 矢量蒙版即形状蒙版，其优点是_________。

3. 按________键，进入快速蒙版编辑状态。

二、简答题

1. 什么是通道？

2. 怎样将通道作为选区载入？

3. 蒙版有什么作用？

三、上机操作

1．使用通道抠出如图 8-65 所示图形并更换背景。

图 8-65　使用通道更换图像背景

关键提示：复制红色通道，调整色阶，提取选区，更换背景。

2．使用蒙版制作如图 8-66 所示的兽头鸟。

素材

兽头鸟效果

图 8-66　使用蒙版合成兽头鸟效果

关键提示：编辑蒙版，图章工具。

第 9 章　路径的应用

本章导读

上一章我们学习了通道与蒙版的应用，本章将对路径的应用进行全面的分析与介绍。路径工具主要用于创建较复杂的选区，另外，路径工具也是绘图的主要工具之一。路径与形状相似但又有所区别，读者在学习的时候需对这两种工具加以区分。

学习目标

- 了解路径与形状的区别
- 绘制路径
- 编辑路径
- 选择及变换路径
- 路径选项卡

9.1　初识路径

在 Photoshop 中，使用钢笔工具或形状工具创建的贝塞尔曲线，被称之为路径。路径用于自行创建矢量图像或对图像的某个区域进行精确抠图，路径不参与打印，只存放在“路径”选项卡中以供使用。

9.1.1　路径与形状的区别

路径与形状都是通过钢笔工具或形状工具创建的，二者的区别是：路径表现的是绘制的图形以轮廓进行显示，不参与打印；形状表现的是绘制的矢量图形以蒙版的形式出现在“图层”选项卡中。在绘制形状时，系统会自动创建一个形状图层，形状图层可直接使用图层样式，并可以参与打印，如图 9-1 所示。

路径

形状

图 9-1　路径和形状

路径与形状的创建方法相同，选择钢笔或形状工具后，在工具选项栏中单击“路径”或“形状”，可选择创建路径还是形状图层。

9.1.2 形状图层

在 Photoshop 中，形状图层可以通过钢笔工具或形状工具来创建，图形是形状还是路径是由工具选项栏中的选项来决定的。同样是圆形矢量图绘制，如图 9-2 左图所示为“形状”选项下的图层效果，图 9-2 右图所示为“路径”选项下画布界面上的效果。

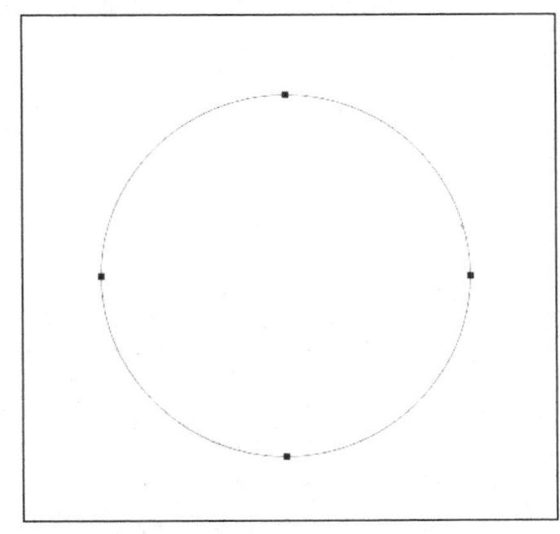

图 9-2 形状“图层”选项卡和画布上的“路径”界面

9.1.3 路径

路径由直线或曲线构成，使用钢笔或形状工具，在画布上随意拖曳，即可绘制出路径，路径可以是开放的，也可以是闭合的，如图 9-3 所示。路径创建后，会自动保存在“路径”选项卡中，如图 9-4 所示。

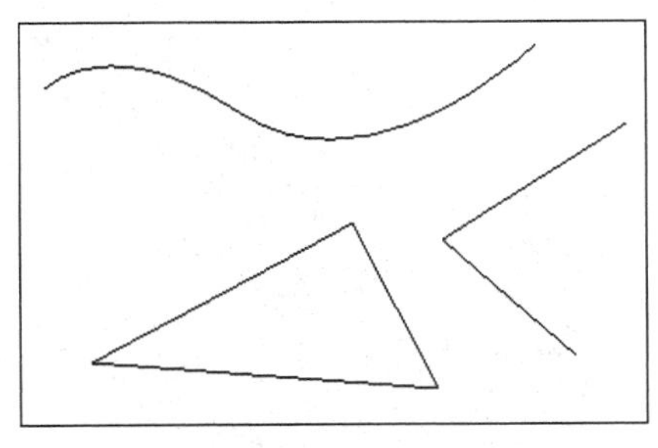

图 9-3 路径

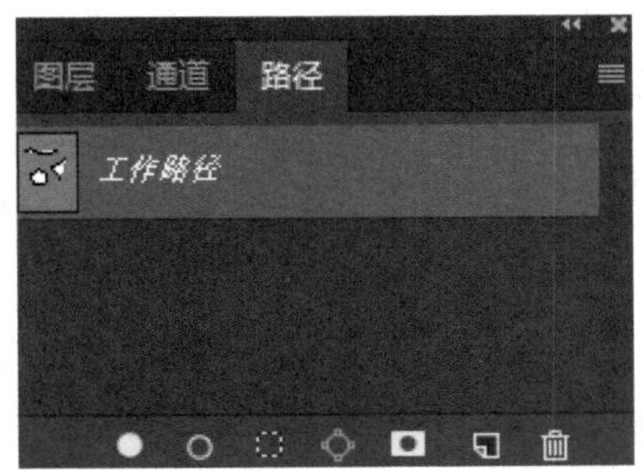

图 9-4 “路径”选项卡

9.2 路径的绘制

路径工具是重要的绘图工具，灵活掌握路径工具的使用，可以绘制出丰富多彩的形状。

9.2.1 钢笔工具

钢笔工具是 Photoshop 中最精确的绘图工具。使用钢笔工具，不但可以绘制出任意形状，而且可绘制出光滑的曲线。在工具箱中，选取钢笔工具后，打开“铅笔工具”工具栏。该工具栏有三种模式。即路径模式、形状框架式和像素模式。单击“模式”下拉按钮，在打开的下拉列表中可选择钢笔模式，如图 9-5 所示。

图 9-5　钢笔工具栏

选项解析

❋　“路径”按钮：选取钢笔或形状工具后单击该按钮，绘制出的图形以路径形式出现。

❋　“形状”按钮：选取钢笔或形状工具后单击该按钮，绘制出的图形以形状图层形式出现。

❋　“像素”按钮：像素选项在形状工具中使用，绘制出的图形以像素块的形式出现。

❋　“自由钢笔工具”按钮：默认状态下，以钢笔形式绘制，若单机该钢笔选项，绘制出的路径类似随意手绘形状，如图 9-6 所示。

❋　“磁性的”复选框：选中“自由钢笔”工具后，会出现该复选框，选中该复选框，钢笔工具类似于磁性套索工具，可以沿着图像的边缘拾取点，并绘制出路径，如图 9-7 所示。

图 9-6　自由钢笔　　图 9-7　磁性钢笔

❋　“橡皮带”复选框：选中该复选框，在第一个锚点和要建立的第二个锚点之间会出现一条假想的线段，只要单击鼠标后，这条线段才会变成真正存在的路径。其区别如图 9-8 所示。

未选中“橡皮带”复选框　　　　选中“橡皮带”复选框

图 9-8　橡皮带效果

❋　“路径绘制”模式：与选区的绘制模式类似，用来对路径创建方法进行运算的方式。路径绘制模式共有四种不同的选项；添加到路径区域、从路径区域减去、交叉路径区域、重叠路径区域除外，它们所创建选区的不同效果如图 9-9 所示。

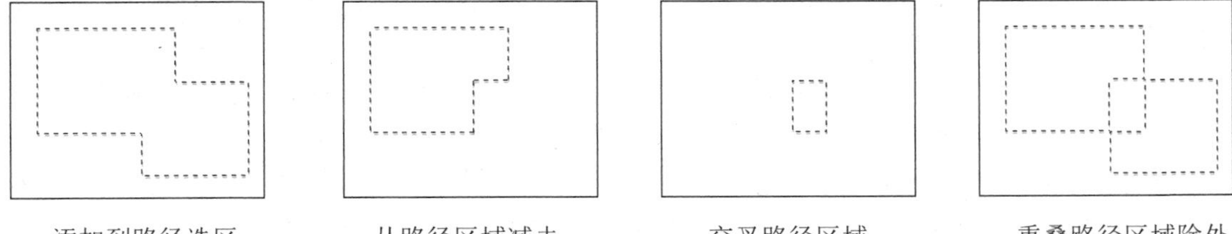

添加到路径选区　　从路径区域减去　　交叉路径区域　　重叠路径区域除外

图 9-9　路径绘制模式

9.2.2　绘制直线

直线是路径中最简单的路径，它的绘制方法很简单，选择“钢笔工具”在直线的两个端点单击鼠标，再按【Esc】键退出即可，如图 9-10 所示。

图 9-10　绘制直线

按住【Shift】键，再绘制直线，可绘制成 45 度角的斜线。

9.2.3　绘制曲线

曲线是抠图和绘制图形中必不可少的线型，在实际工作中，绘制理想的曲线并非易事，只有勤于练习，熟练使用钢笔工具，才能体会到钢笔工具的妙处。使用钢笔工具，在画布上单击鼠标确定第一点，单击第二点时，拖曳鼠标，即可绘制曲线，如图 9-11 所示。

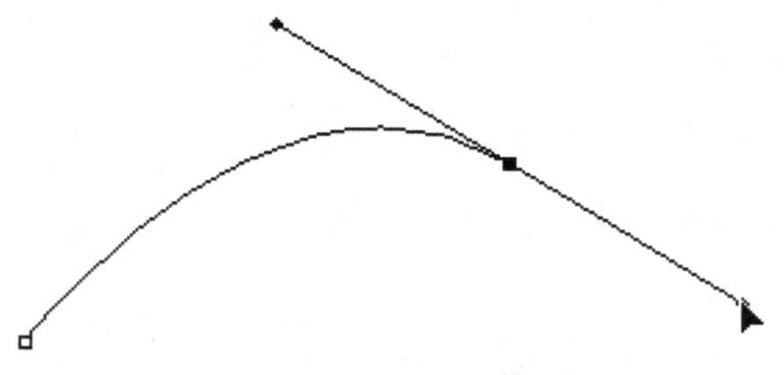

图 9-11 绘制曲线

9.2.4 自由钢笔工具

使用自由钢笔工具，可以随意地在页面绘制路径。在工具选项栏中，选中“磁性的”复选框，可以快速沿像素反差较大图像的边缘创建路径。

在窗口左侧的工具选项栏中，选择自由钢笔工具后，弹出“自由钢笔”工具栏，选中“磁性的”复选框，单击磁性设置下拉按钮，在下拉列表中设置磁性，如图 9-12 所示。

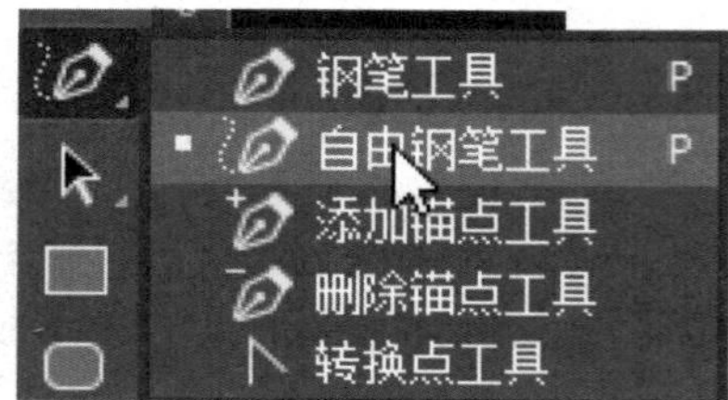

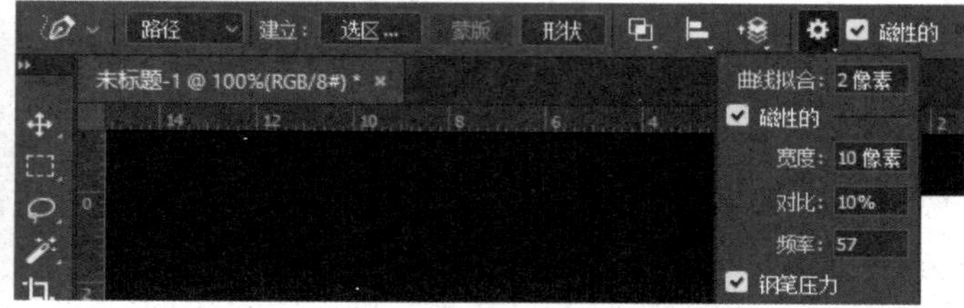

图 9-12 自由钢笔工具

选项解析

❋ “曲线拟合”数值框：用于控制光标产生路径的灵敏度，数值越大自动生成的锚点越少，路径越简单，如图 9-13 所示。

曲线拟合为 2

曲线拟合为 5

图 9-13 不同曲线拟合值的路径效果

❋ “宽度”数值框：用于设置磁性钢笔与边之间的距离，用来区分路径。

❋ “对比”数值框：用于设置磁性钢笔的灵敏度。

❋ “频率”数值框：用于设置在创建路径时产生锚点的多少，数值越大，锚点越多。

课堂实战——使用钢笔工具抠选图形

本例通过使用钢笔工具抠取不规则的选区，让读者对钢笔工具的使用有所了解。本实例最终效果如图 9-14 所示。

扫描观看本节视频

实战操作

本实例主要练习使用钢笔工具，具体操作步骤如下：

（1）启动 Photoshop CC 2017，打开一幅素材图像，如图 9-15 所示。

（2）将背景层转换为普通层，在工具箱中选取钢笔工具，在如图 9-16 所示位置单击鼠标。

图 9-14　抠图效果

图 9-15　素材图像

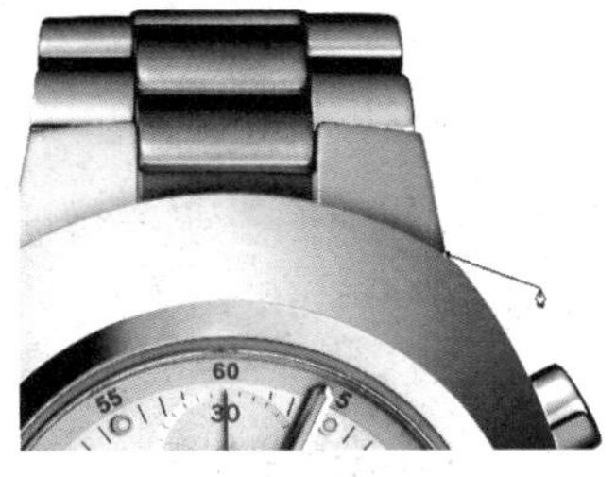

图 9-16　创建路径起点

（3）在如图 9-17 所示的角点单击鼠标并拖曳鼠标，使钢笔曲线刚好与手表的表面曲线重合。

（4）按住【Alt】键，再次单击角点，将路径锚点转换为角点，如图 9-18 所示。

图 9-17　绘制路径

图 9-18　转换角点

（5）继续创建锚点，如图 9-19 所示。

（6）沿表面创建曲线，如图 9-20 所示。

图 9-19　创建锚点

图 9-20　创建曲线

（7）按【Alt】键，将锚点转换为角点，绘制直线，如图 9-21 所示。

（8）重复操作，当首尾相连时，路径绘制完成，如图 9-22 所示。

图 9-21　绘制直线

图 9-22　闭合路径

（9）按【Ctrl＋Enter】组合键将路径转换为选区，如图 9-23 所示。

（10）按【Ctrl＋Shift＋I】组合键反选选区，按【Delete】键删除图像，效果如图 9-24 所示。

图 9-23　将路径转换为选区

图 9-24　删除图像

专家提醒

在使用钢笔工具时，常常会出现失误的情况，此时可以借助放大镜将图像放大再进行操作；也可以按【Ctrl＋Alt＋Z】组合键返回上一步，再进行操作。

9.3 编辑路径

在绘制路径后，常常需要对路径进行编辑，才能达到理想效果，为此 Photoshop 提供了添加锚点工具、删除锚点工具和转换点工具。

9.3.1 添加锚点工具

在 Photoshop 中使用锚点工具，可以在已创建好的路径上添加新的锚点，添加锚点的方法非常简单：选取添加锚点工具后，在需要添加锚点的路径上单击鼠标即可，如图 9-25 所示。

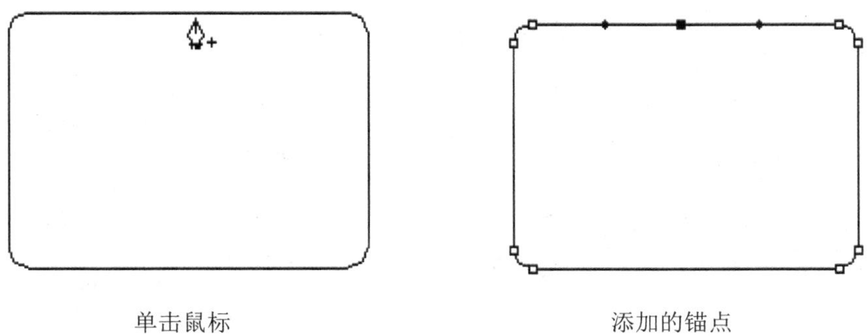

单击鼠标　　　　添加的锚点

图 9-25　添加锚点

9.3.2 删除锚点工具

删除锚点是添加锚点的逆操作，它可以将路径中多余的锚点删除：选取删除锚点工具后，在需要删除的锚点上单击鼠标即可删除锚点，如图 9-26 所示。

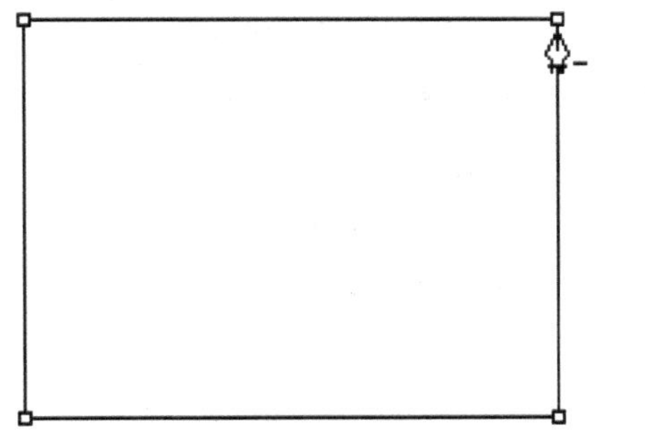

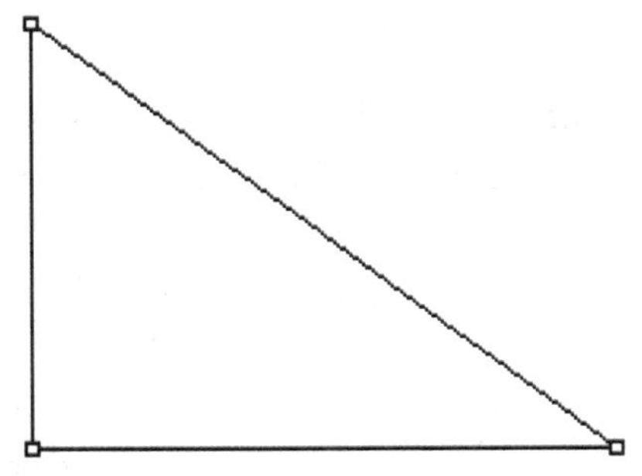

图 9-26　删除锚点

9.3.3 转换点工具

使用转换点工具，可以将角点转换为贝塞尔曲线：选取转换点工具后，将鼠标光标在角点上停留，当光标变为黑色小三角形后拖动鼠标即可将角点转换为贝塞尔曲线。

典型应用

（1）新建一个空白文档，在工具箱中选取椭圆工具，结合【Shift】键在画布上绘制一个正圆，如图 9-27 所示。

（2）在工具箱中选取“直接选择工具”，选择椭圆顶部的锚点，如图 9-28 所示。

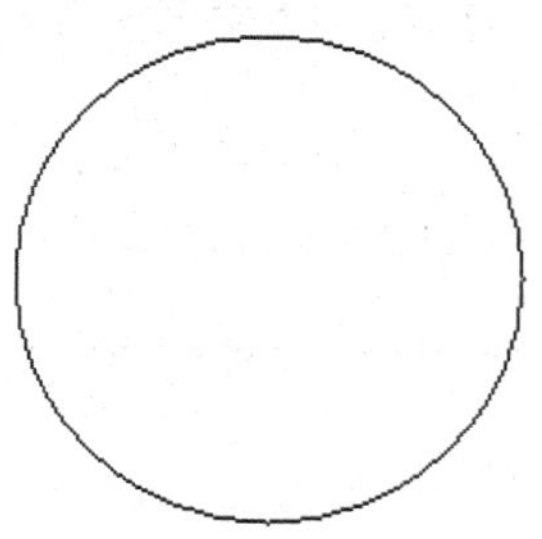
图 9-27 绘制正圆

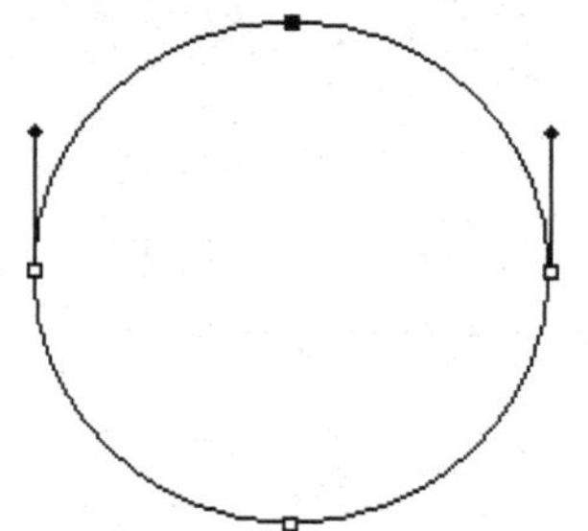
图 9-28 选择锚点

（3）在工具箱中选取转换点工具，在顶部锚点上单击鼠标，效果如图 9-29 所示。
（4）按住【Ctrl】键，将顶部锚点向下移动，如图 9-30 所示。

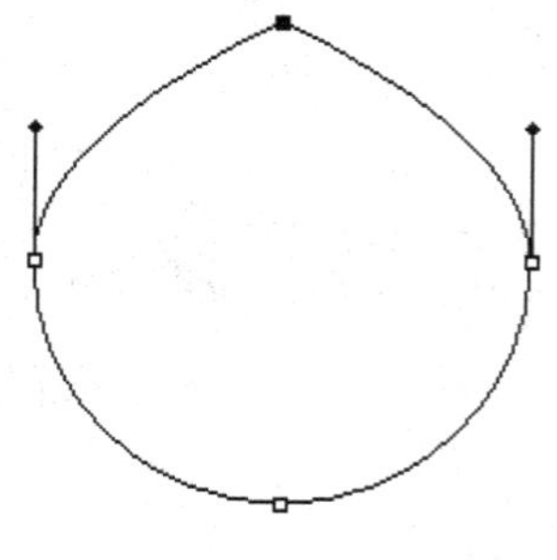
图 9-29 转换点

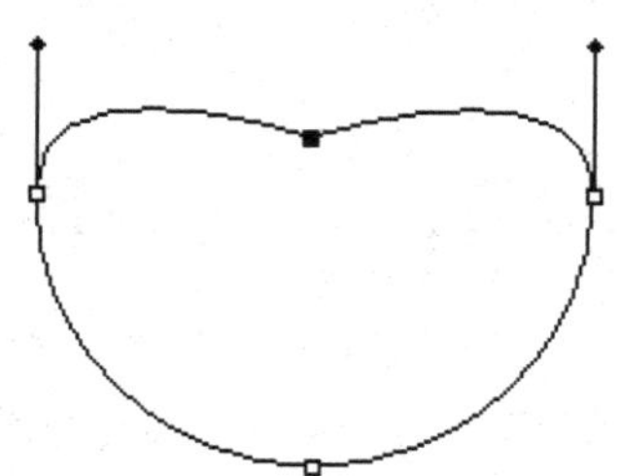
图 9-30 移动锚点

（5）继续使用转换点工具在底部锚点上单击，将其转换为角点，效果如图 9-31 所示。
（6）按【ESC】键退出锚点编辑状态，效果如图 9-32 所示。

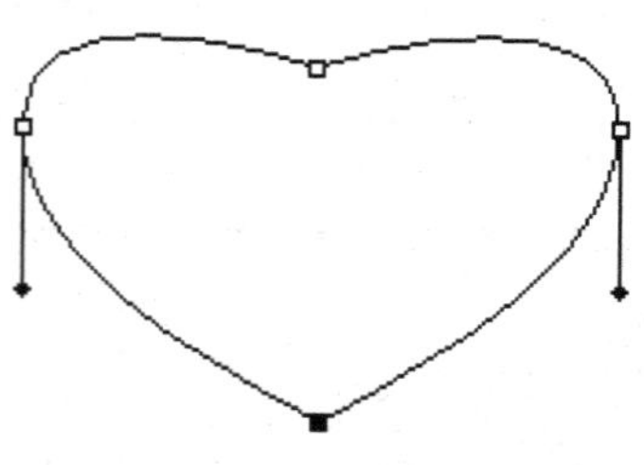
图 9-31 转换点

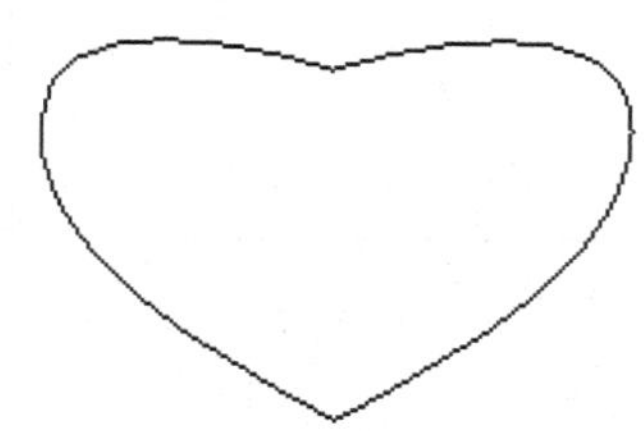
图 9-32 退出编辑状态

9.4 选择及变换路径

在 Photoshop 中，系统提供了直接选择工具和路径选择工具，用于不同方式的路径选取。

9.4.1 直接选择工具

使用直接选择工具，可以选择路径中的锚点，如图 9-33 所示。

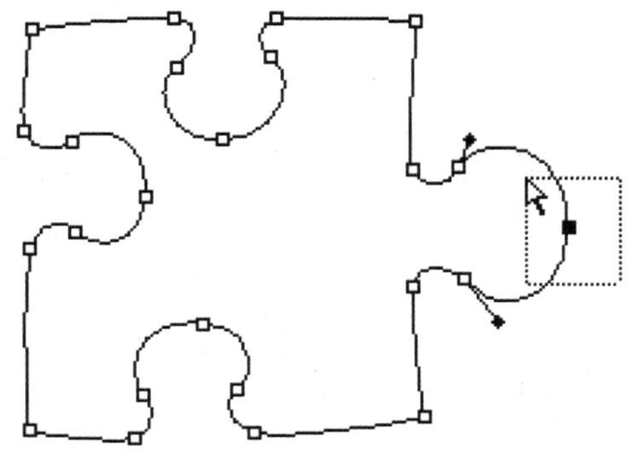

选择锚点

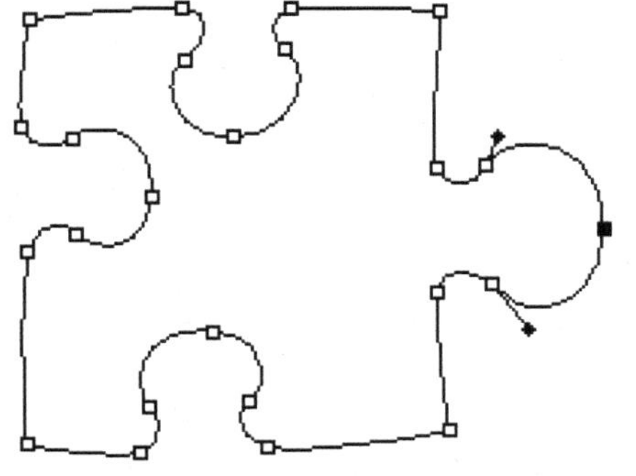

选择结果

图 9-33 直接选取锚点

9.4.2 路径选择工具

路径选择工具类似于移动工具，不同的是该工具只针对图像中已创建好的路径。使用路径选择工具，可以选中整条路径，如图 9-34 所示。

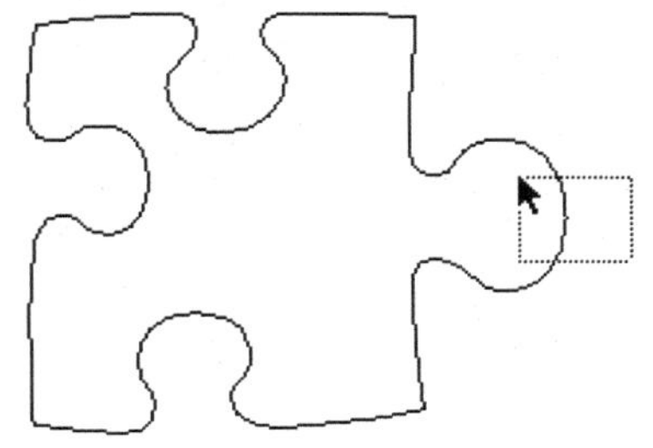

选择路径

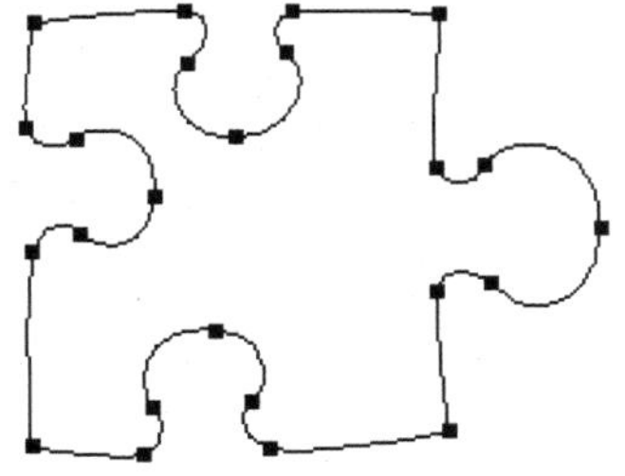

选择结果

图 9-34 路径选择工具

专家提醒

在使用路径选择工具时，按住【Ctrl】键，可以在路径选择工具和直接选择工具之间切换。

9.4.3 变换路径

图像中的变换命令，同样适用于路径。

典型应用

(1) 新建一个空白文档，选择矩形工具，在画布上绘制一个合适大小的矩形，如图 9-35 所示。

（2）在工具箱中选择直接选取工具，按住【Alt】键拖曳鼠标，复制路径至合适位置，如图9-36所示。

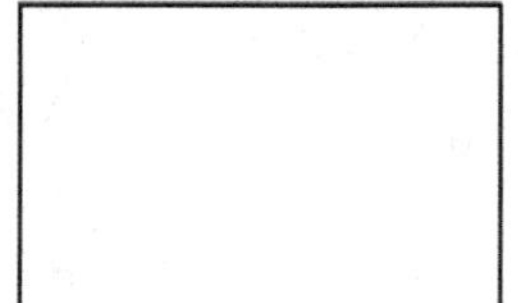

图9-35 绘制矩形

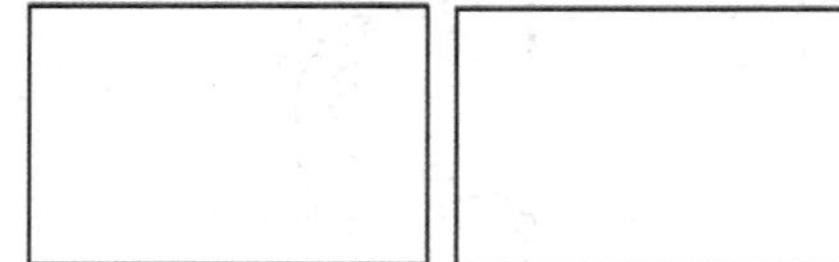

图9-36 复制路径

（3）使用直接选取工具继续复制路径，如图9-37所示。

（4）按【Ctrl＋T】组合键调出变换控制框，在变换控制框内单击鼠标右键，在弹出的快捷菜单中选择“变形”选项，如图9-38所示。

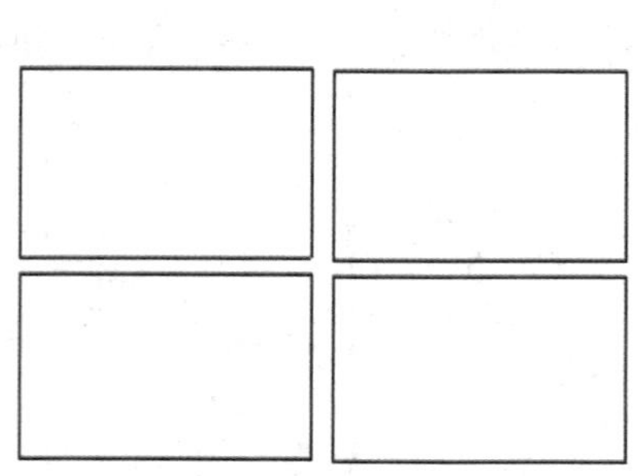

图9-37 复制路径

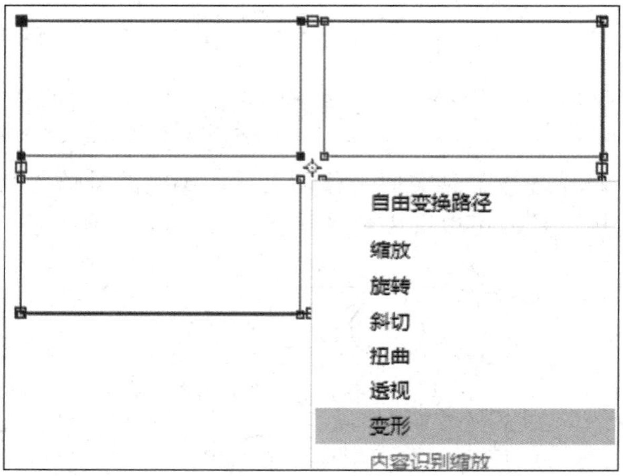

图9-38 单击变形命令

（5）在属性栏中设置变形样式为“旗帜”，如图9-39所示。

（6）在属性栏中的“弯曲”百分比数值框内，设置弯曲度为22%，如图9-40所示。

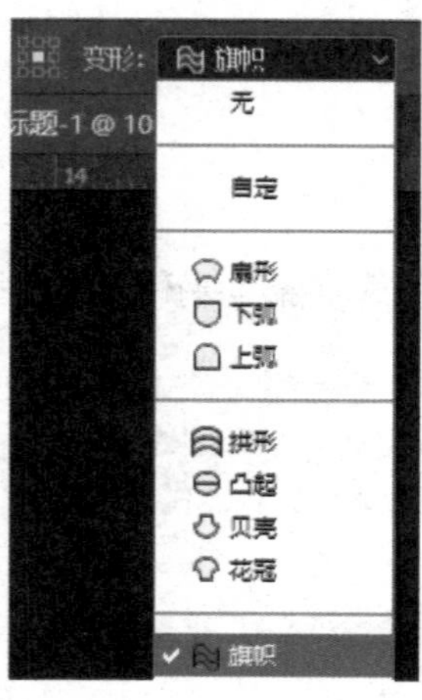

图9-39 设置变形样式

图9-40 设置弯曲度

（7）此时的效果如图9-41所示。

（8）再次在变换控制框内单击鼠标右键，在弹出的快捷菜单中选择“水平翻转”选项，如图9-42所示。

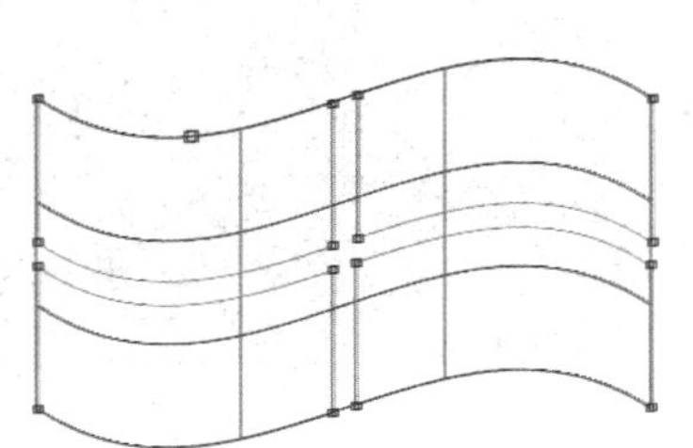

图9-41　变形结果

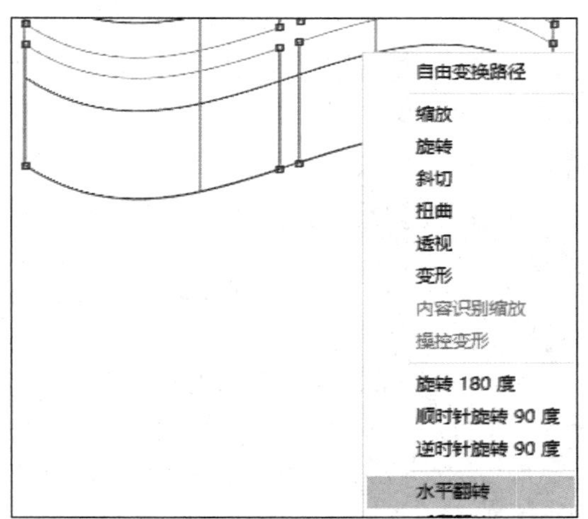

图9-42　水平翻转图形

（9）水平翻转后的效果如图9-43所示。

（10）再次在变换控制框内单击鼠标右键，选择“透视”选项，如图9-44所示。

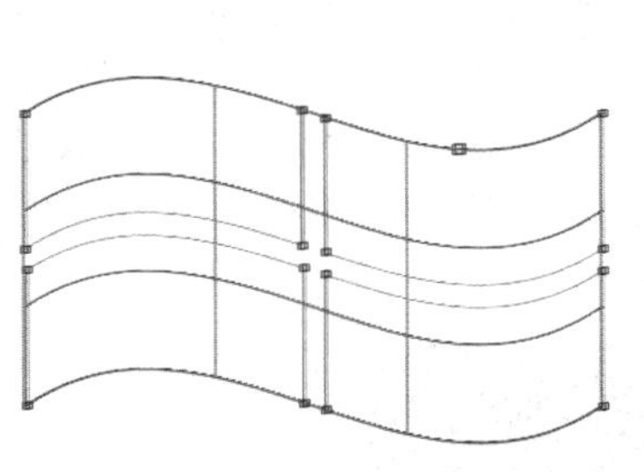

图9-43　水平翻转后的效果

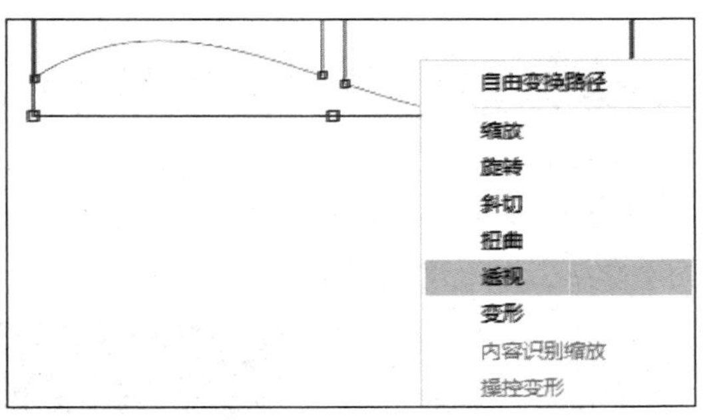

图9-44　单击“透视”命令

（11）在属性栏中的H数值框内输入-25，效果如图9-45所示。

（12）按【Ctrl＋Enter】组合键确认变换，效果如图9-46所示。

（13）再次按【Ctrl＋Enter】组合键将路径转换为选区，并填充为不同的颜色，效果如图9-47所示。

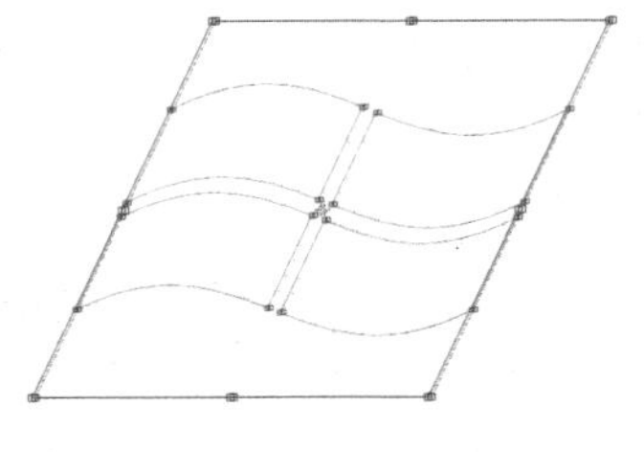

图9-45　透视变形

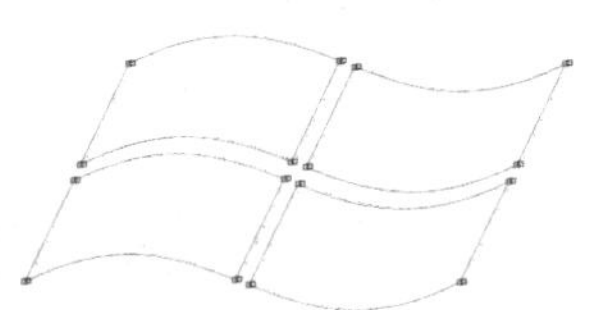

图9-46　变形结果

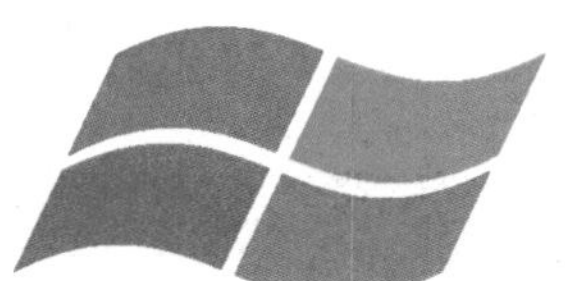

图9-47　填充颜色

9.5 路径选项卡

Photoshop 中的“路径”选项卡可以对路径进行更加细致的编辑，如描边、填充等。“路径”选项卡一般与“图层”“通道”选项卡位于同一选项卡组中，如图 9-48 所示。

图 9-48 “路径”选项卡

选项解析

- ❋ “用前景色填充”按钮：单击此按钮可以对当前创建的路径区域以前景色填充。
- ❋ “将路径以选区载入”按钮：单击该按钮可以将当前路径转换为选区。
- ❋ “用画笔描边路径”按钮：单击此按钮可以对选择的路径使用画笔描边。
- ❋ “从选区生成工作路径”按钮：将创建的选区转换为工作路径。
- ❋ “蒙版”按钮：单击该按钮，可以为图层添加路径蒙版。
- ❋ “创建新路径”按钮：单击该按钮，可以创建新的工作路径层。
- ❋ “删除当前路径”按钮：删除选定路径。

9.5.1 新建路径

默认状态下，创建路径后会新建一个路径层。但若重新绘制新路径，则会把原有的路径覆盖，因此，在绘制新路径时，需要新建路径层才能保存原有的路径，如图 9-49 所示。新建路径层的方法与新建图层的方法相同，在此不再赘述。

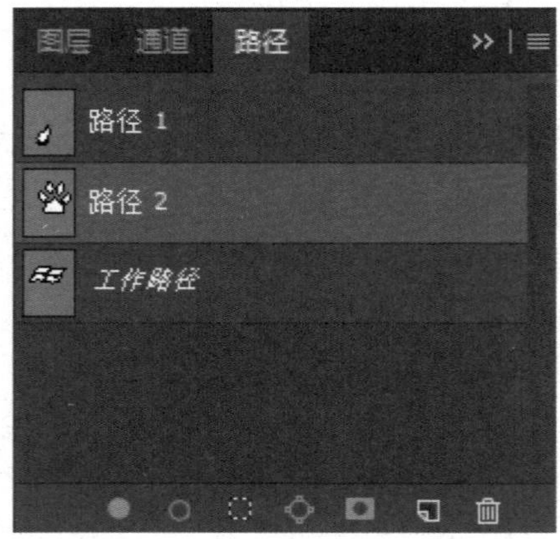

图 9-49 新建路径层

9.5.2 填充路径

一般情况下，可以先将路径转换为选区，再填充颜色。在“路径”选项卡中可以直接对路径进行颜色填充。设置好前景色后，单击“用前景色填充路径”按钮即可对路径进行颜

色填充。

9.5.3 描边路径

描边命令用途非常广泛，常用于制作毛发效果和发光效果。在执行描边命令时，需要选取画笔工具。

典型应用

（1）打开一幅素材图像，如图9-50所示。

（2）在工具箱中，选取钢笔工具，绘制路径，如图9-51所示。

图9-50 素材图像　　图9-51 绘制路径

（3）选取画笔工具，设置为柔和画笔，笔头大小为20，前景色为白色，并新建图层。在“路径”选项卡中单击“用画笔描边路径”按钮，效果如图9-52所示。

（4）修改图层的不透明度为60%，使用橡皮工具，擦除溢出灯池外的白色，效果如图9-53所示。

图9-52 画笔描边　　图9-53 擦除多余图像

9.5.4 删除路径

当不需要使用该路径时，可以将其删除，整条路径的删除方法和其他图形的删除方相同。如果只需要删除一条路径的部分，可以在工具箱中选取“直接选择工具”，然后选中部分路径中的一个锚点，再按【Delete】键，在弹出的提示对话框中选择“是”按钮即可。效果如图9-54所示。

原图

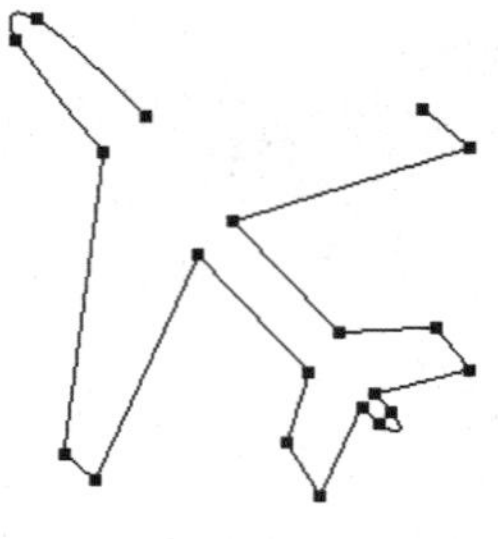
删除部分路径

图 9-54　删除部分路径

9.5.5　将选区转换为路径

在 Photoshop CC 2017 中，使用任何工具创建的选区，都可以将其转换为路径。

典型应用

下面通过一个简单实例来介绍将选区转换为路径并保存的方法，具体操作步骤如下：

（1）打开一个素材文件，如图 9-55 所示。

（2）在工具箱中选取魔术棒工具，选取背景，如图 9-56 所示。

图 9-55　素材图形

图 9-56　创建选区

（3）按【Ctrl＋Shift＋I】组合键反选选区，如图 9-57 所示。

（4）切换到“路径”选项卡，单击底部的“将选区转换为路径”按钮，效果如图 9-58 所示。

图 9-57　反选选区

图 9-58　将选区转换为路径

（5）单击“编辑”|“定义自定形状”命令，弹出“形状名称”对话框，设置形状名称，如图9-59所示。

（6）单击“确定”按钮，在自定义形状选项卡中，可以看到创建的形状，如图9-60所示。

图9-59 “形状名称”对话框

图9-60 显示创建的形状

课堂实战——制作邮票效果

本例通过使用画笔工具对路径描边，制作具有邮票风格的图像，本实例的重点在于对“画笔预设”和路径描边命令的使用，最终效果如图9-61所示。

扫描观看本节视频

实战操作

本实例主要使用画笔描边工具，制作邮票效果，具体操作步骤如下：

（1）启动Photoshop CC 2017，打开一幅素材图像，如图9-62所示。

（2）单击“图像”|“画布大小”命令，在弹出的“画布大小”对话框中修改参数设置，如图9-63所示。

图9-61 邮票效果

图9-62 素材图像

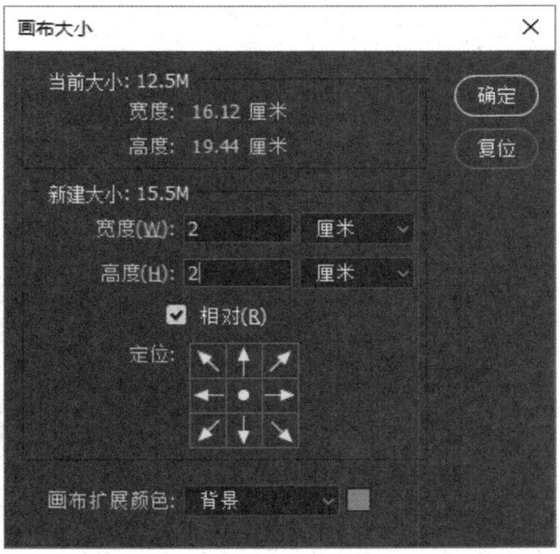

图9-63 “画布大小”对话框

（3）修改画布大小后的效果，如图9-64所示。

（4）按【Ctrl+A】组合键全选图像，切换至“路径”选项卡，单击“从选区生成工作路径”按钮将选区转换为路径，如图9-65所示。

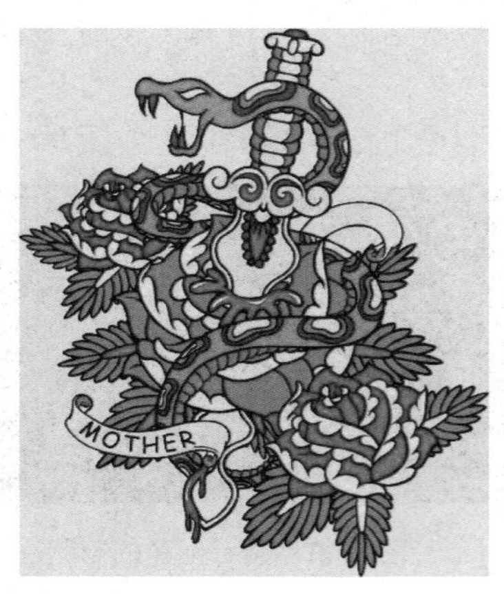

图 9-64　更改画布大小后的效果

图 9-65　创建路径

（5）选取画笔工具，按【F5】键在“画笔”选项卡中修改参数设置，如图 9-66 所示。

（6）设置前景色为黑色，新建“图层 1”，在“路径”选项卡中，单击“用画笔描边路径”按钮，效果如图 9-67 所示。

（7）使用文本工具输入文本，效果如图 9-68 所示。

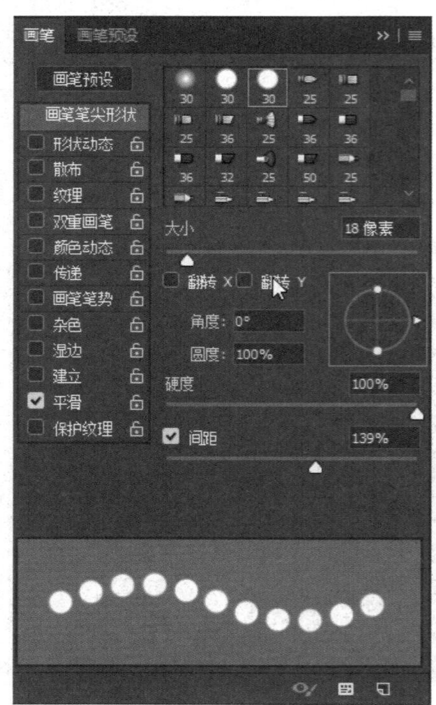

图 9-66　更改画笔参数设置

图 9-67　画笔描边

图 9-68　输入文本后的效果

课堂总结

本章主要讲述了路径的应用，路径是抠图的重要工具，常用于抠取图层中精细且不规则的图像。Photoshop 中的路径由直线和曲线组合而成，锚点则是这些线段或曲线的端点，要想绘制出好的路径，对锚点的控制非常重要。通过本章的学习，应做到以下两点：

（1）在讲述编辑路径时，需要重点掌握路径的锚点的控制。

（2）路径描边在鼠绘时应用广泛，在学习此节时，掌握画笔的灵活运用，对路径描边可产生丰富的效果。

课后巩固

一、填空题

1. 在 Photoshop 中，形状图层可以通过钢笔工具或________来创建。
2. 在使用钢笔工具时，按住________键，再绘制直线，可绘制成 45 度角的斜线。
3. 使用________工具，可以选择路径中的锚点。

二、简答题

1. 路径与形状有什么区别？
2. 什么情况下需要创建新路径层？
3. 如何保存路径？

三、上机操作

1. 使用钢笔工具，抠选如图 9-69 所示的图形。

素材图形

抠图结果

图 9-69　使用钢笔工具抠图

关键提示：灵活使用钢笔工具、平移工具、放大镜工具。

2. 使用路径描边，制作如图 9-70 所示的睫毛效果。

素材图形

睫毛效果

图 9-70　绘制睫毛效果

关键提示：

（1）使用钢笔沿睫毛绘制路径。

（2）使用柔和画笔对路径进行描边。

（3）在描边时，注意模拟压力。

第 10 章　滤镜的应用

本章导读

滤镜是 Photoshop 中令人十分青睐的一组工具，其本身是一种插件模块，能够对图像中的像素进行操纵，使大家在处理图像的时候能轻松地制作出绚丽效果。通过对本章的学习，读者应当对滤镜有一个全面的认识。

学习目标

- 认识滤镜库
- 特殊滤镜的应用
- 内置滤镜的应用
- 智能滤镜的应用

10.1　滤镜库

在 Photoshop 中，滤镜主要用来实现图像的各种特殊效果。该术语源于摄影领域，它是一种安装在摄影器材上的特殊镜头，能够模拟一些特殊光照效果或带有装饰性的纹理效果。

Photoshop 滤镜包含内置滤镜和外挂滤镜两种。内置滤镜指的是 Photoshop 自带的滤镜，通常情况下，默认安装到 Plug-ing 目录下。外挂滤镜即第三方滤镜，它是由第三方厂商为 Photoshop 所生产的滤镜，不仅种类齐全，功能也非常强大。尽管各滤镜的功能不尽相同，但使用方法大体相同。

滤镜库以缩览图的形式，列出了常用滤镜组，如图 10-1 所示。

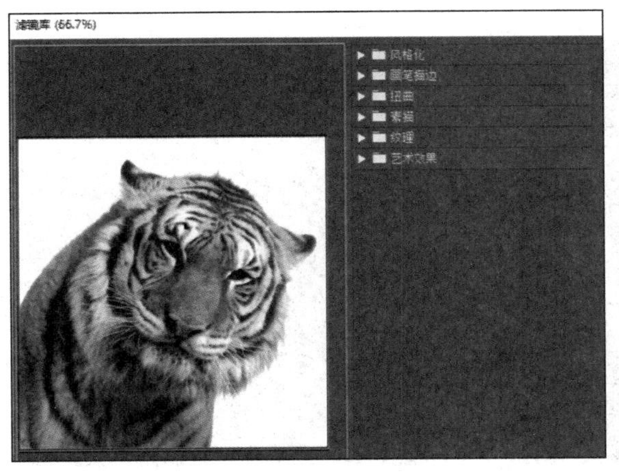

滤镜库

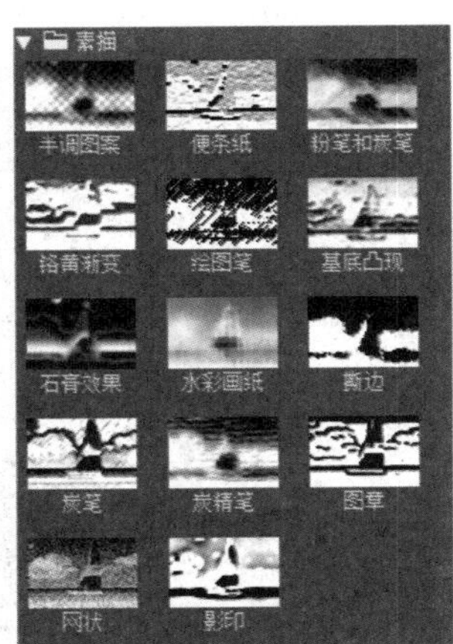

素描滤镜

图 10-1　滤镜库

10.2 特殊滤镜

特殊滤镜组包括“抽出”“液化”和“消失点”等。

10.2.1 “调整边缘”抽出

虽然抽出滤镜自 CS5 开始就不再显示了，用户可以从第三方软件下载使用。也可以通过新增的“调整边缘”功能实现抽出效果，此功能相比之前的抽出滤镜，操作更加方便、快捷。本节以抠出毛茸茸的金丝猴为例，像读者介绍通过“调整边缘”功能实现抽出效果的方法。

典型应用

（1）打开一个素材文件，如图 10-2 所示。

图 10-2 素材文件

（2）勾选所要选择的选区，如图 10-3 所示。按【Ctrl+J】键复制出一个选区图层并隐藏背景图层，如图 10-4 所示。

图 10-3 选择选区

图 10-4 复制出选取图层

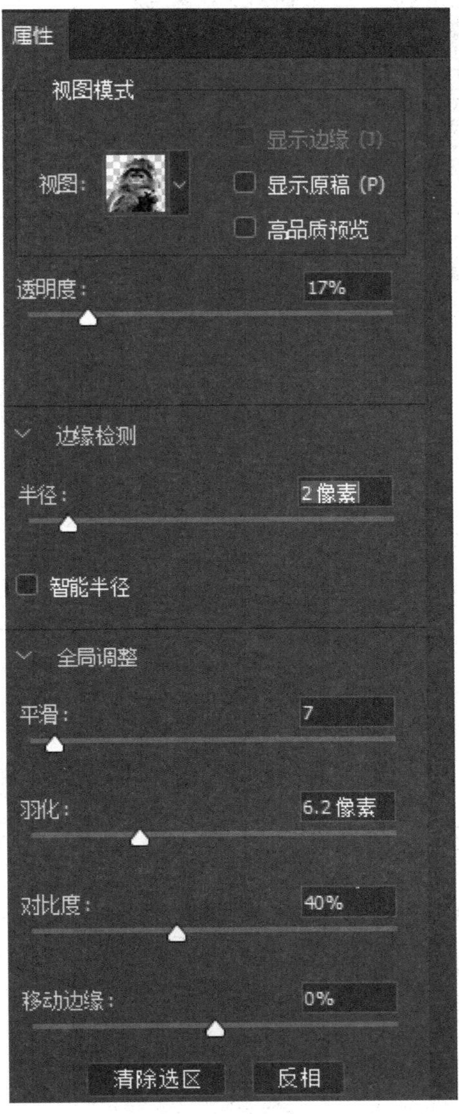

图 10-5 “属性”选项框

（3）按【Ctrl】键同时鼠标左键单击选取图层的缩略图，再次选中选区。在保持选区的情况下，选择工具栏中的“选区”工具，然后点击工具选项栏中的“选择并遮住”按钮。进入“属性”选项卡，如图 10-5 所示。

（3）弹出的窗口中“调整半径工具”其实就是抽出的高光工具。单击“调整边缘画笔工具”按钮，在图形的边缘处涂抹，效果如图 10-6 所示。

（4）选择完成后，单击右下角的“确定”按钮，画面回到正常编辑界面，如图 10-7 所示，选区范围已经有所变化。

图 10-6 调整边缘画笔工具涂抹后效果

图 10-7 正常编辑界面

（6）点按【Ctrl+Shift+I】键反选，然后按【Delete】键删除选区。效果如图 10-8 所示。

（7）新建图层，添加颜色为黑色。放置在图像图层底部。效果如图 10-9 所示。

图 10-8　反选删除背景

图 10-9　添加背景效果

专家提醒

在调整图像边缘过程中，用户可以通过右侧的“属性”面板来调整不同的属性特点，实现更加细微的调整边缘效果（“调整边缘”不属于滤镜，只有通过“选区”工具选项栏中的“选择并遮住”按钮才可以进入调整界面，是 Photoshop CC2017 的一个新增功能）。

10.2.2　液化

“液化”滤镜可以使图像产生类似液体流动的效果，也可以创建局部推拉、扭曲、放大、缩小、旋转等特殊效果。.

单击“滤镜”|“液化”命令，将弹出“液化”对话框，如图 10-10 所示。

图 10-10　“液化”选项框

选项解析

❋ “向前变形工具”按钮：使用该工具在图像上拖动，可产生向前弯曲变形的效果，如图 10-11 所示。

素材文件

变形结果

图 10-11 向前变形工具

❋ “重建工具”按钮：使用该工具在图像上已发生变形的区域拖动，可以使已变形的图像恢复为变形前的状态，如图 10-12 所示。

恢复前

恢复后

图 10-12 重建工具

❋ “顺时针旋转扭曲工具”按钮：使用该工具在图像上涂抹，可以将图像像素向顺时针方向旋转，如图 10-13 所示。

素材文件

变形结果

图 10-13 顺时针旋转扭曲工具

※ “褶皱工具”按钮：使用该工具在图像上单击，会使图像中的像素向画笔区域的中心移动，产生紧缩效果，如图10-14所示。

素材文件

变形结果

图10-14 褶皱工具

※ “膨胀工具”按钮：使用该工具在图像上单击或拖动时，画笔中心的像素会向画笔边缘移动，使图像产生膨胀效果，其效果与“褶皱工具”相反，如图10-15所示。

素材文件

变形结果

图10-15 膨胀工具

※ “左推工具”按钮：使用该工具在图像上拖曳时，图像的像素会向相对于拖动方向左垂直的方向在画笔区域内移动，使其产生挤压效果，如图10-16所示。

素材文件

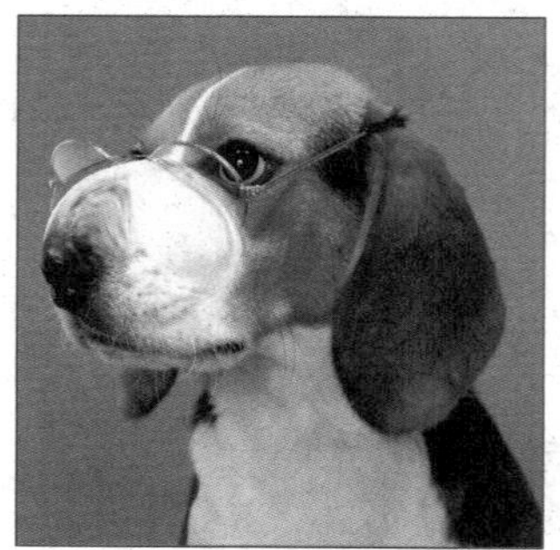

变形结果

图10-16 左推工具

使用左推工具时，按住【Alt】键，可以产生右推效果。

※ “平滑工具”按钮：此工具是在“向前变形工具”的基础上进行修复作用的工具，使用此工具在图片上变形过的边缘处进行拖曳，图像的边缘会更加的平滑舒适，如图10-17所示。

素材文件

变形结果

图10-17 平滑工具

※ “人脸工具”按钮：使用该工具在人脸的五官部位上下或左右拖动鼠标，人脸的五官会随拖动发生大小，宽窄等不同的变化，如图10-18所示。

素材文件

变形结果

图10-18 人脸工具

※ “冻结蒙版工具”按钮：使用该工具在图像上拖动时，图像中画笔经过的区域会被冻结，冻结的部分不受到变形的影响。

※ “解冻蒙版工具”按钮：使用该工具在图像上已经冻结的区域内拖动时，画笔经过

的区域将会解冻。

❋ “画笔大小”数值框：用于设置画笔的半径。

❋ “画笔浓度”数值框：用于控制画笔与图像像素的接触范围，数值越大，范围越广。

❋ “画笔压力”数值框：用于控制画笔的涂抹力度。

❋ “画笔速率”数值框：用于控制重建、膨胀工具在图像中单击或拖动时的扭曲速度。

❋ “画笔重建选项”列表：用于设置重建工具在重建图像的方式。

❋ “人脸识别液化”选项区：用于对人脸五官部位的液化设置。

❋ “蒙版选项”选项区：用于设置图像中存在的蒙版、通道等效果的混合选项。

❋ “视图选项”选项区：用于设置预览区域的显示状态。

10.2.3 消失点滤镜

使用“消失点”滤镜命令中的工具可以在已创建的图像选区内进行克隆、喷绘、粘贴图像等操作。所进行的操作会自动应用透视原理，按照透视的比例和角度自动计算，自动适应对图像的修改，从而节约了精确设计和制作多面立体效果所需要的时间。“消失点”滤镜命令还可以将图像依附到三维图像上，系统会自动计算图像的各个面的透视程度。

10.3 内置滤镜

Photoshop 内置了数十种风格不同的滤镜，使用这些滤镜，可以制作出完美的特效。

10.3.1 风格化滤镜组

风格化滤镜通过置换图像像素并增加其对比度，在选区中产生印象派绘画以及其他风格化的效果，如图 10-19 所示。

原图

风

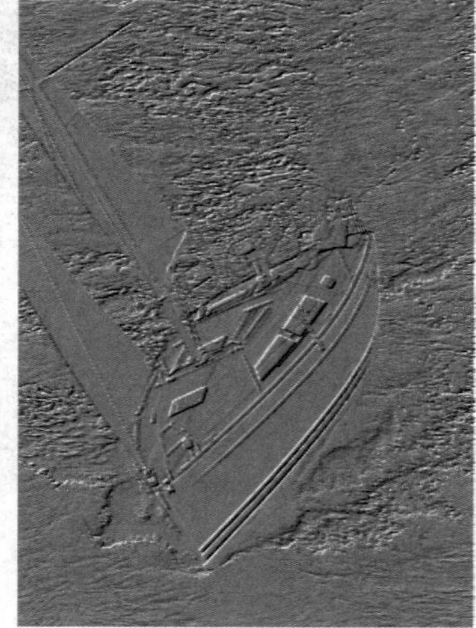

浮雕效果

图 10-19 风格化滤镜组

10.3.2 画笔描边滤镜组

“画笔描边”滤镜组可以控制图像中笔刷描边的类型及形式。其中包括成角的线条、墨水轮廓、喷溅、喷色描边、强化的边缘、深色线条、烟灰墨和阴影线8种滤镜，常用的画笔描边滤镜如图10-20所示。

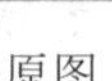

原图

成角的线条

深色线条

图10-20 “画笔描边”滤镜组

10.3.3 模糊滤镜组

“模糊”滤镜组的应用是比较频繁的，它常用于对图像中的像素进行柔化。其中最常用的模糊是“高斯模糊”和“动感模糊”，如图10-21所示。

原图

高斯模糊

动感模糊

图10-21 “模糊”工具组

10.3.4 扭曲滤镜组

“扭曲”滤镜组的主要功能是对图像进行各种变形，如图10-22所示。

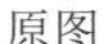

原图　　玻璃　　球面化

图 10-22　扭曲滤镜组

10.3.5　锐化滤镜组

“锐化”滤镜组通过增强相邻像素间的对比度来减弱或消除图像中的模糊现象，以得到清晰的效果，它可用于处理因摄影及扫描图片等原因所造成的模糊现象，如图 10-23 所示。

原图　　USM 锐化　　智能锐化

图 10-23　锐化滤镜

10.3.6　视频滤镜组

“视频”滤镜组属于 Photoshop 的外部接口程序，其主要用作将色域限制为电视画面可以重现的颜色范围。该组滤镜包括“NTSC 颜色”和“逐行”两种滤镜，这两种滤镜都可用于制作视频中静止图像的帧。

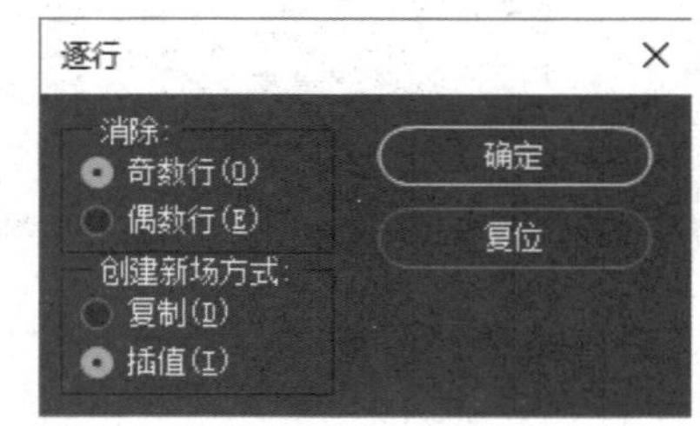

图 10-24　“逐行”对话框

NTSC（国际电视标准委员会）颜色滤镜用于调整图像色域，使之适合于 NTSC 视频标准。这主要是因为电脑屏幕上显示的 RGB 图像是不能直接在电视上显示的，而使用 NTSC 颜色滤镜可以限制色域，使图像成为电视可接收的颜色。

逐行滤镜可以消除视频图像中的奇数或偶数行，从而使图像变得更加平滑。使用该滤镜时，将弹出如图 10-24 所示的对话框。

10.3.7　素描滤镜组

“素描”滤镜组的使用可以为图像增加纹理，模拟素描、速写等艺术效果，如图 10-25 所示。

原图

绘图笔

图章

图 10-25 “素描”滤镜组

10.3.8 纹理滤镜组

“纹理”滤镜组可以在图像中添加各种纹理或材质效果，如图 10-26 所示。

原图

马赛克拼贴

染色玻璃

图 10-26 “纹理”滤镜组

10.3.9 艺术效果滤镜组

“艺术效果”滤镜组可以在图像中模拟自然或传统介质，使图像具有传统绘画感觉的特殊效果，如图 10-27 所示。

原图

壁画

调色刀

图 10-27 “艺术效果”滤镜组.

10.3.10 杂色滤镜组

“杂色”滤镜组可以在图像中添加杂色或去除图像中的杂色。

1. 添加杂色

使用“添加杂色”滤镜，可以在图像中添加单色或多色的杂色，如图 10-28 所示。

原图

添加单色杂色

添加多色杂色

图 10-28 “添加杂色”滤镜

2. 减少杂色

图像杂色显示为随机的无关像素，这些像素不是图像细节的一部分。扫描的图像可能含有由扫描传感器导致的图像杂色；数码相机也可能由于曝光不足或者用较慢的快门速度在黑暗区域拍摄而导致杂色。使用“减少杂色”滤镜可以快速地去除这些杂色，如图 10-29 所示。

原图

减少杂色

图 10-29 “减少杂色”滤镜

10.3.11 渲染滤镜组

“渲染”滤镜组可以在图像中创建云彩图案、光照效果等，如图 10-30 所示。

原图　　分层云彩　　镜头光晕

图 10-30　“渲染”滤镜组

10.3.12　其他滤镜组

“其他”滤镜组中的滤镜是一组单独的滤镜，不同于任何滤镜组中的滤镜，该组中的滤镜可以用来偏移图像、调整最大值和最小值等，如图 10-31 所示。

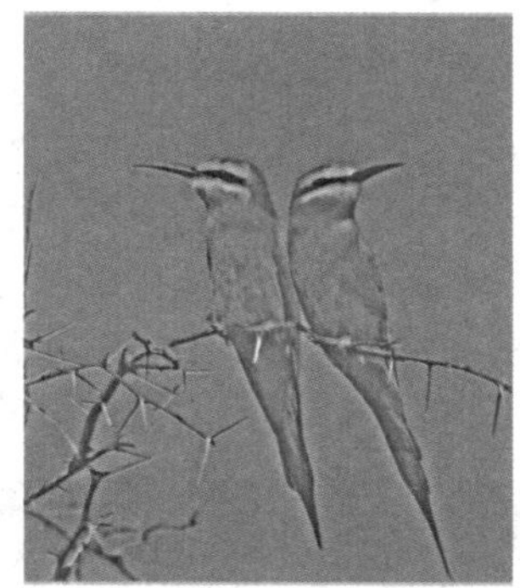

原图　　高反差保留　　最小值

图 10-31　“其他”滤镜组

10.4　智能滤镜

在 Photoshop CC2017 中，不破坏图像本身而创建的滤镜，被称之为智能滤镜。

10.4.1　创建智能滤镜

在使用智能滤镜之前，首先需要将普通图层转换为智能对象，然后按普通的方法使用滤镜即可。创建智能滤镜，如图 10-32 所示。

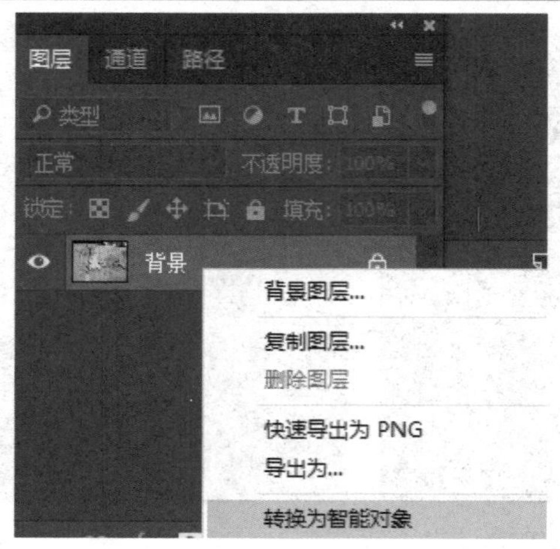

转换为智能对象

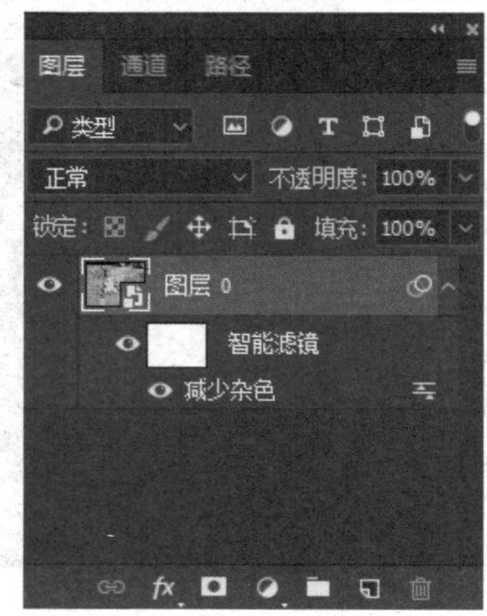

创建智能滤镜

图 10-32 创建智能滤镜

10.4.2 停用与清除智能滤镜

停用智能滤镜是指暂时不使用智能滤镜，只是将智能滤镜的效果隐藏；清除智能滤镜是指将所应用的智能滤镜清除。执行这些操作，可以在智能滤镜所对应的快捷菜单中进行，右键单击智能滤镜，即可弹出快捷菜单，如图 10-33 所示。

10.4.3 编辑智能滤镜选项

为智能对象添加智能滤镜后，可以在后续工作中调整智能滤镜的参数，或者更改智能滤镜与图层的混合选项，这是普通滤镜所不能做到的，编辑智能滤镜选项可以在对应的快捷菜单中进行，如图 10-34 所示。

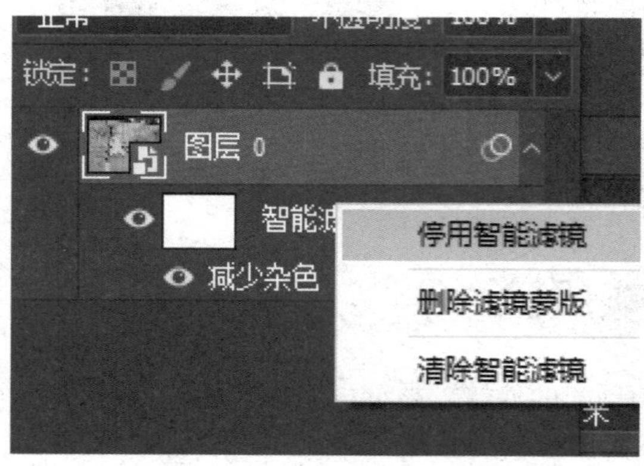

图 10-33 快捷菜单

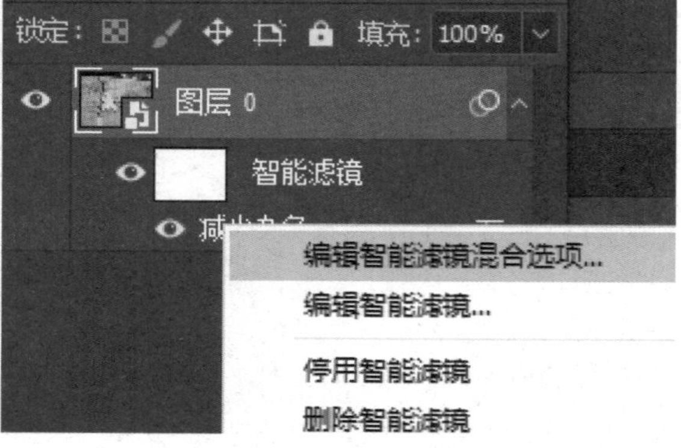

图 10-34 编辑智能滤镜

课堂实战——闪电特效

本例通过使用各种滤镜，制作闪电特效，最终效果如图 10-35 所示。

扫描观看本节视频

图 10-35　闪电效果

实战操作

本实例主要通过分层云彩命令，制作闪电特效，具体操作步骤如下：

（1）启动 Photoshop CC2017，打开一个素材文件，如图 10-36 所示。

（2）切换至“通道”选项卡，新建 Alpha1 通道，选取“渐变填充工具”，设置渐变样式为“铜色渐变”，颜色保持为默认，并在画布上应用线性渐变，如图 10-37 所示。

图 10-36　素材文件

图 10-37　渐变填充

（3）单击“滤镜”|“渲染”|“分层云彩”命令，效果如图 10-38 所示。

（4）按【Ctrl+I】组合键将图像反相，按【Ctrl+L】组合键打开“色阶”对话框，调整参数，如图 10-39 所示。

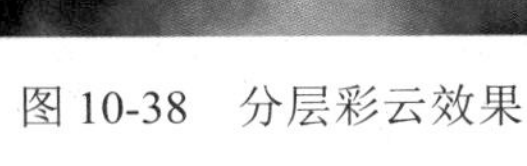

图 10-38　分层彩云效果

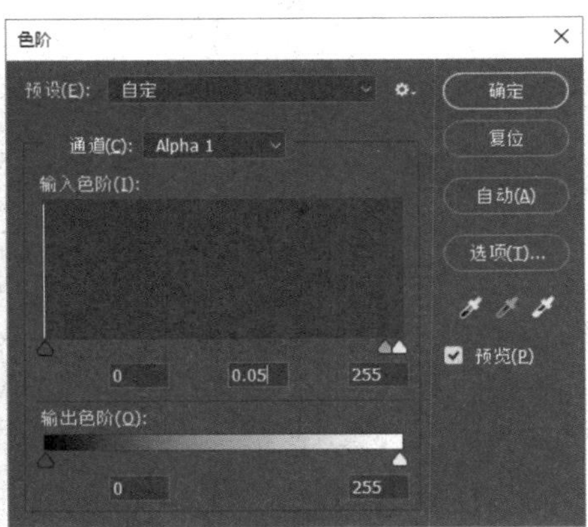

图 10-39　调整色阶

（5）此时的效果如图 10-40 所示。

（6）单击“确定”按钮在工具箱中选取画笔工具，设置前景色为黑色，将不需要的图像涂抹为黑色，如图 10-41 所示。

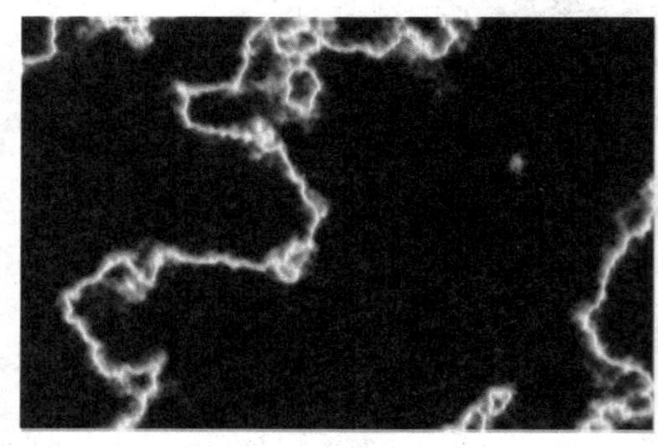

图 10-40　调整色阶后的效果

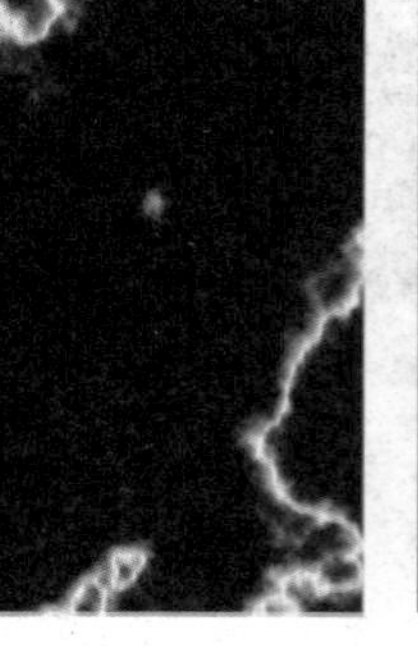

图 10-41　画笔涂抹

（7）按住【Ctrl】键，再单击 Alpha1 通道的缩略图提取选区，然后新建“图层 1”，填充白色，并用移动工具将其移动至合适位置，如图 10-42 所示。

（8）按【Ctrl＋T】组合键调出变换控制框，结合【Ctrl】键调整透视，如图 10-43 所示。

图 10-42　填充白色

图 10-43　变换图形

（9）按【Enter】组合键确认变形，按【Ctrl＋J】组合键复制图层，变换图像的形状，效果如图 10-44 所示。

（10）使用背景橡皮擦工具擦除不需要的图形，最终效果如图 10-45 所示。

图 10-44　复制图形并变换

图 10-45　橡皮涂抹

课堂总结

本章主要讲述了滤镜的使用，滤镜基于像素对图像产生形变。滤镜可以用来方便地制作各种特殊效果。另外，在新版本的 Photoshop 中新增了智能滤镜，它比普通滤镜更显得智能化。经过了本章的学习，应掌握以下两点：

（1）在讲述普通滤镜时，需要掌握各种滤镜可制作的效果，要保证在现实设计中，可以做到“拿来即用”。

（2）抽出滤镜在制作复杂抠图时，有着其独到的功效，读者可再对该滤镜作深入了解。

课后巩固

一、填空题

1．使用________滤镜命令中的工具可以在创建的图像选区内进行克隆、喷绘、粘贴图像等操作。

2．________滤镜通过增强相邻像素间的对比度来减弱或消除图像的模糊现象，以得到清晰的效果。

3．________滤镜组可以在图像中添加各种纹理或材质效果。

二、简答题

1．液化工具可以制作哪些特殊效果？

2．锐化工具通过什么原理达到清晰图像的效果？

3．智通滤镜与普通滤镜有什么不同之处？

三、上机操作

1．使用素描滤镜制作如图 10-46 所示的效果。

图 10-46　素描效果

关键提示：使用“黑白”命令去色，应用素描滤镜组中的艺术滤镜。

2．使用模糊滤镜，制作如图 10-47 所示的骏马奔驰效果。

图 10-47　制作骏马奔驰效果

关键提示：创建选区，使用动感模糊和风滤镜。

第 11 章　三维模型的应用

本章导读

3D 功能是 Adobe 公司自推出 Photoshop CS 4 以来最大的亮点，之前只有通过专业软件才能学习 3D 技术，现在只要通过平面设计软件 Photoshop 就能轻松实现。新版本的 Photoshop CC2017 对 3D 技术的支持进行了系统的升级和扩展。Photoshop CC2017 已经能够支持 U3D、3DS、OBJ、KMZ 及 DAE 等 3D 文件格式。

学习目标

- 创建三维模型
- 掌握三维编辑工具的使用
- 了解三维模型的材质与灯光
- 掌握 3D 图层的操作

11.1　创建三维模型

在 Photoshop CS4 之后的版本中集成了三维模型功能，它把 Photoshop 这个平面设计软件推向了一个新的高度。使用 Photoshop 中的三维功能，还可以实现在一般的三维软件中不能达到的效果，如三维与二维的转换等。此外，在模型的灯光、材质方面 Photoshop 也有其独到的表现。

11.1.1　创建自带三维模型

Photoshop CC2017 本身不具备建模功能。但它可以使用外来的三维模型，系统本身也自带了少量简单的模型，创建模型的方法是单击“3D”|“从图层新建网络”|“网络预设”命令，如图 11-1 所示。

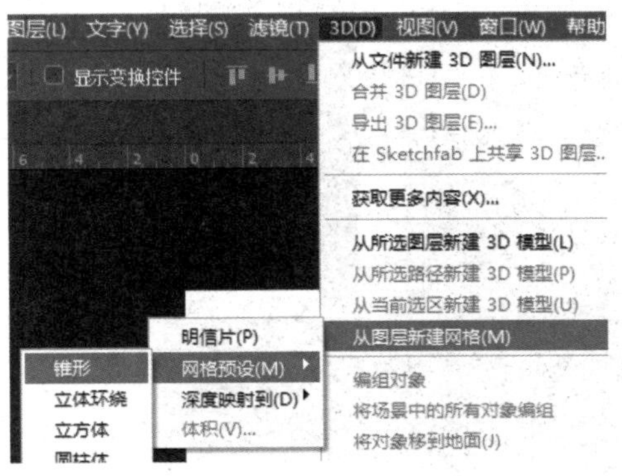

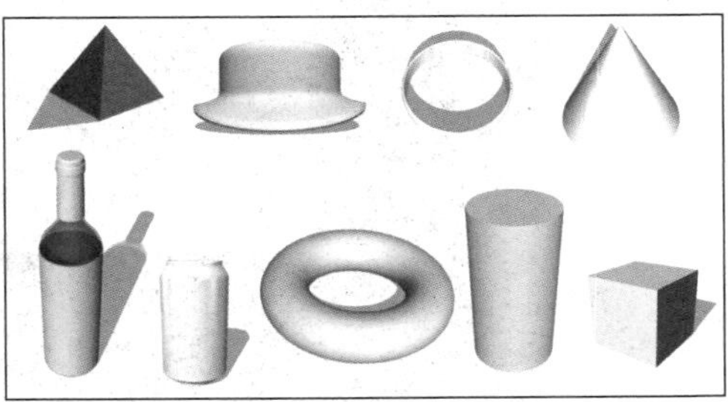

图 11-1　Photoshop CC2017 可创建的模型

11.1.2 创建 3D 明信片

Photoshop 可以将 2D 图层作为起始点，生成各种基本的 3D 对象。创建 3D 对象后，可以在 3D 空间移动它、更改渲染设置、添加光源或将其与其他 3D 图层合并。

典型应用

创建 3D 明信片的具体操作步骤如下：

（1）打开一个素材文件，如图 11-2 所示。

（2）单击“3D”|“从图层新建网络（M）”|“明信片”命令，如图 11-3 所示。

图 11-2 素材文件

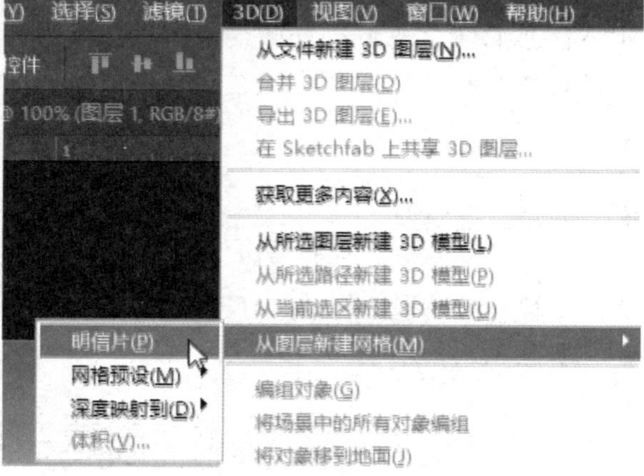

图 11-3 执行“从图层新建明信片”命令

（3）用三维编辑工具旋转图像，可以发现图像呈三维空间显示，如图 11-4 所示。

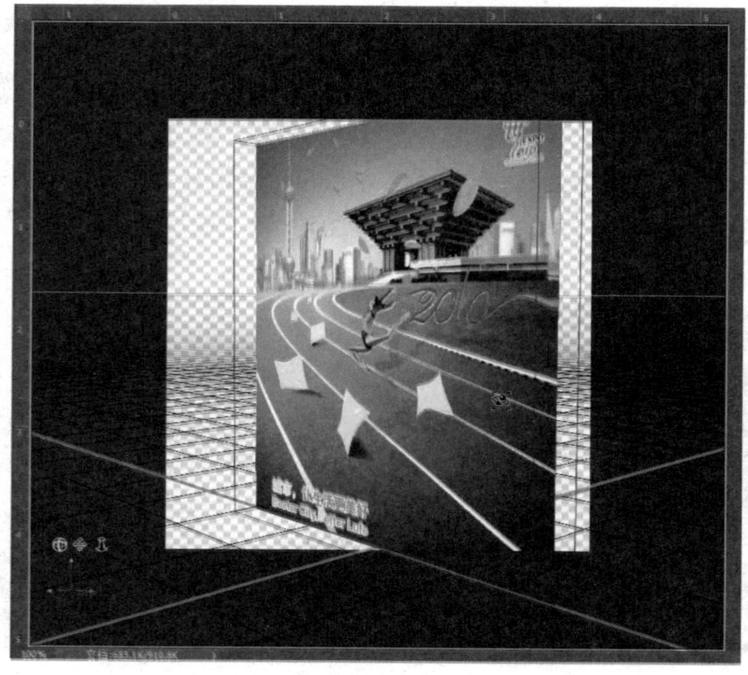

图 11-4 创建的 3D 明信片

11.1.3　导入外来三维模型

虽然 Photoshop CC2017 可以编辑三维模型，但其本身并不具备强大的三维建模功能。此时用户可以先将其他的三维模型对象导入到 Photoshop CC2017 中，再进行编辑。

典型应用

（1）单击"文件"|"打开"命令，打开"打开"对话框，选择三维模型，如图 11-5 所示。

（2）单击"打开"按钮即可打开三维模型，如图 11-6 所示。

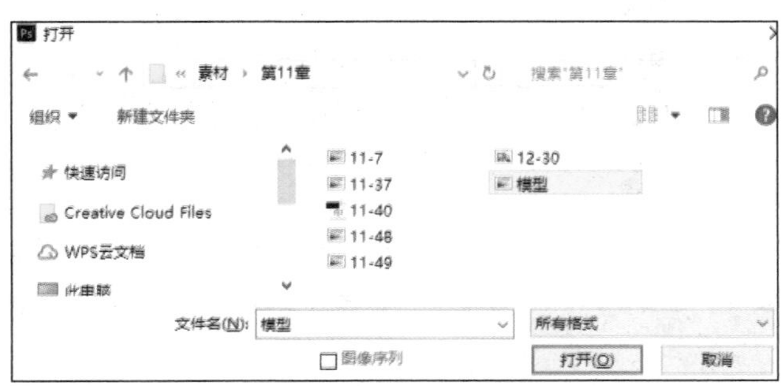

图 11-5　选择三维模型

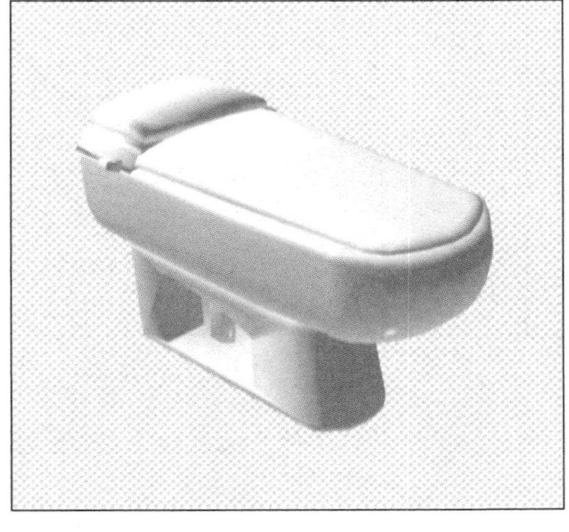

图 11-6　打开的外来模型

课堂实战——创建 3D 凸纹

凸纹原本描述的是一种金属加工技术，在该技术中通过朝对象表面相反方向进行锻造，来给对象表面塑形和添加图案。在 Photoshop CC2017 中，"凸纹"命令可以将 2D 对象转换到 3D 网格中，使用户可以在 3D 空间中精确地进行凸出、膨胀和调整位置的操作。

扫描观看本节视频

在 Photoshop CC2017 中，文本、路径、蒙板和选区都可以创建凸纹，效果如图 11-7 所示。

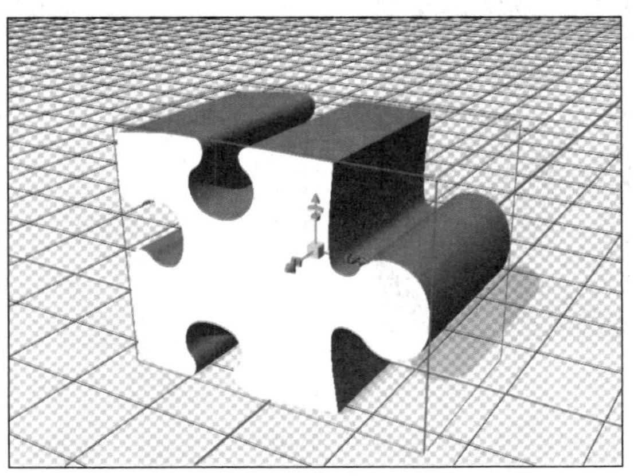

图 11-7　凸纹效果

实战操作

（1）本实例主要使用路径和凸纹命令制作三维模型效果，具体操作步骤如下：

（2）使用形状工具绘制路径，如图 11-8 所示。

（3）单击“3D”|“从所选路径新建 3D 模型”命令，如图 11-9 所示。

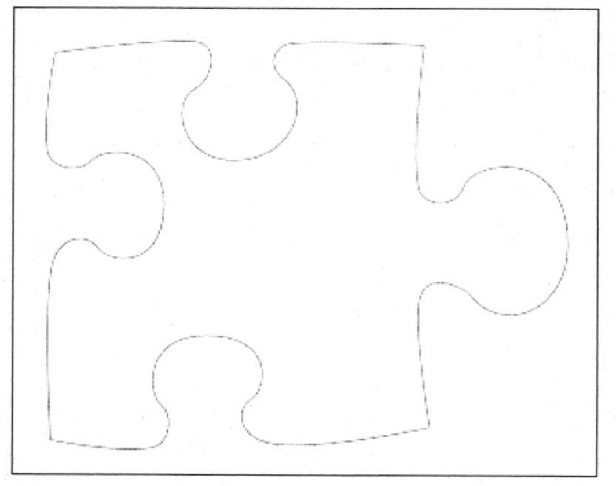

图 11-8　创建路径

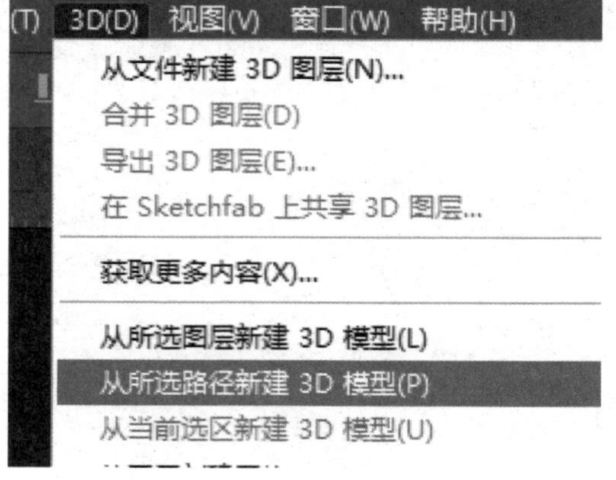

图 11-9　执行凸纹命令

（4）打开“属性”选项卡，在“凸出深度”后的数值框内输入 10 厘米的参数，如图 11-10 所示。

（5）在 3D 界面效果的左下角选中“环绕移动 3D 相机”按钮，上下拖拽鼠标，可视效果如图 11-11 所示。

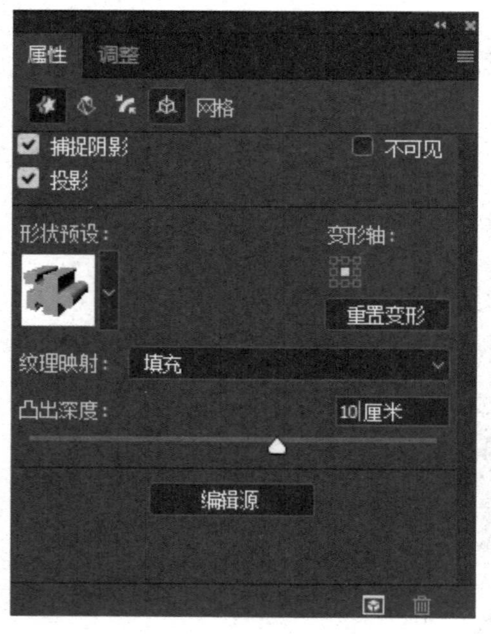

图 11-10　“属性”选项卡

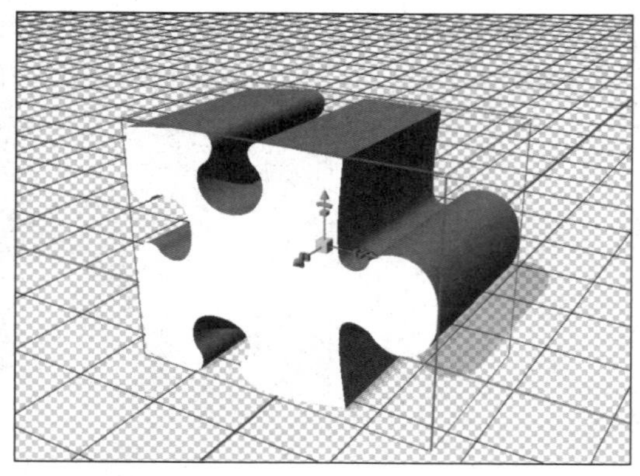

图 11-11　3D 界面效果

其中，“属性”选项卡用于设置凸纹所生成模型的大部分参数。

选项解析

❋ "形状预设"选项区：用于设置生成模型的类型，Photoshop CC2017 默认预设了 18 种生成类型，选择不同的模式，可以生成不同的模型，如图 11-12 所示。

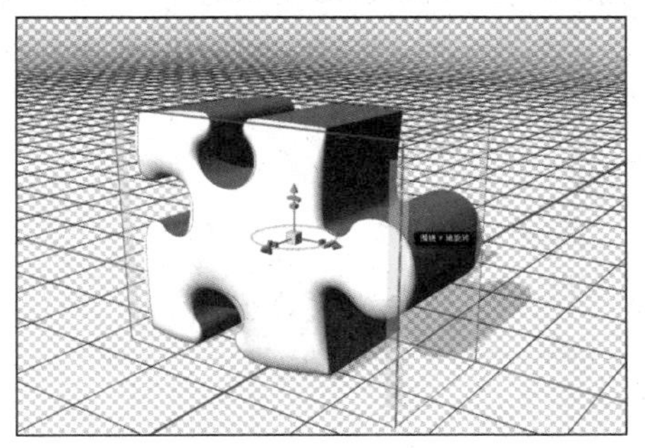

膨胀边

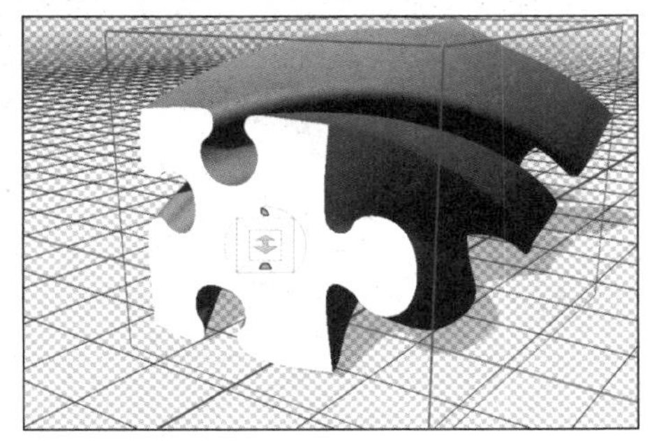

旋扭

图 11-12 不同生成类型的创建结果

❋ "深度"数值框：用于设置模型的凸出数量，如图 11-13 所示。

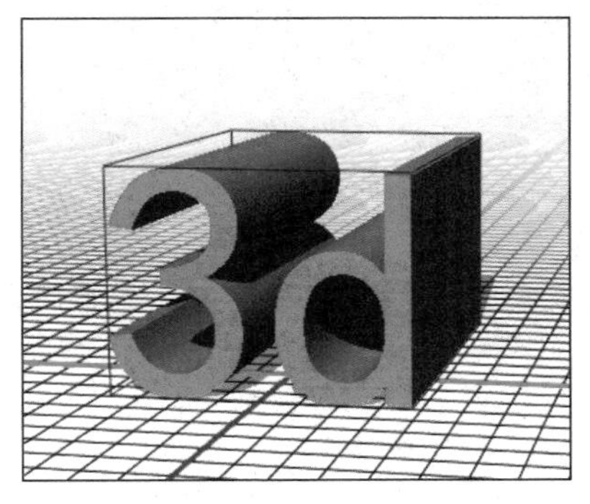

深度为 10 厘米

深度为 20 厘米

图 11-13 不同凸出数量的模型

❋ "锥度"数值框：用于设置模型顶部的缩放，如图 11-14 所示。

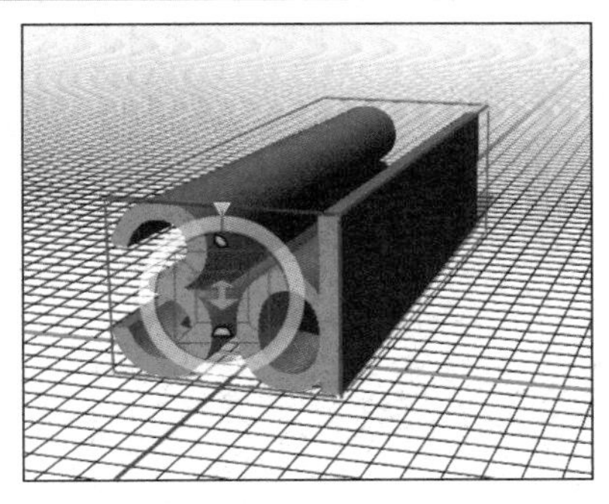

锥度为 80%

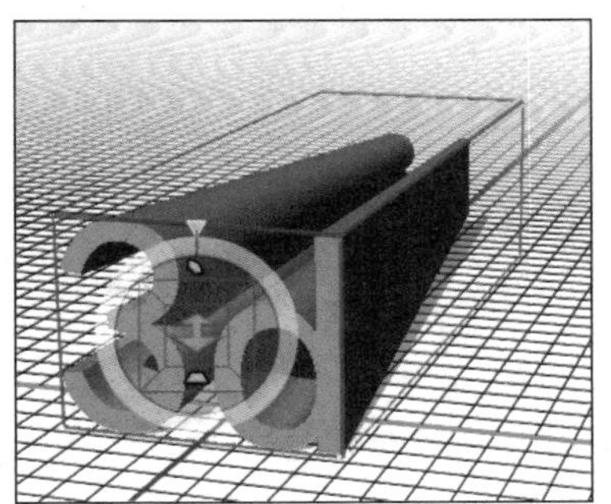

锥度为 50%

图 11-14 不同缩放值生成的模型

※ "扭转"数值框：用于设置模型顶部是否进行旋转，数值为 0 时不旋转，如图 11-15 所示。

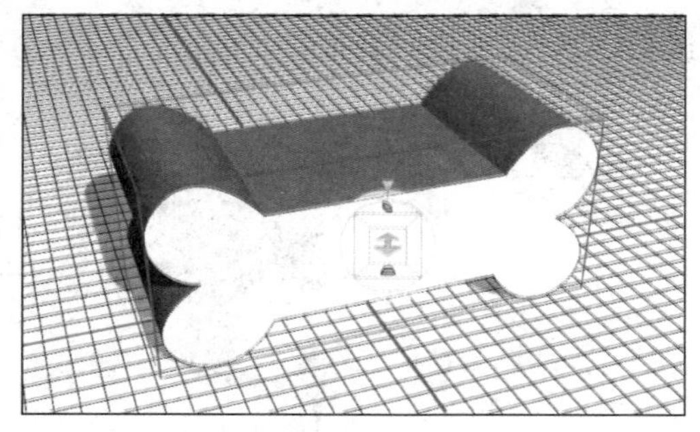

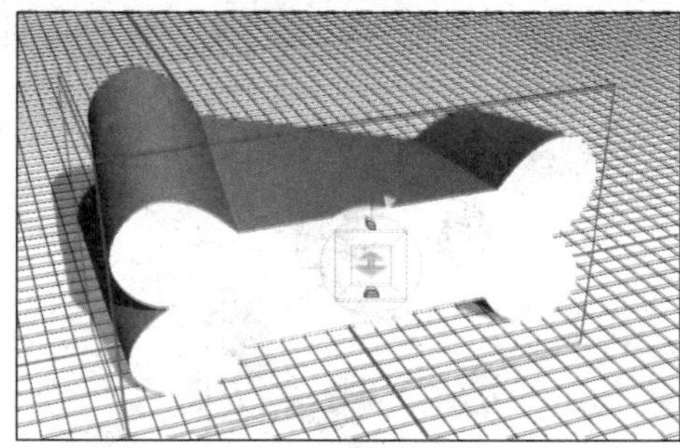

图 11-15 不同扭转值的模型

※ "纹理"列表：用于设置纹理的平铺方式。

※ "膨胀"选项区：主要用于设置模型表面的是否进行膨胀，如图 11-16 所示。

原图

设置膨胀后

图 11-16 是否设膨胀

※ "材质"选项区：用于设置模型各个表面的材质类型，如棉织物、趣味纹理等，如图 11-17 所示。

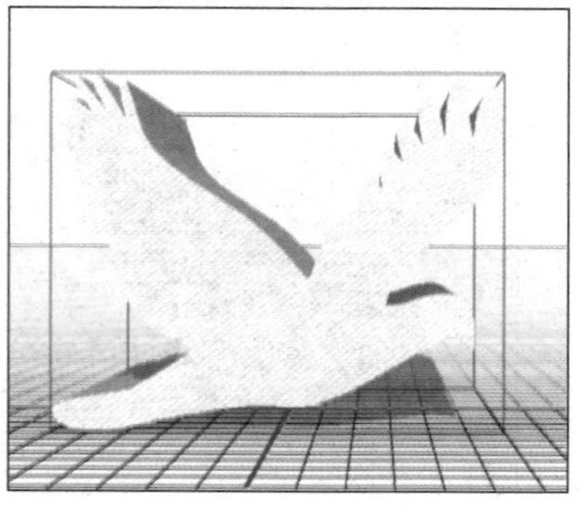

全部为棉织物

表面为趣味纹理

图 11-17 不同的材质类型

❈ “斜面”选项区：用于设置模型顶面的倒角，如图 11-18 所示。

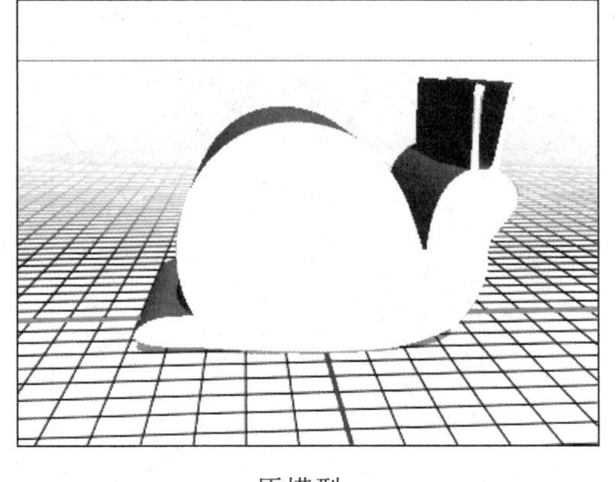

原模型

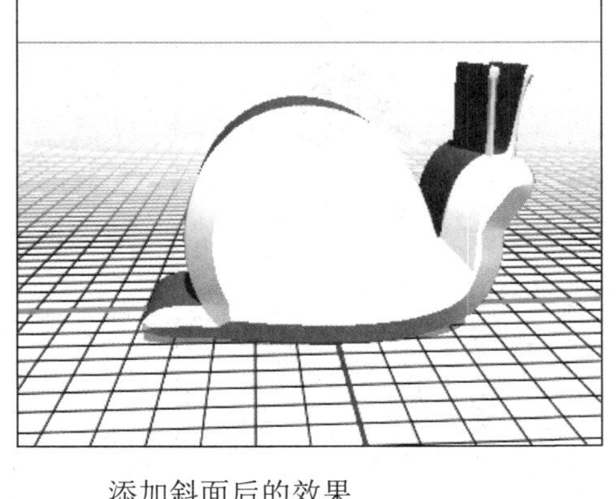

添加斜面后的效果

图 11-18 斜面

❈ “场景设置”选项区：用于设置“漫射”“镜像”“发光”“环境”的色调和不同的数值，渲染出图的类型，不同的环境类型如图 11-19 所示。

图 11-19 不同环境光下的模型

11.2 三维编辑工具

在使用 Photoshop CC2017 的 3D 功能时，可以配合其 3D 选项卡，选定 3D 图层，将会激活 3D 选项卡。使用 3D 选项卡可更改 3D 模型的位置或大小；使用 3D 选项卡，还可以对几何体进行变换操作，如旋转、滚动、平移、滑动等。

11.2.1 3D 旋转相机工具

使用 3D 旋转相机工具，可以将几何体进行三维旋转，如图 11-20 所示。

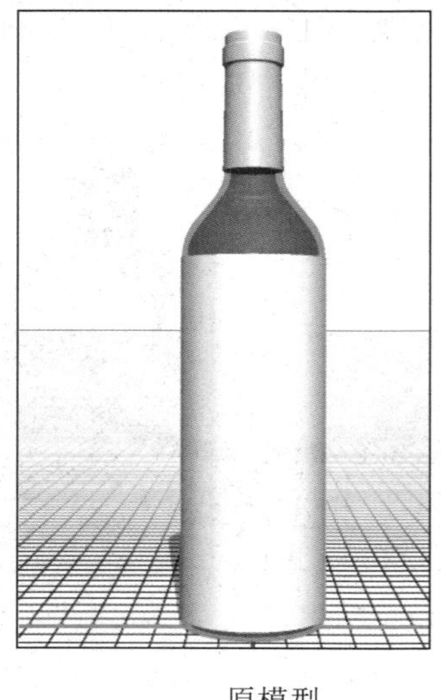

原模型

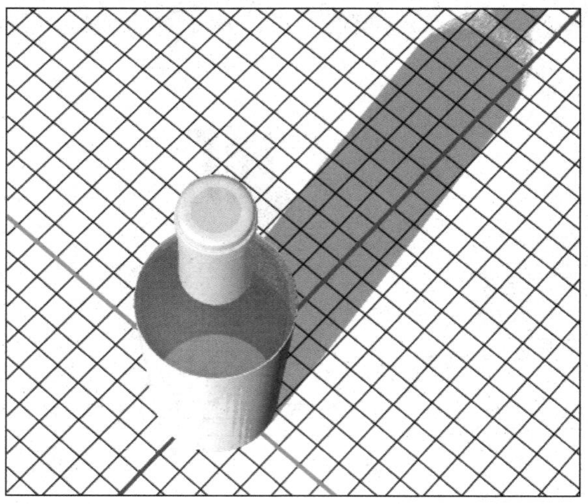

旋转后的模型

图 11-20　3D 旋转相机工具

11.2.2　3D 滚动相机工具

使用 3D 滚动相机工具，在画布两侧拖动可使模型绕 Z 轴旋转，如图 11-21 所示。

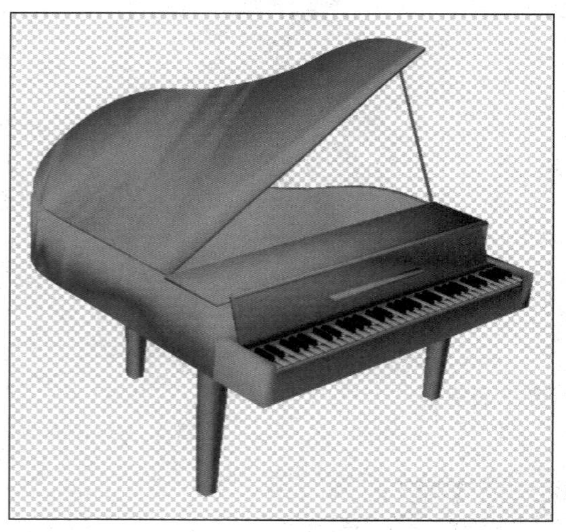

原模型

滚动后的效果

图 11-21　3D 滚动相机工具

11.2.3　3D 平移相机工具

使用 3D 平移相机工具，可以在画布中移动模型，如图 11-22 所示。

原模型

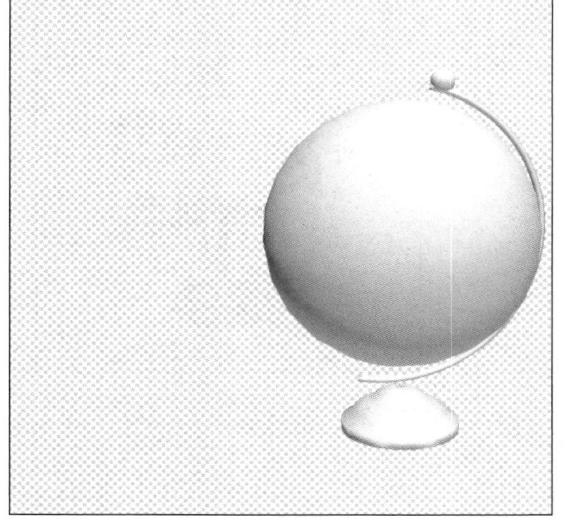
平移相机后的效果

图 11-22 3D 平移相机工具

11.2.4 3D 对象滑动工具

3D 对象滑动工具和 3D 平移相机工具有所区别，使用对象滑动工具，在模型的两侧拖动鼠标，可沿水平方向移动模型；上下拖动可将模型移近或移远。按住【Alt】键（Windows）或【Option】键（Mac OS）的同时进行拖移可使对象模型沿 X/Y 方向移动，如图 11-23 所示。

原模型

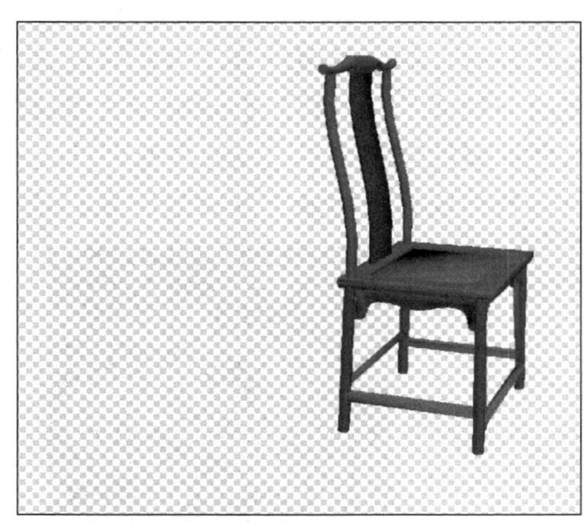
滑动结果

图 11-23 对象滑动工具

11.2.5 3D 对象比例工具

使用 3D 对象比例工具，可以缩放模型，上下拖动可将模型放大或缩小。按住【Alt】键（Windows）或【Option】键（Mac OS）的同时进行拖移可使对象模型沿 Z 方向缩放，如图 11-24 所示。

原模型

缩放结果

图 11-24 3D 缩放工具

11.3 材质与灯光

和其他大型三维软件一样，Photoshop CC2017 也可以为模型赋予材质、贴图和灯光，这些操作主要在 3D 和属性选项卡中进行。

11.3.1 3D 和属性选项卡

在 Photoshop CC2017 的 3D 选项卡中，顶部列出了在 3D 文件中使用的材料。在 3D 选项卡中提供了与之相关的几个不同的视图界面，选择任意一个按钮可快速进入与其相关的界面。与之同时存在的是属性选项卡，属性选项卡随 3D 选项卡的选择变化而变化，两者搭配可以使用一种或多种材料来创建模型的整体外观。如果模型包含多个网格，则每个网格可能会有与之关联的特定材料，或者模型可以从一个网格构建，但使用多种材料。在这种情况下，每种材料分别控制网格特定部分的外观，3D 和属性选项卡如图 11-25 所示。

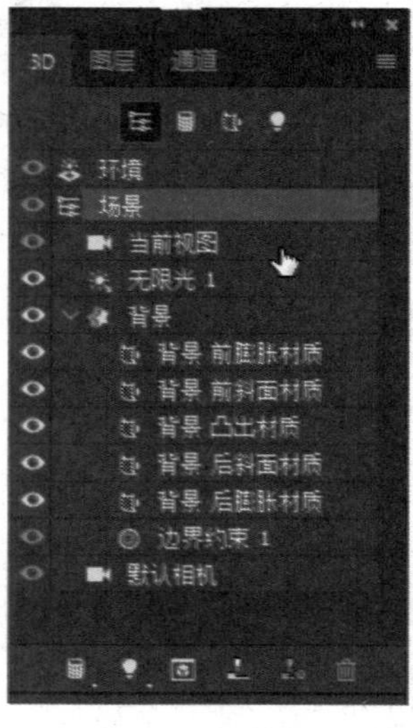

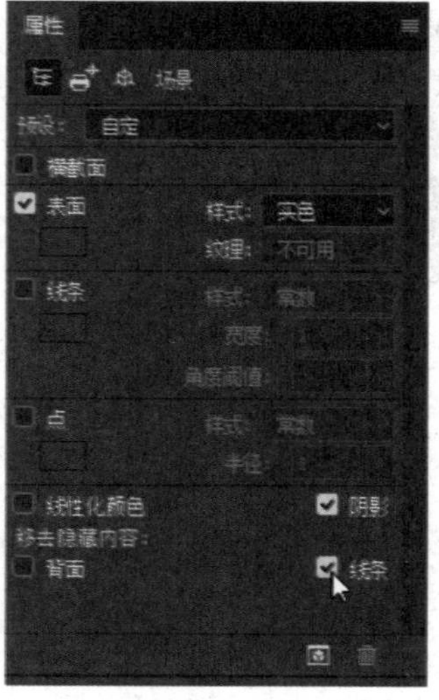

图 11-25 “3D”和“属性”选项卡

选项解析

※ 场景列表框：在该列表框中，可以选择场景中的某个模型，单独进行材质赋予。

※ 场景属性设置列表框：系统提供了多种渲染模式供用户选择，如线条，点等，如图 11-26 所示。通过选择“预设”后面下拉箭头内的内容的选择设置，可以对选择的设置作更详细的设置，如图 11-27 所示。

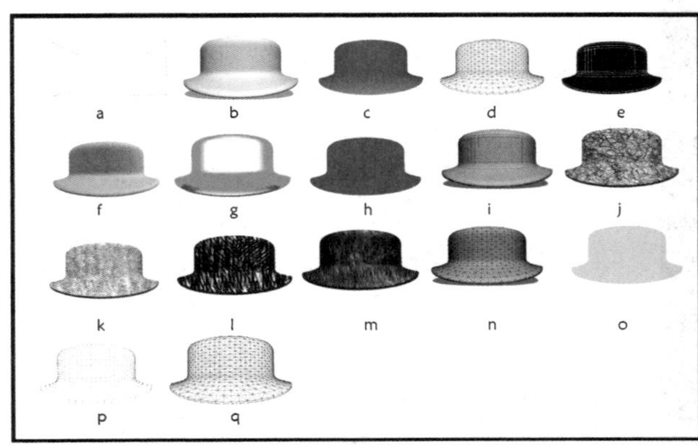

图 11-26 场景渲染类型

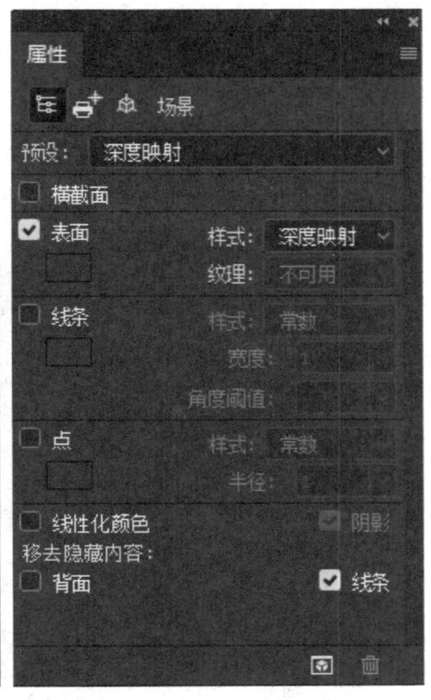

11-27 “属性渲染设置”选项卡

※ “横截面”复选框：选中“横截面”复选框后，可以对模型的中心横截面进行设置。

11.3.2 投影设置

在场景列表框中，选择某个模型之后，属性选项卡会显示针对该模型的相关设置，投影主要针对模型阴影可见效果的设置，如图 11-28 所示。

图 11-28 设置投影

选项解析

※ 阴影选项区：用于设置阴影的可见效果的设置。

11.3.3 材质贴图设置

在视图界面上单击图形，属性选项卡将会在网格和材质两个界面间进行切换。此时属性选项卡也会产生相应变化，材质界面如图 11-29 所示。

选项解析

※ “材质拾色器”列表框：在该列表框中，可以选择系统预设的材质类型，如图 11-30 所示。

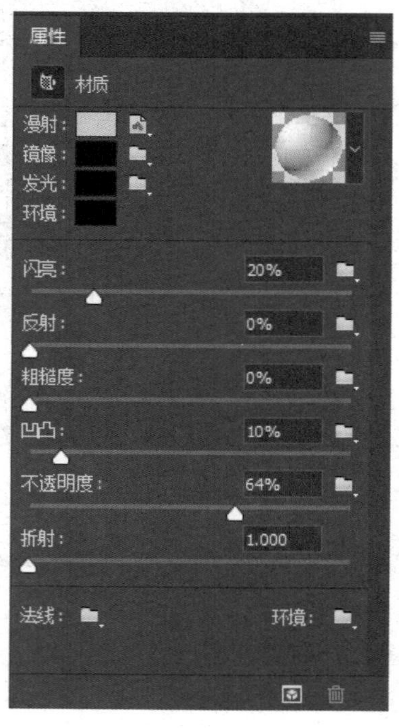

图 11-29 设置模型材质

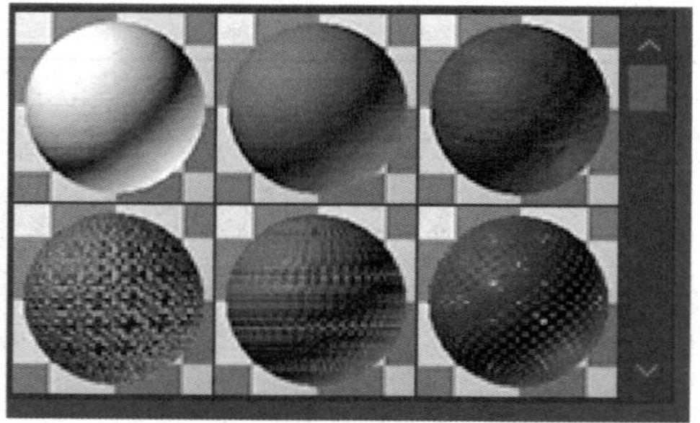

图 11-30 “材质拾色器”列表框

※ “漫射”：用于设置模型表面的颜色和纹理。
※ “不透明度”：用于设置模型的不透明度，0%为完全透明。
※ “凹凸”：当使用纹理贴图后，用于设置贴图的表面凹凸程度。
※ “反射”：用于设置材质的反射值。
※ “发光”：用于设置材质本身的发光程度。

11.3.4 3D 灯光设置

3D 光源可以从不同角度照亮模型，Photoshop CC2017 提供 3 种不同类型的光源：点光、聚光灯和无限光。

在 3D 选项卡中单击“光源”按钮，可以切换至光源选项卡，在其中可以对灯光进行设置，如图 11-31 所示。

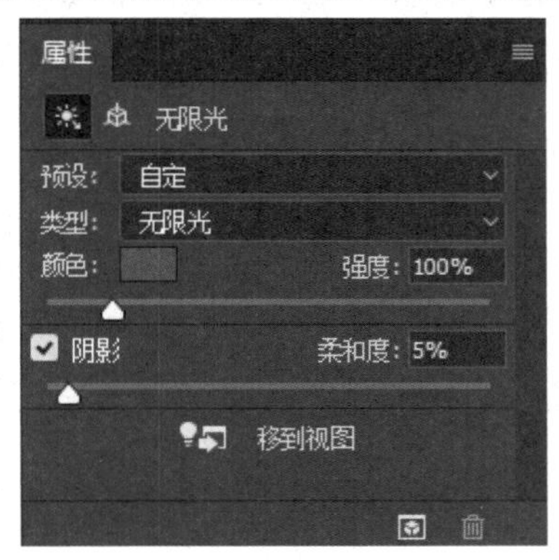

图 11-31 设置光源

选项解析

※ "预设"下拉列表框：在该下拉列表框中，可以选择系统自带的灯光预设，如图 11-32 所示。

※ "光照类型"下拉列表框：用于选择灯光类型，三种灯光光照效果如图 11-33 所示。

※ "强度"数值框：用于设置光照强度，数值越大，光照强度越大，如图 11-34 所示。

※ "颜色"：用于设置灯光颜色，不同的灯光颜色照射效果如图 11-35 所示。

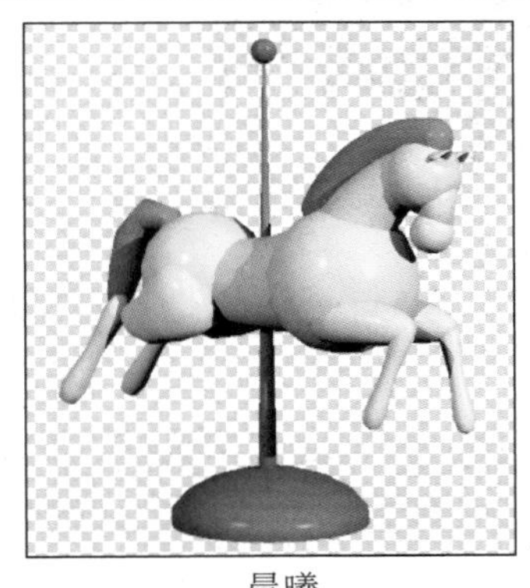

晨曦

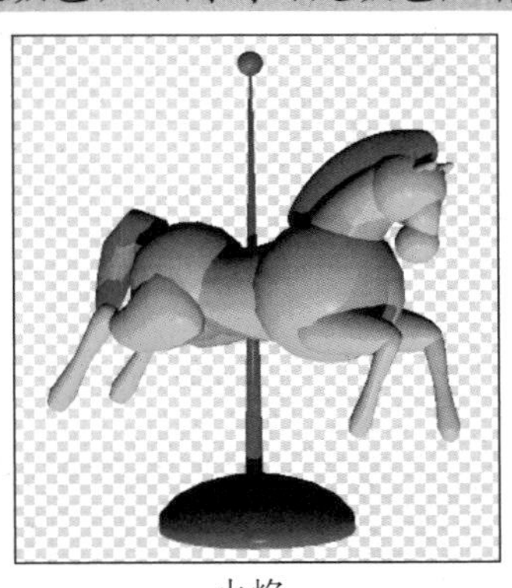

火焰

狂欢节

图 11-32 不同的灯光预设效果

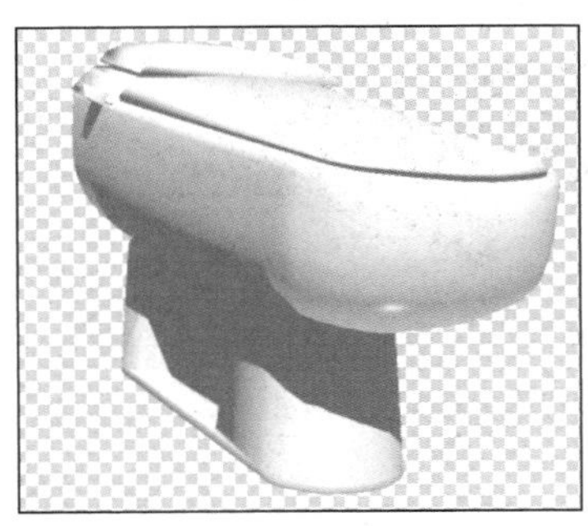

无限光

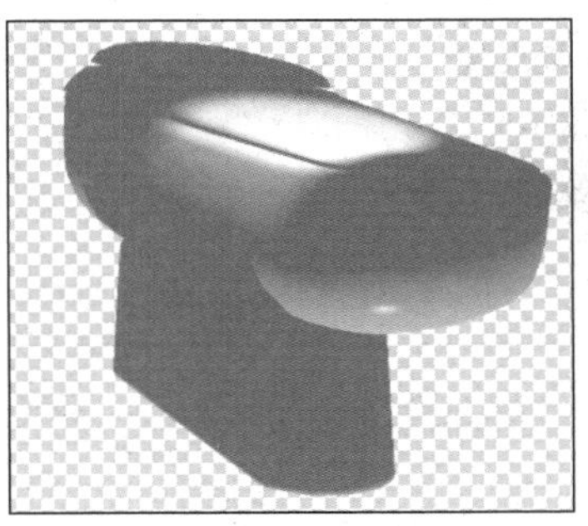

聚光灯

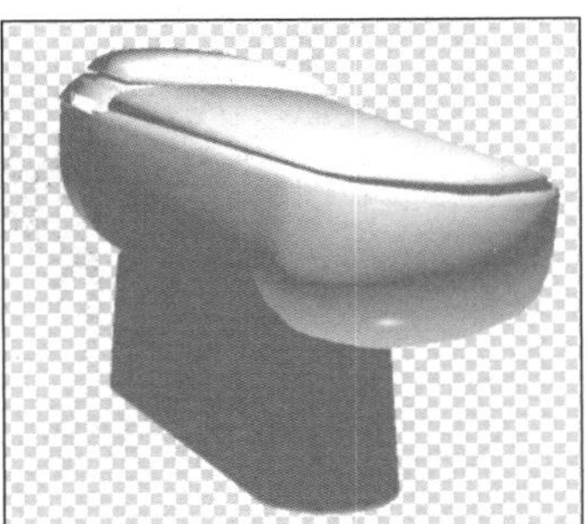

点光

图 11-33 不同的光照类型

灯光强度为1

灯光强度为5

图11-34 不同的灯光强度

绿色光

黄色光

图11-35 不同的灯光颜色

※ “创建阴影”复选框：选中该复选框，在模型中显示阴影效果，否则不显示，如图11-36所示。

选中“创建阴影”复选框

未选中“创建阴影”复选框

图11-36 是否显示阴影

※ “使用衰减”复选框：当使用“点光源”和“聚光灯”时，该复选框将被激活，用于设置灯光的衰减。

11.4 3D 图层的操作

3D 图层属于智能图层，普通的二维绘图工具对 3D 图层无法进行操作，在对三维模型进行编辑时，常常是对其所在的图层进接进行操作。

11.4.1 栅格化 3D 图层

若要对 3D 图层进行滤镜、图像处理等操作，首选需要将 3D 图层进行栅格化。

典型应用

（1）打开一个素材文件，如图 11-37 所示。

（2）单击“3D”|“从文件新建 3D 图层”命令，如图 11-38 所示。

图 11-37　素材文件

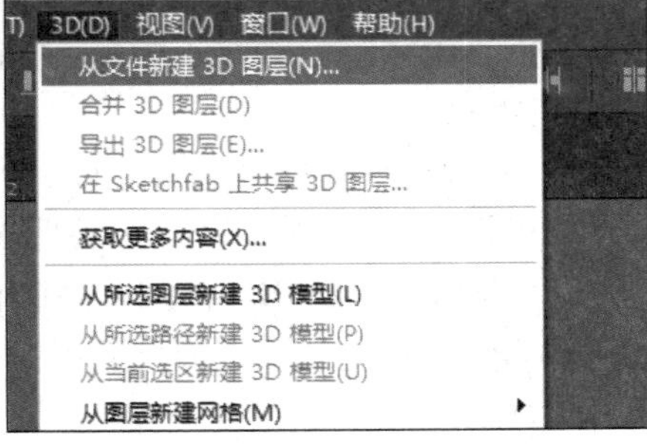

图 11-38　创建 3D 图层

（3）在弹出的“打开”对话框中选择素材模型，如图 11-39 所示。

（4）单击“打开”按钮，使用移动工具将模型移动至合适位置，如图 11-40 所示。

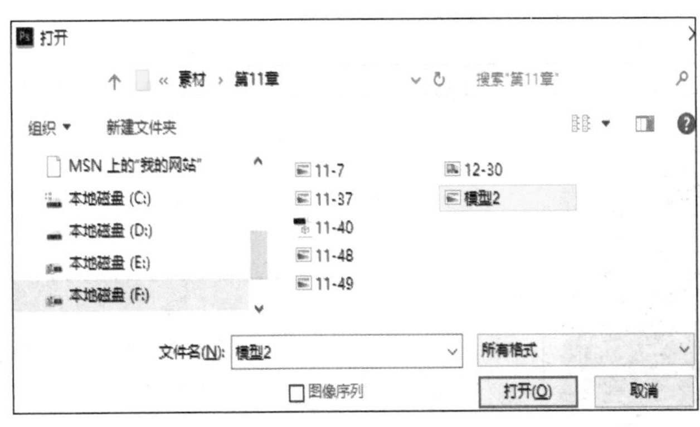

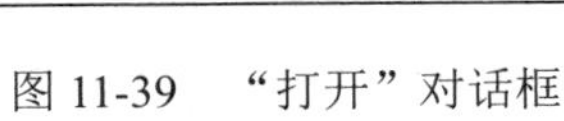

图 11-39　“打开”对话框

图 11-40　打开模型

（5）在 3D 图层上单击鼠标右键，在弹出的快捷菜单中选择“栅格化 3D”选项，如图 11-41 所示。

（6）将图层混合模式设置为“线性光”，效果如图 11-42 所示。

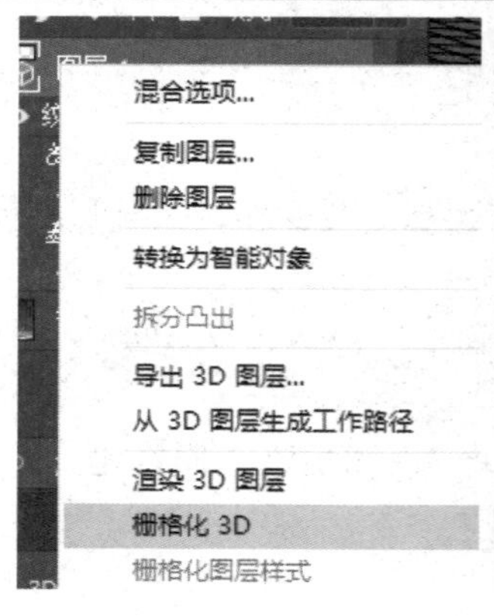

图 11-41 栅格化图层

图 11-42 更改混合模式

11.4.2 导出 3D 图层

在 Photoshop CC2017 中，用户可以将 3D 模型导出为以下所受支持的 3D 格式：Collada DAE、Flash 3D、3D PDF、STL、Wavefront/OBJ、U3D 和 Google Earth 4。选取导出格式时，需考虑以下因素：

一、"纹理"图层可以用所有 3D 文件格式存储，但 U3D 只保留"漫射""环境"和"不透明度"纹理映射。

二、Wavefront/OBJ 格式不存储相机设置、光源和动画，只有 Collada DAE 会存储渲染设置。

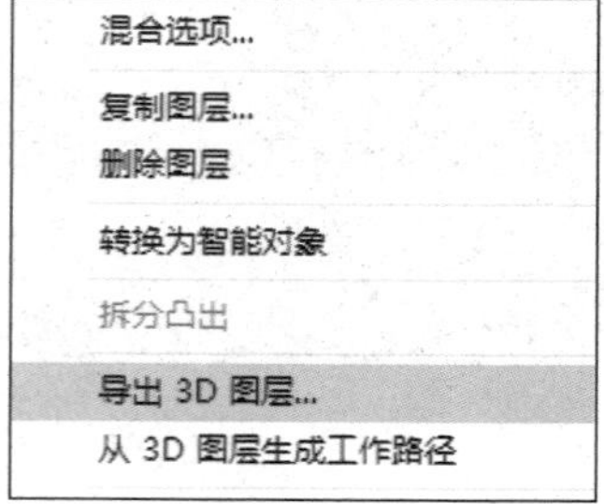

图 11-43 导出 3D 图层

典型应用

（1）在 3D 图层上单击鼠标右键，在弹出的快捷菜单中选择"导出 3D 图层"选项，如图 11-43 所示。

（2）在弹出的"导出属性"对话框中，设置好文件格式，如图 11-44 所示。

（3）单击"确定"按钮，在弹出的"另存为"对话框中，设置好文件名，单击"保存"按钮即可。如图 11-45 所示。

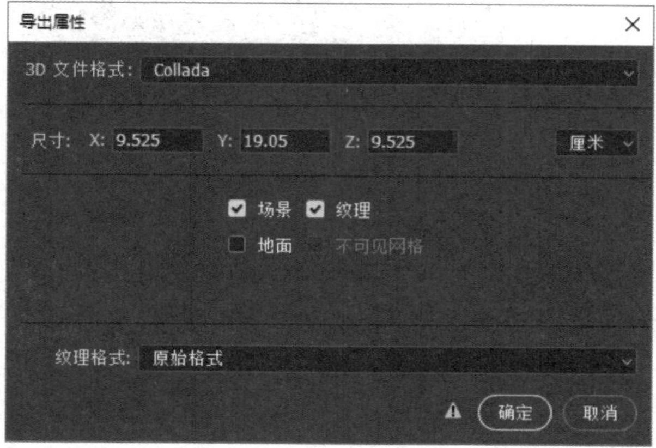

图 11-44 "导出属性"对话框

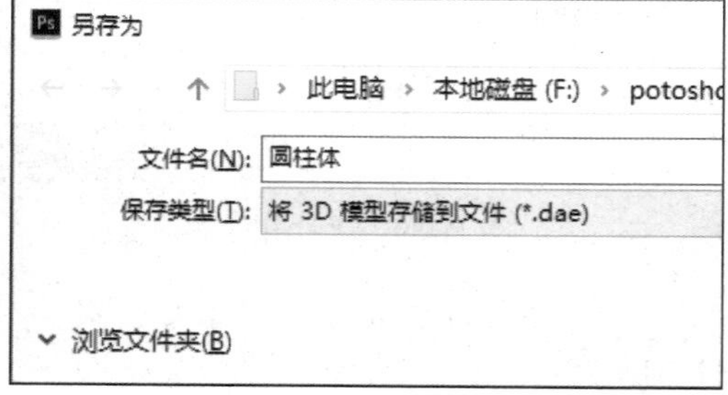

图 11-45 "另存为"对话框

11.4.3 将 3D 图层转换为智能对象

将 3D 图层转换为智能对象，可保留包含在 3D 图层中的 3D 信息。转换后，可以将变换或智能滤镜及其他调整应用于智能对象。同时，也可以重新打开“智能对象”图层以编辑原始 3D 场景，应用于智能对象的任何变换或调整都会应用于更新的 3D 内容中。

在 3D 图层上单击鼠标右键，在弹出的快捷菜单中选择“转换为智能对象”选项，即可将 3D 图层转换为智能对象，如图 11-46 所示。

将 3D 图层转换为智能对象后，可以继续在 3D 模式下编辑模型，方法是在智能图层上单击鼠标右键，在弹出的快捷菜单中选择“编辑内容”选项，如图 11-47 所示。

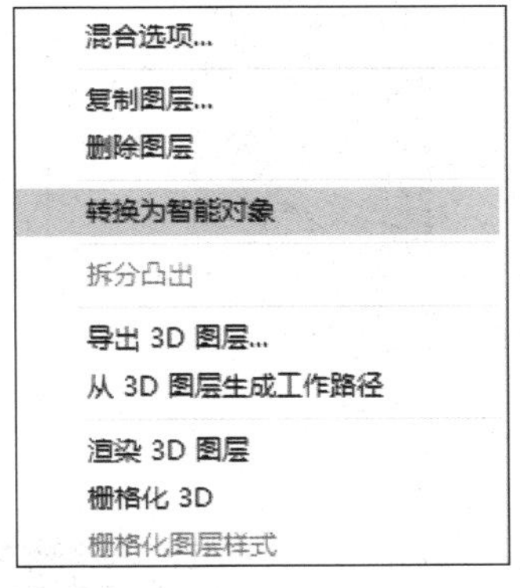

图 11-46 将 3D 图层转换为智能对象

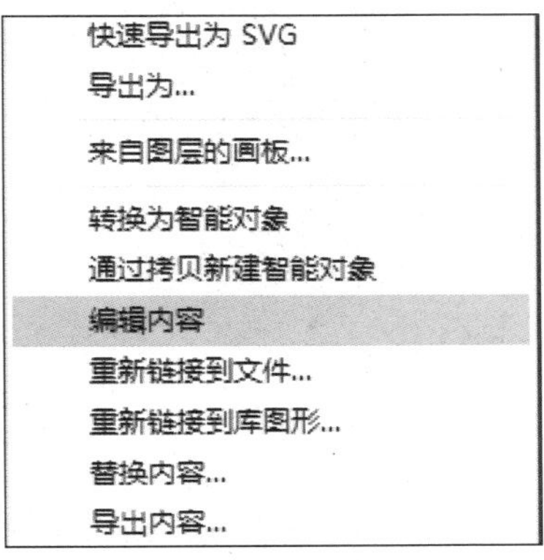

图 11-47 编辑内容

课堂总结

本章主要讲述了 Photoshop CC2017 三维模型的应用，作为 Photoshop 新增的强大功能，在备受瞩目的同时，也备受着争议。在使用 Photoshop CC2017 进行三维制作时，需要强大的硬件支持，特别是显示设备，否则操作将无法正常进行。经过本章的学习，应做到以下几点：

（1）在讲述三维模型的创建时，需要了解各种创建方法。

（2）了解三维工具中各种工具的使用方法，这样更易于精确操作。

（3）理解模型的贴图设置方法。

课后巩固

一、填空题

1．在________中，集成了三维模型功能，它把 Photoshop 这个平面软件推向了一个新的高度。

2．凸纹原本是描述的是一种________，在该技术中通过朝对象表面相反方向进行锻造，来给对象表面进行塑形和添加图案。

3．若要对 3D 图层进行滤镜、图像处理等操作，首选需要将 3D 图层进行________。

二、简答题

1. Photoshop CS5 可以通过哪几种方法创建三维模型？
2. 如何创建模型表面贴图？
3. 在 Photoshop CS5 中，有哪几种灯光类型？

三、上机操作

1. 使用三维工具，绘制如图 11-48 所示的模型。

图 11-48　三维模型

关键提示：创建模型，赋予贴图。

2. 使用形状工具，创建立体化盾形效果，如图 11-49 所示。

关键提示：

（1）使用形状工具，绘制盾形。

（2）使用 3D 凸纹命令创建立体化效果。

（3）对 3D 图形添加纹理贴图。

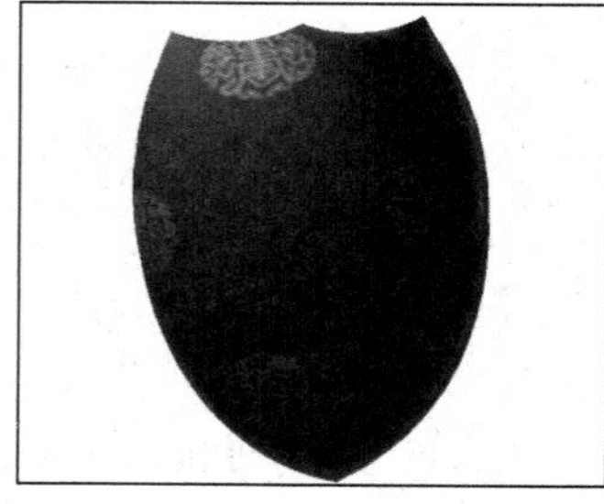

图 11-49　三维盾形效果

第 12 章　动画与 Bridge 的应用

本章导读

本章将主要对 Photoshop 的动画功能及图片管理工具——Bridge 的使用进行介绍。动画功能对于 Photoshop 来说并不特别陌生，在早期版本中 Photoshop 就集成了动画插件，虽说不能与专业动画软件相比，但 Photoshop 在动画制作领域也有着其独到之处。

学习目标

- 时间轴动画
- 关键帧动画
- Bridge 工具

12.1　动画

在 Photoshop CC2017 中，通过“动画”选项卡和“图层”选项卡的结合可以创建一些简单的动画效果。一般的动画储存为 Gif 格式，可以直接将其导入到网页中，并以动画的形式显示。

12.1.1　“时间轴”选项卡

在 Photoshop CC2017 中，所有的动画基本上都是在“时间轴”选项卡和“图层”选项卡中完成的。单击“窗口”|“时间轴”命令，可以打开“时间轴”选项卡，如图 12-1 所示。

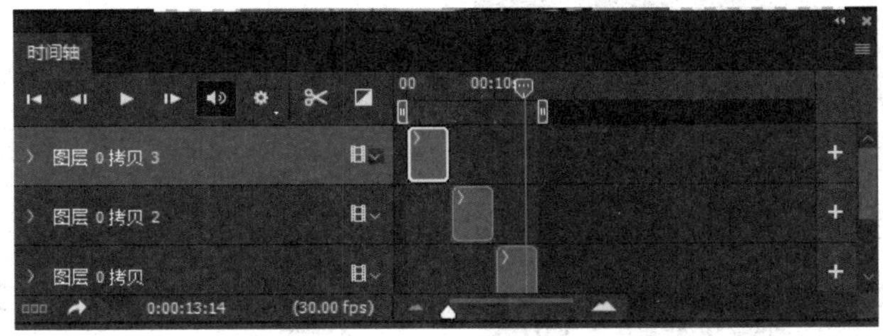

图 12-1　“时间轴”选项卡

选项解析

- “选择第一帧”按钮：单击该按钮，可以快速回到第一帧。
- “选择上一帧”按钮：单击该按钮，可以返回上一帧。
- “播放动画”按钮：单击该按钮，可以开始播放动画。
- “选择下一帧”按钮：单击该按钮，跳至动画的下一帧。

❋ “启用音频播放”按钮: 如果插入了声音文件，可启用或关闭播放声音文件。

❋ “缩放滑块”: 用于放大或缩小时间轴。

❋ “转换为帧动画”按钮: 单击该按钮，在该选项卡中设置图层的播放时间和播放次数，如图 12-2 所示。

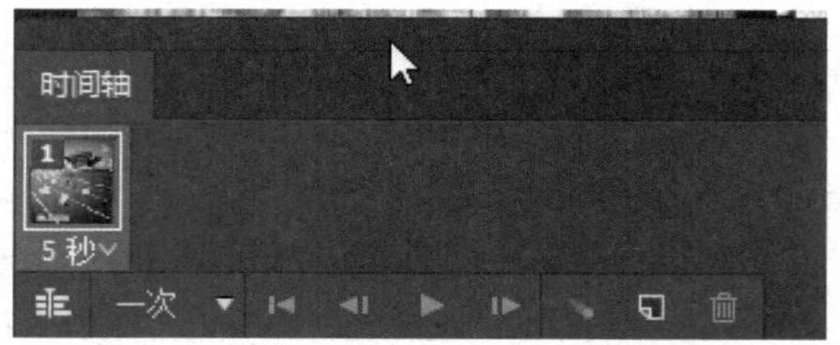

图 12-2 设置每个图层的播入时间和次数

12.1.2 时间轴动画

时间轴动画是在时间轴上创建关键点，对关键点的图像进行设置，然后系统自动在两个关键点之间创建动画。

典型应用

（1）新建文件，参数设置如图 12-3 所示。

（2）使用文本工具输入文本，如图 12-4 所示。

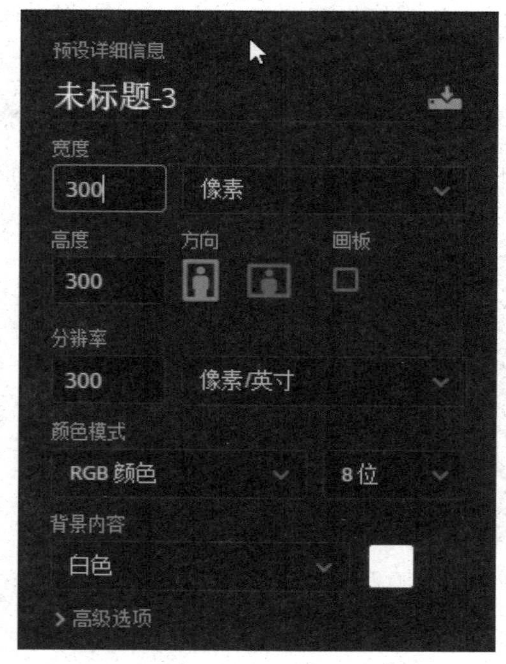

图 12-3 “新建”对话框

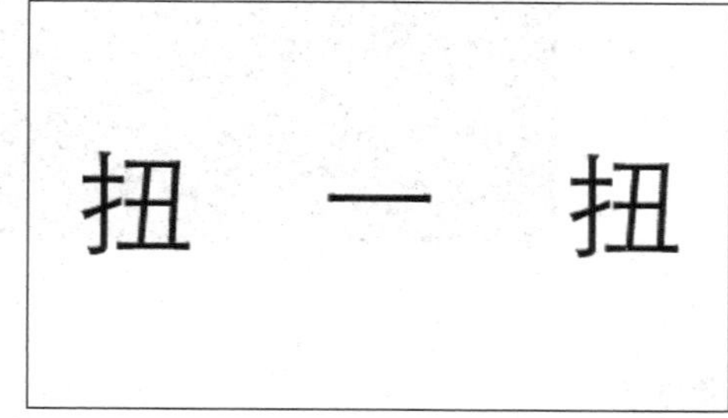

图 12-4 输入文本

（3）执行“窗口”|“时间轴”命令，弹出“时间轴”选项卡，选择“创建视频时间轴”按钮，进入“时间轴”选项卡。单击时间轴上的按钮，设置持续时间，参数设置如图 12-5 所示。

（4）在“文字变形”选项左侧单击鼠标，创建关键点，如图 12-6 所示。

图 12-5　设置时间长度

图 12-6　创建关键点

（5）移动时间滑块至第 04f，再次单击“文字变形”选项左侧的◆按钮，创建关键帧，如图 12-7 所示。

（6）在工具箱中选取文本工具，在属性栏中单击“变形”按钮，在“变形文字”对话框中设置变形样式为“贝壳”，如图 12-8 所示。

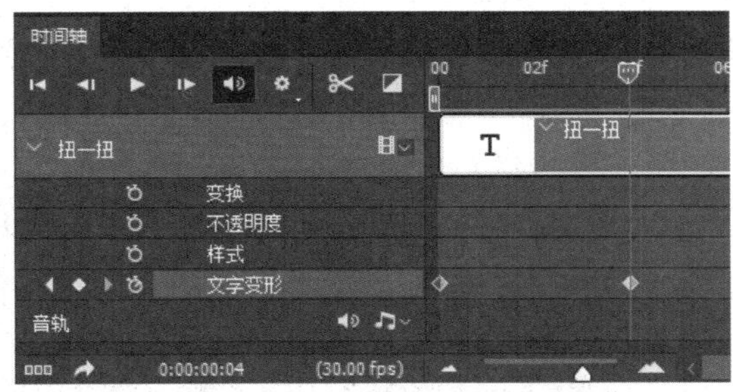

图 12-7　创建关键帧

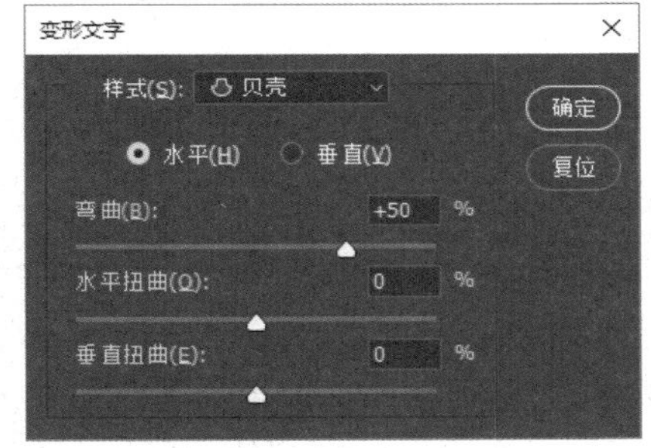

图 12-8　“变形文字”对话框

（7）单击“确定”按钮，移动时间轴至 09f，创建关键帧，如图 12-9 所示。

（8）在工具箱中选取文本工具，在属性栏中单击“变形”按钮，在“变形文字”对话框中，设置变形样式为“凸起”，如图 12-10 所示。

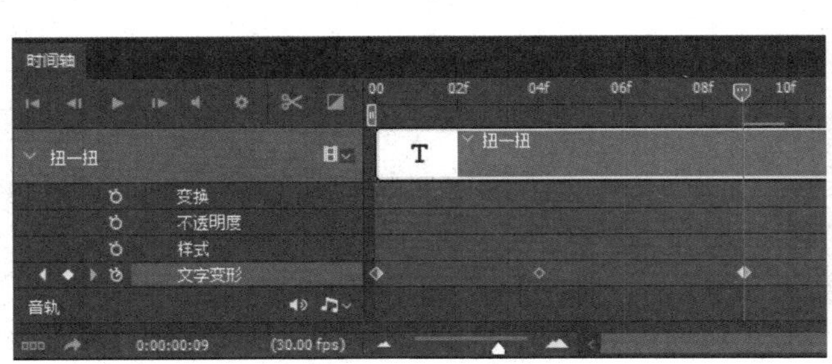

图 12-9　创建关键帧

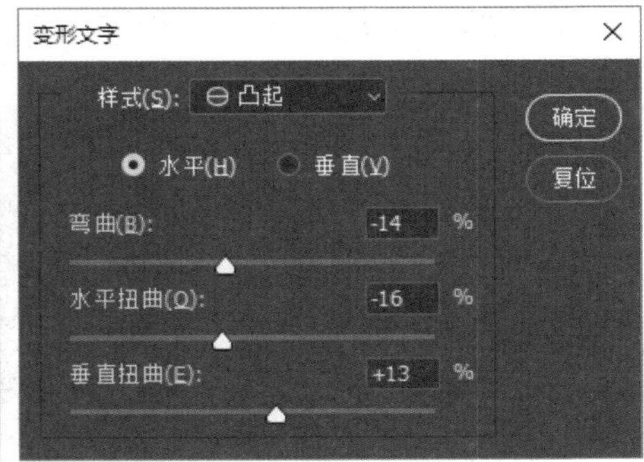

图 12-10　“变形文字”对话框

（9）单击“确定”按钮，移动时间轴至起点，播放动画，观看效果，如图 12-11 所示。

（10）单击“文件”|“存储为 web 和设置所用格式”命令，在弹出的“存储为 web 和设置所用格式”对话框中单击“存储”按钮，打开“将优化结果存储为”对话框，设置存储名称，将文件以 gif 格式保存，如图 12-12 所示。

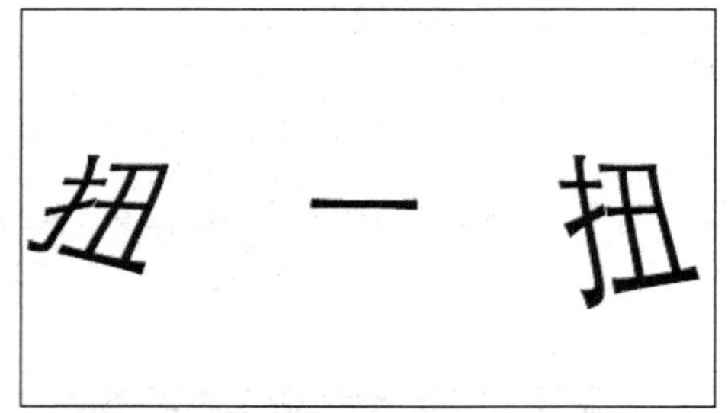

图 12-11　观看动画

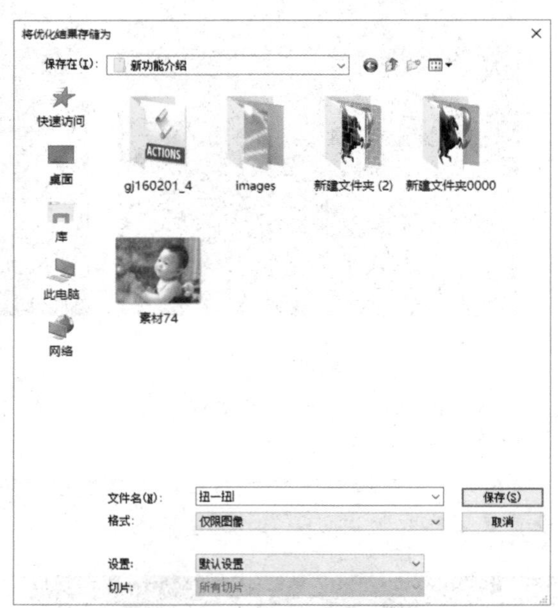

图 12-12　存储文件

12.1.3　关键帧动画

关键帧是计算机动画的一个重要概念，在运用计算机制作动画时，要设置很多的帧，但实际上，要实现动画效果只需在图像的一些重要转折处设置关键帧就可以了。除关键帧之外的所有帧都被称之为“中间帧”。计算机在制作动画时，一般只需设置关键帧即可，在两个关键帧之间的中间帧，计算机会经过计算自动生成。

关键帧动画的制作都是在帧动画选项卡中进行的，如图 12-13 所示。

图 12-13　帧动画选项卡

选项解析

❋　时间下拉列表框：在该下拉列表框中，可以设置在当前帧中的停留时间，如图 12-14 所示。

❋　次数下拉列表框：在该下拉列表框中，可以设置动画的播放循环方式，如图 12-15 所示。

❋　“过渡动画帧”按钮：选中两帧之后单击该按钮，可以在两帧之间创建过渡动画。单击该按钮后，将弹出“过渡”对话框，“过渡”对话框用于设置过渡帧的帧数以及过渡方式等，如图 12-16 所示。

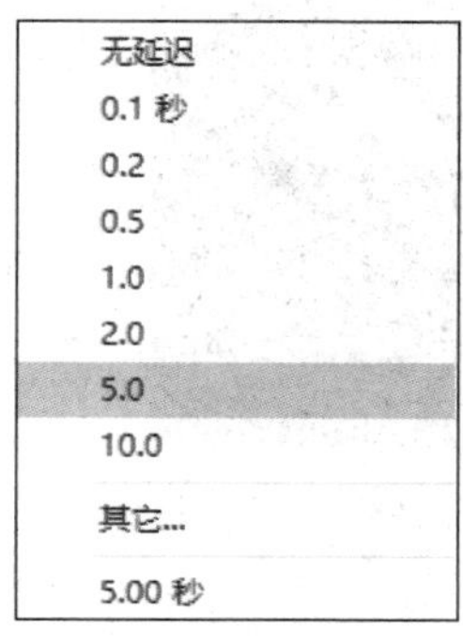

图 12-14 设置停留时间

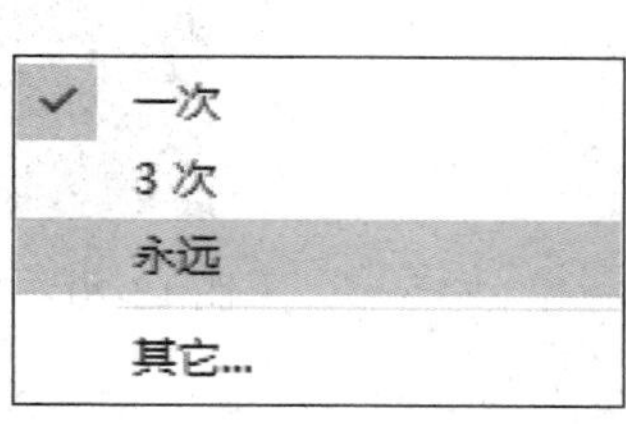

图 12-15 播放循环方式

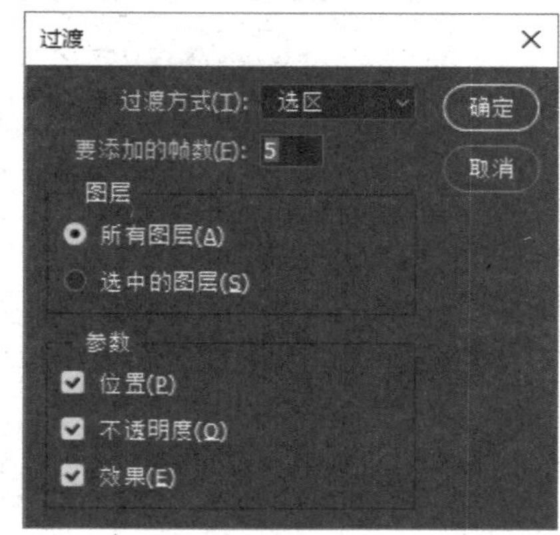

图 12-16 “过渡”对话框

典型应用

（1）新建文件，参数设置如图 12-17 所示。

（2）设置前景色为 R0、G48、B171，按【Alt+Delete】组合键填充前景色，效果如图 12-18 所示。

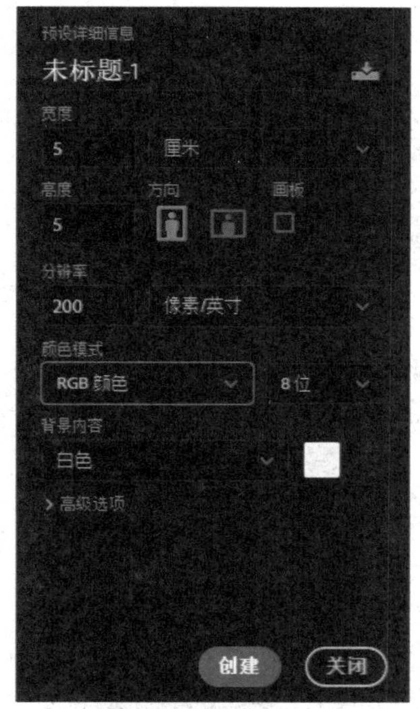

图 12-17 “新建”对话框

图 12-18 填充前景色

（3）调入素材图像，如图 12-19 所示。

（4）按【Ctrl+J】组合键复制图层，调整图像大小，并将图层的不透明度设置为 20%，效果如图 12-20 所示。

图 12-19　调入素材

图 12-20　复制图像并调整大小

（5）打开“时间轴”选项卡，单击两次“复制所选帧”按钮，选中第 1 帧，在“图层”选项卡中，隐藏除背景层以外的所有图层，如图 12-21 所示。

（6）在“时间轴”选项卡中，设置第 1 帧的停留时间为 2 秒，如图 12-22 所示。

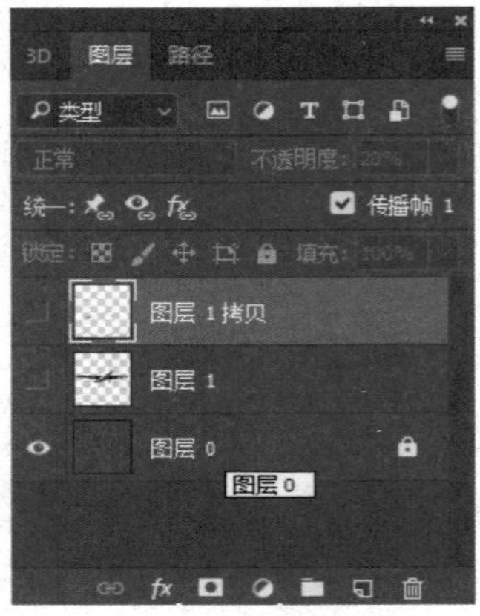

图 12-21　“图层”选项卡

图 12-22　设置停留时间

（7）选择第 2 帧，在“图层”选项卡中，隐藏大飞机图层，如图 12-23 所示。

（8）选择第 3 帧，隐藏小飞机所在图层，如图 12-24 所示。

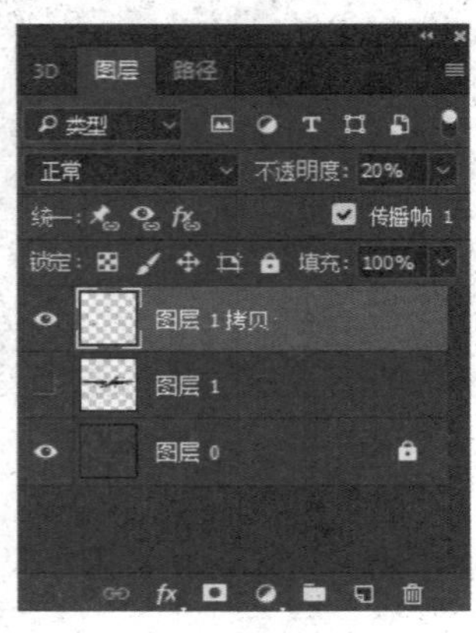

图 12-23　隐藏大飞机图层

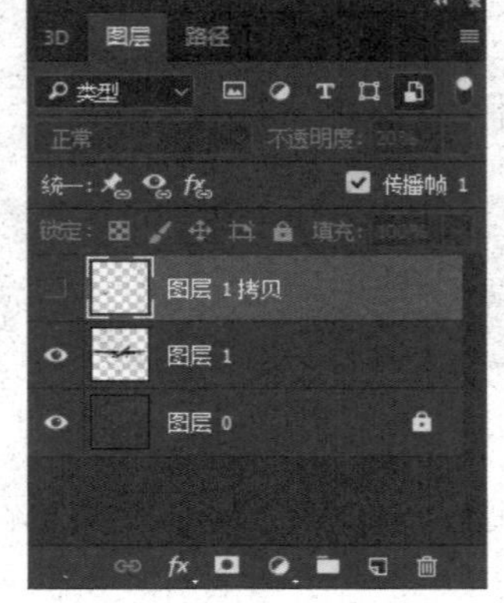

图 12-24　隐藏小飞机所在图层

（9）同时选择第 2 帧和第 3 帧，单击“过渡动画帧”按钮，在弹出的“过渡”对话框中，设置“需要添加的帧数”为 3，如图 12-25 所示。

（10）单击“确定”按钮，此时的“时间轴”选项卡如图 12-26 所示。

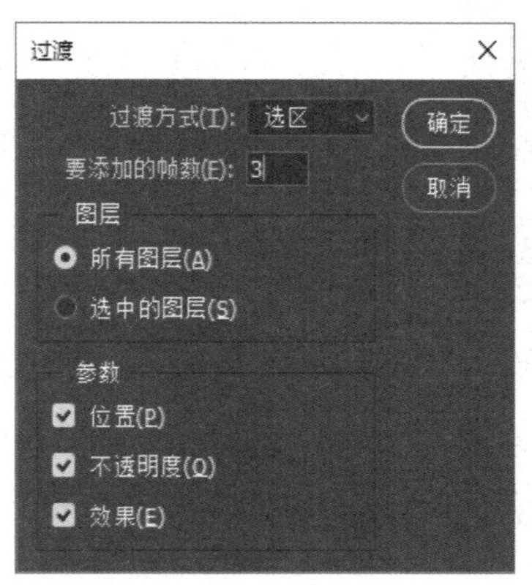

图 12-25 “过渡”对话框

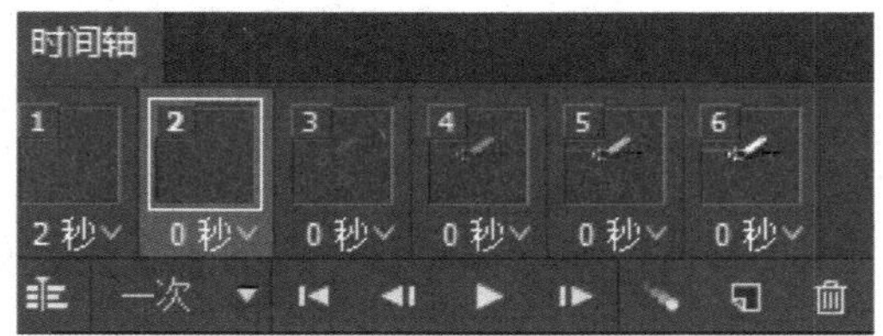

图 12-26 “动画”选项卡

专家提醒

在“时间轴”选项卡中，按住【Shift】键的同时，单击鼠标，可以同时选中两个或多个帧。

（11）设置第 6 帧的停留时间为 2 秒，然后使用“文本”工具，输入文本并变换文本，如图 12-27 所示。

（12）文本编辑完成后，按【Shift】键，选中所有的帧，并隐藏文字图层，然后在“时间轴”选项卡中，选择第 6 帧复制出第 7 帧。在图层中显示所有图形，并将第 7 帧的停留时间设置为 1 秒，单击“播放动画”按钮观看动画，第 3 帧效果如图 12-28 所示。

图 12-27 输入文本

图 12-28 观看动画

课堂实战——制作雨天效果

扫描观看本节视频

Photoshop 的动画功能在制作小型动画中非常方便，本节以一个小实例介绍“动画”选项卡的使用方法。“雨天”效果如图 12-29 所示。

图 12-29 “雨天”效果

实战操作

本实例主要使用动感模糊命令，制作下雨效果并合成动画，具体操作步骤如下：

（1）打开一个素材文件，如图 12-30 所示。

（2）按【D】键默认前景色，然后新建图层，并按【Alt＋Delete】组合键填充前景色，如图 12-31 所示。

（3）单击“滤镜”|“杂色”|“添加杂色”命令，在弹出的“添加杂色”对话框中修改填充设置，如图 12-32 所示。

（4）单击“确定”按钮关闭对话框，然后单击“滤镜”|“模糊”|“动感模糊”命令，在弹出的“动感模糊”对话框中修改设置，如图 12-33 所示。

（5）将“图层 1”的混合模式设置为“滤色”，效果如图 12-34 所示。

（6）按【Ctrl＋J】组合键复制图层，按【Ctrl＋T】组合键调出变换控制框，调整图像大小，如图 12-35 所示。

图 12-30 素材文件

图 12-31 填充前景色

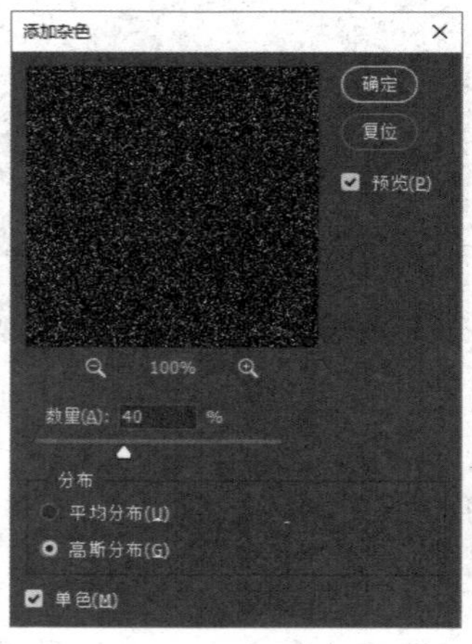

图 12-32 “添加杂色”对话框

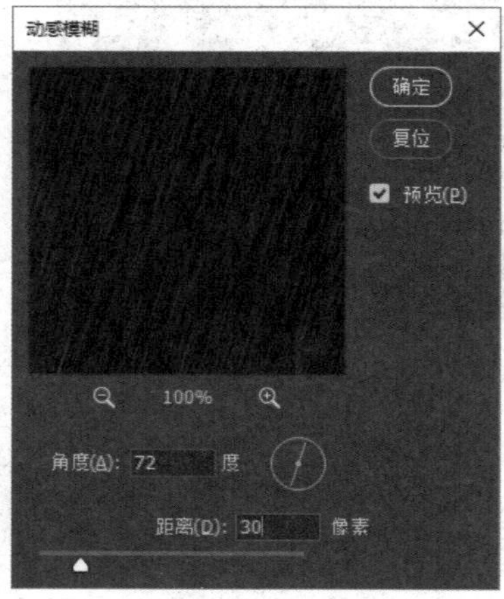

图 12-33 “动感模糊”对话框

图 12-34 修改图层混合模式

图 12-35 变换图像

（7）单击“窗口”|“时间轴”命令，调出“时间轴”选项卡，单击“创建帧动画”按钮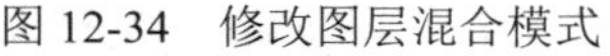将“时间轴”选项卡切换到帧动画模式，单击“复制所选帧”按钮，复制帧，如图 12-36 所示。

（8）选中第 1 帧，在“图层”选项卡中隐藏“图层 1 拷贝”，如图 12-37 所示。

图 12-36 复制帧

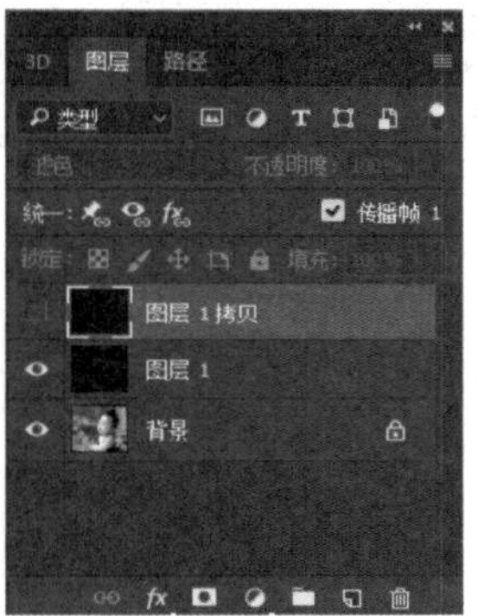

图 12-37 隐藏图层

（9）选中第 2 帧，在“图层”选项卡中隐藏“图层 1”，显示“图层 1 拷贝”，如图 12-38 所示。

（10）在“动画”选项卡中同时选中第 1 帧和第 2 帧，单击时间下拉列表框，选择“0.2”选项，如图 12-39 所示。

（11）在“动画”选项卡中，单击“播放动画”按钮，观看效果，如图 12-40 所示。

（12）执行“文件”|“储存为 Web 和设备所用格式”命令，打开“储存为 Web 和设备所用格式”对话框，如图 12-41 所示。

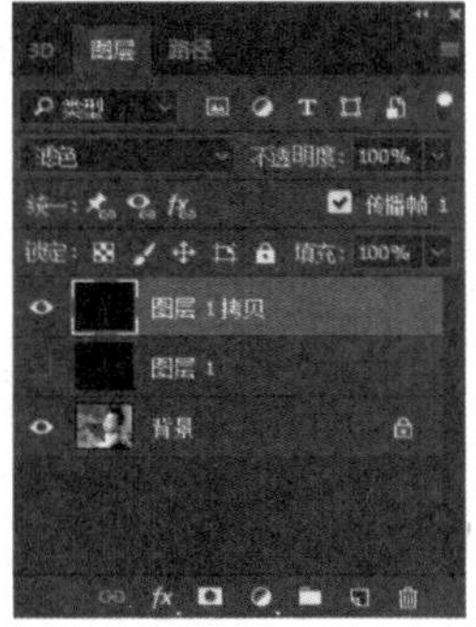

图 12-38 隐藏图层

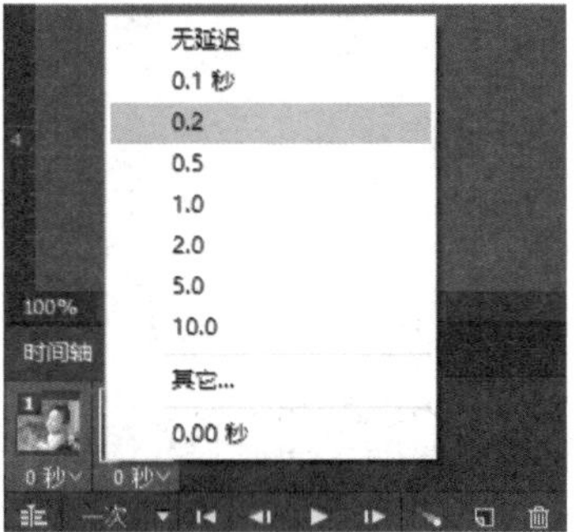

图 12-39 设置停留时间

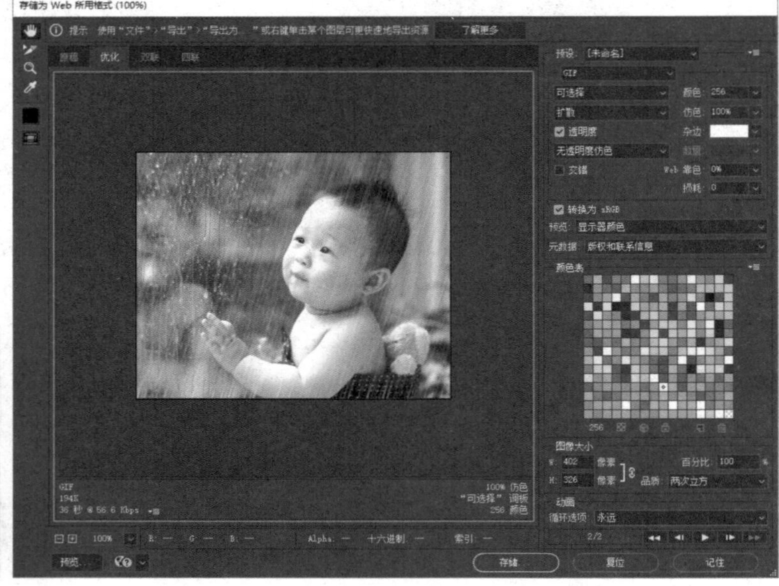

图 12-40 观看动画　　　　图 12-41 优化动画

（13）单击“导出”|“存储为 web 所有格式”按钮，打开“将优化结果存储为”对话框，设置存储类型为 gif，动画“循环选项内”选择“永远”，保存图像，如图 12-42 所示。

（14）在弹出的提示信息框中单击“确定”按钮，如图 12-43 所示。

图 12-42 存储动画

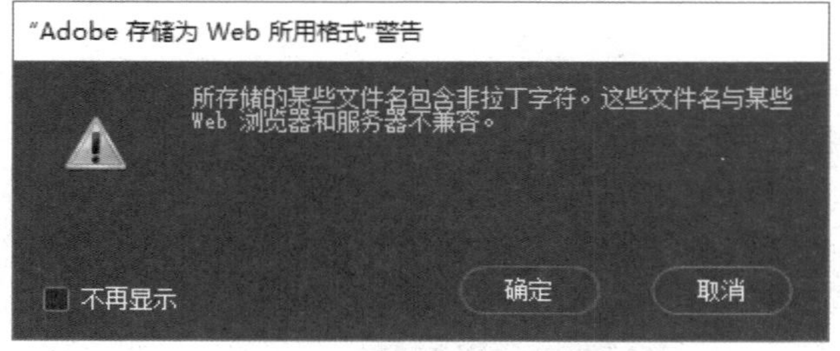

图 12-43 提示信息框

12.2 Bridge

Bridge 是图片管理的一个插件，它可以更好地对文件和图片进行管理与分类。

12.2.1 Bridge 界面介绍

单击“文件”|“在 Bridge 中浏览”命令，可以启动 Bridge CC (2017)界面，如图 12-44 所示。

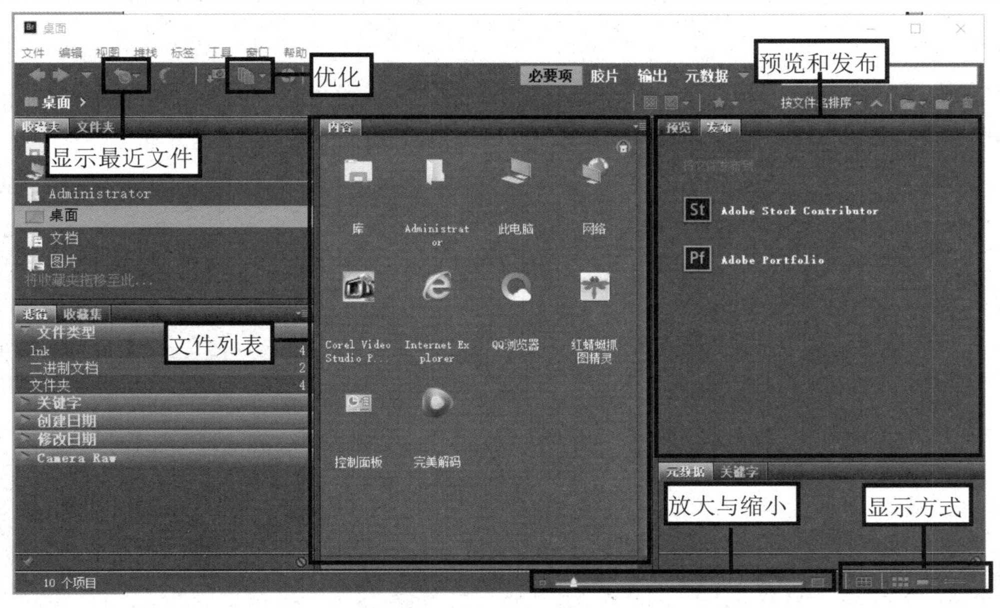

图 12-44 Bridge 界面

选项解析

※ “显示最近文件”按钮：用于显示最近使用的文件，或转到最近访问的文件夹。

※ “优化”按钮：用于设置文件的显示类别。

※ 文件列表：用于显示某个驱动器或文件夹中的图像。

※ “放大与缩小”滑块：拖动滑块，可以改变图像显示的大小。

※ 预览区：用于预览所选中的图像。

※ 显示方式：用于切换图像的显示方式，如以列表形式查看内容、以详细信息形式查看内容和以缩略图形式查看内容等。

12.2.2 局部放大图像

在“Bridge 界面中”可通过鼠标拖动不同的标题栏来变动窗口位置，将“预览”拖动至“文件列表”窗口，鼠标单击标题栏，可在两个窗口间进行切换。

在“预览”面板中的图像任意位置单击鼠标，即可局部放大图像，如图 12-45 所示。

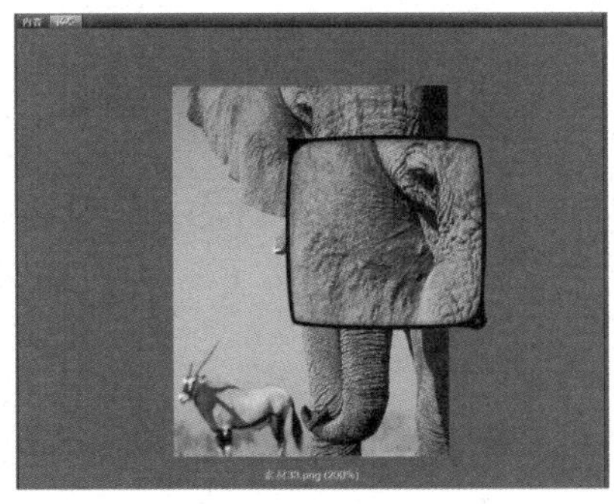

图 12-45 局部放大图像

12.2.3 更改显示模式

单击菜单中的“视图”命令，在弹出的菜单中可以选择显示的模式，包括全屏预览、幻灯片放映、审阅模式等，其中默认情况下全屏预览与幻灯片放映相类似，如图 12-46 所示。

图 12-46　不同的显示模式

课堂总结

本章主要讲述了 Photoshop 在动画中的应用，在 Photoshop 中可以使用两种方法创建动画，分别为时间轴动画和关键帧动画。时间轴动画主要对当前图层进行图像变形而创建动画，而关键帧动画则是通过对不同的图层进行操作而形成动画。读者在操作时应结合课堂指导内容灵活地应用。通过对本章的学习，应做到以下几点：

（1）在讲述动画时，应着重理解动画的创建方式，不能拘泥于课本上的实例，而应通过对实例的了解，在课后独立创建基本的动画。

（2）Bridge 是为了方便浏览文件而创建，其工具非常丰富，灵活使用这些工具，对图片的管理会更加方便。

课后巩固

一、填空题

1．在 Photoshop CC2017 中，所有的动画基本上都是在________选项卡和________选项卡中完成的。

2．在 Photoshop CC2017 中，单击________命令可以打开“动画”选项卡。

3．除关键帧之外的所有帧都被称之为________。

二、简答题

1．Photoshop 中的动画原理是什么？
2．时间轴动画与关键帧动画有什么区别？
3．Bridge 有何作用？

三、上机操作

1．使用关键帧动画制作如图 12-47 所示动画效果。

图 12-47　星辰效果

关键提示：使用多边形工具，绘制星形，添加图层样式，制作关键帧动画。
2．使用关键帧动画，制作眨眼效果，如图 12-48 所示。

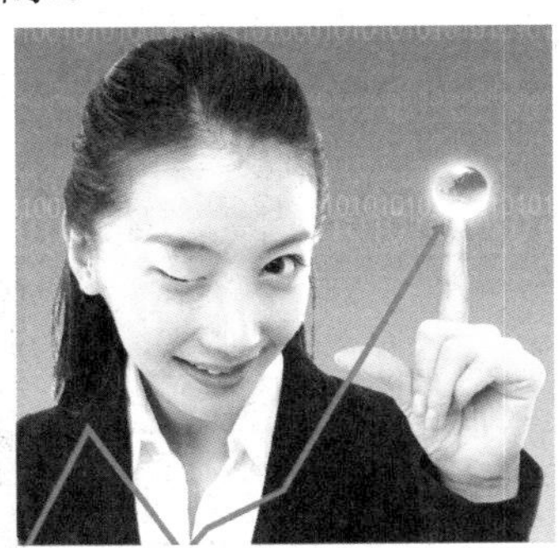

图 12-48　眨眼效果

关键提示：复制图层，液化调整图形，制作关键帧动画。

第 13 章　动作与网络的应用

本章导读

本章将对 Photoshop 中的“动作”选项卡进行详细介绍。使用动作可以十分轻松地完成大量图像的处理工作，通过自定义动作可以完成制作批量的个性化效果图像。而 Photoshop 在网络上的应用主要是创建切片和优化图像。通过对本章内容的学习，要求读者能够熟悉并掌握 Photoshop CC 2017 动作与网络的应用。

学习目标

- 认识“动作”选项卡
- 动作的应用
- 自动化工具的使用
- 网络的应用

13.1 “动作”选项卡

在“动作”选项卡中创建的动作可以应用于其他与之模式相同的文件中，这便为处理类似的操作节约了大量的时间。单击“窗口”|“动作”命令，将弹出“动作”选项卡，如图 13-1 所示。

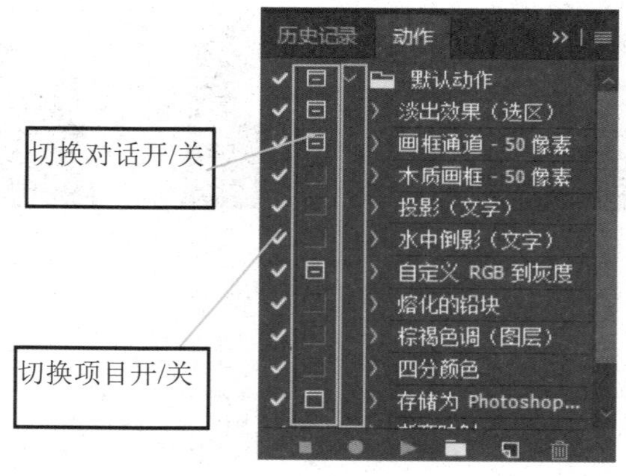

图 13-1　“动作”选项卡

选项解析

※　切换项目开/关：当选项卡中出现该图标时，表示该图标对应的动作组、动作或命令可以使用；当选项卡中该图标处于隐藏状态时，表示该图标对应的动作组、动作或命令不可以使用。

※　切换对话开/关：当选项卡中出现该图标时，表示动作执行到该步时会暂停，并打开

相应的对话框，设置参数后可以继续执行以后的动作。

❋ “创建新组”按钮▭：创建用于存放动作的新组。

❋ “播放选定的动作”按钮▶：单击该按钮可以执行对应的动作命令。

❋ “开始记录”按钮●：单击该按钮，开始记录动作。

❋ “停止播放/记录”按钮■：单击该按钮，完成记录过程。

❋ 菜单按钮☰：单击该按钮，将弹出快捷菜单，在该菜单中可以执行其他动作命令，如图 13-2 所示。

按钮模式
新建动作...
新建组...
复制
删除
播放
开始记录
再次记录...
插入菜单项目...
插入停止...
插入条件...
插入路径
动作选项...
回放选项...
允许工具记录
清除全部动作
复位动作
载入动作...
替换动作...
存储动作...
命令
画框
图像效果
LAB - 黑白技术
制作
流星
文字效果
纹理
视频动作
关闭
关闭选项卡组

13-2 快捷菜单

13.2 应用动作

应用动作可以使复杂的操作简单化，动作可以是图形的变换、图层的操作、滤镜的使用、图层样式的使用等。

13.2.1 创建并应用动作

用户可以自定义动作，以备日后使用。在创建动作时需要注意：鼠标移动是不能被记录的，例如画笔的描绘动作。

典型应用

（1）打开一个素材文件，如图 13-3 所示。

（2）单击“窗口”|“动作”命令打开“动作”选项卡，单击“创建新动作”按钮，弹出“新建动作”对话框，设置动作名称，如图 13-4 所示。

图 13-3 素材文件

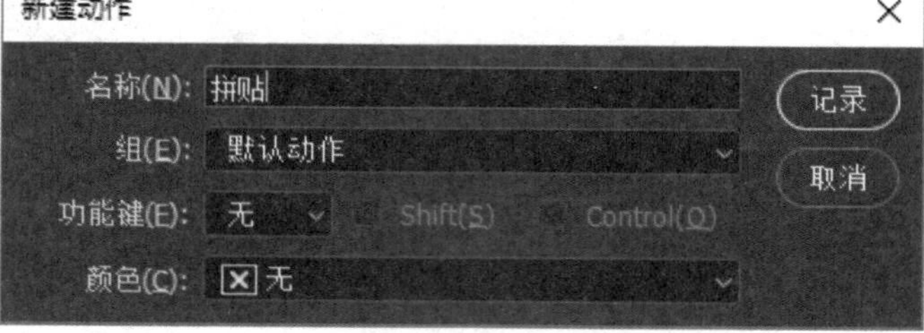

图 13-4 “新建动作”对话框

（3）单击“记录”按钮开始记录动作，此时为图像执行一个操作，如单击“滤镜”|“风格化”|“拼贴”命令，打开“拼贴”对话框，保持默认参数设置，如图 13-5 所示。

（4）单击“确定”按钮，效果如图 13-6 所示。

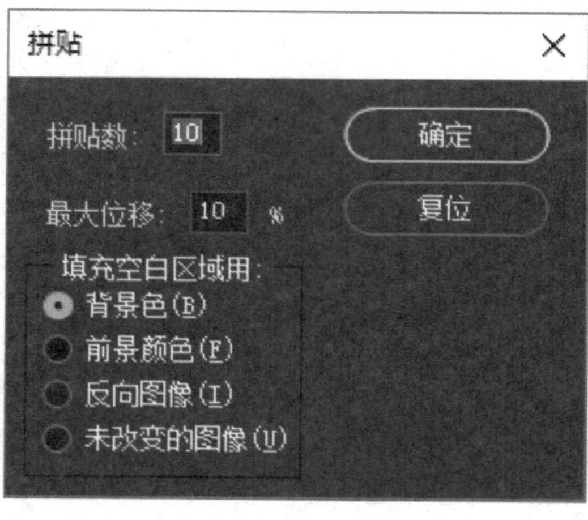

图 13-5 “拼贴”对话框

图 13-6 拼贴效果

（5）在“动作”选项卡中单击“停止播放/记录”按钮■，完成动作的创建，此时在“动作”选项卡中将显示创建的动作，如图 13-7 所示。

（6）打开另一幅素材图像，如图 13-8 所示。

图 13-7　创建的动作

图 13-8　素材图像

（7）在“动作”选项卡中选中创建的“拼贴”动作，如图 13-9 所示。

（8）单击“播放选定的动作”按钮▶，即可为图像执行动作，效果如图 13-10 所示。

图 13-9　选择动作

图 13-10　拼贴效果

13.2.2　应用系统默认动作

在 Photoshop CC 2017 中，系统提供了 10 余种常用动作，极大地方便了一些常用设计，如制作木质画框、水倒影等。

典型应用

（1）打开一个素材文件，如图 13-11 所示。

（2）按【Alt＋F9】组合键打开“动作”选项卡，打开默认动作，选择“木质画框-50 像素”选项，如图 13-12 所示。

图 13-11 素材文件

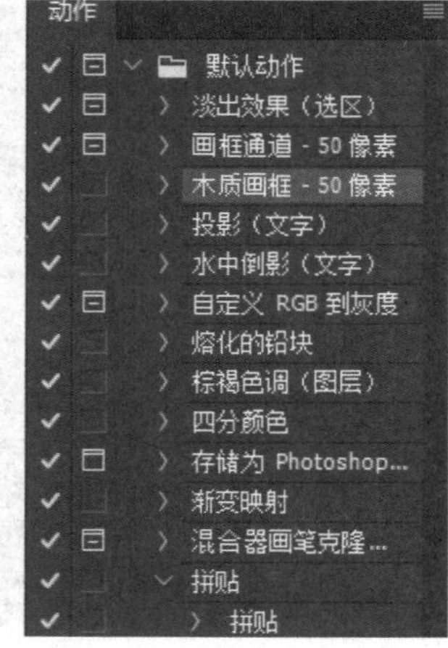

图 13-12 选择动作

（3）单击“播放选定的动作”按钮，此时将弹出提示信息框（如图 13-13 所示），单击“继续”按钮，最终效果如图 13-14 所示。

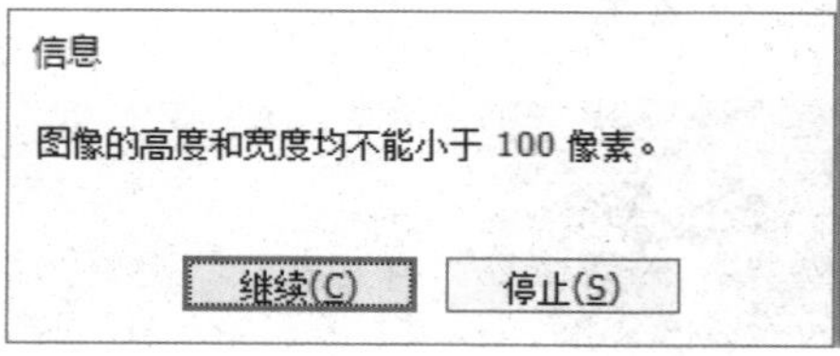

信息

图像的高度和宽度均不能小于 100 像素。

继续(C) 停止(S)

图 13-13 提示信息框

图 13-14 动作执行结果

13.2.3 修改动作中的参数

创建的动作不一定每个步骤都适用于其他图像，在使用动作时，可以对某些动作参数进行修改。

典型应用

（1）打开一个素材文件，如图 13-15 所示。

（2）在“动作”选项卡中打开“四分颜色”动作，选中“曲线”动作左侧的“切换对话开/关”，如图 13-16 所示。

图 13-15　素材文件

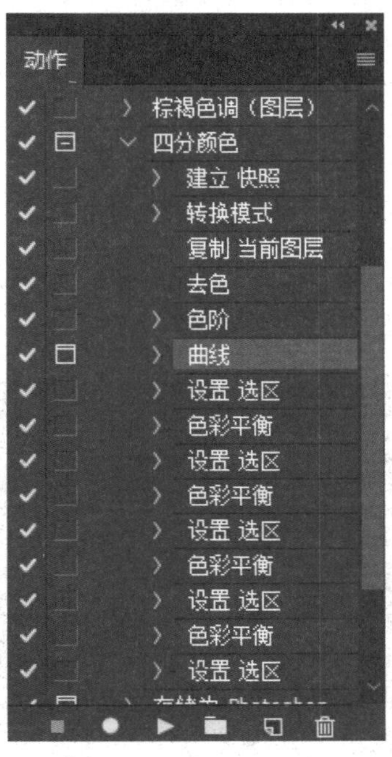

图 13-16　“动作”选项卡

（3）单击“动作”选项卡底部的“播放选定的动作”按钮▶，为图像执行动作，在执行到“曲线”动作时，将弹出“曲线”对话框，修改其中的参数，如图 13-17 所示。

（4）在“曲线”对话框中单击“确定”按钮，系统将继续播放动作，直至动作完成，效果如图 13-18 所示。

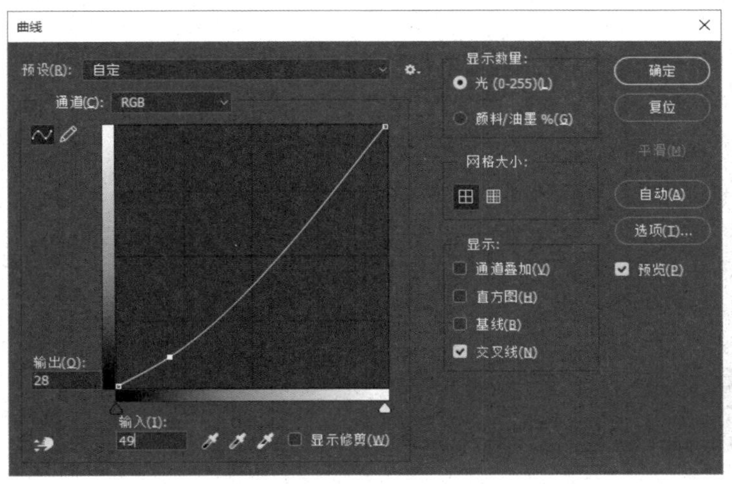

图 13-17　“曲线”对话框

图 13-18　动作执行结果

13.2.4　插入停止

在使用一些默认动作或自己创建的动作时，并不一定要使用动作的所有步骤，此时可以在某一个动作前插入停止，即播放到某一动作时停止。

典型应用

（1）打开一个素材文件，如图 13-19 所示。

（2）在“动作”选项卡中打开“四分颜色”动作，选择“去色”选项，如图 13-20 所示。

图 13-19 素材文件

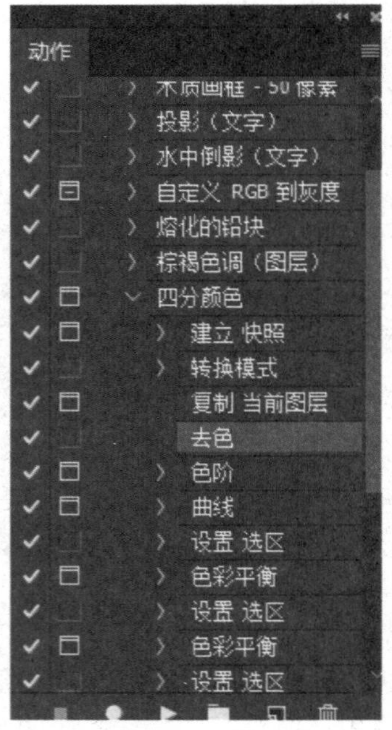

图 13-20 选择动作

（3）单击“动作”选项卡右上角的菜单按钮，在弹出的快捷菜单中选择“插入停止”命令，如图 13-21 所示。

（4）弹出“记录停止”对话框，在“信息”文本框中输入文本提示信息，如图 13-22 所示。

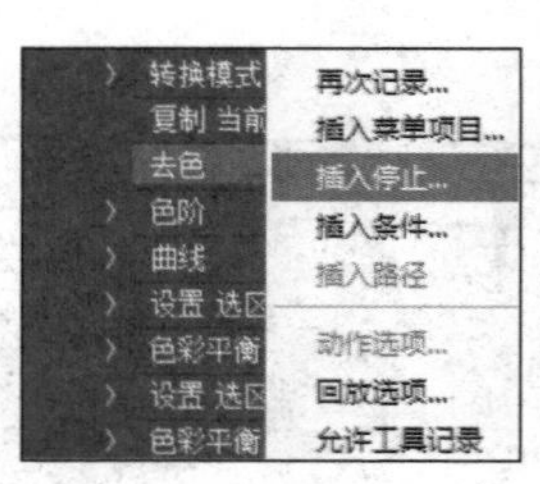

图 13-21 插入停止

图 13-22 输入提示信息

（5）单击“确定”按钮返回“动作”选项卡，选择“四分颜色”动作，单击“播放选定的动作”按钮▶执行动作，当播放到“去色”动作时，将弹出提示信息框，如图 13-23 所示。

（6）单击“停止”按钮，效果如图 13-24 所示。

信息

已完成

停止(S)

图 13-23 提示信息框

图 13-24 停止后的效果

13.2.5 载入动作

除了使用自定义动作和使用系统动作外，用户还可以在网络上下载一些优秀的动作，以方便设计。但在使用外来动作时，首先需要载入动作。

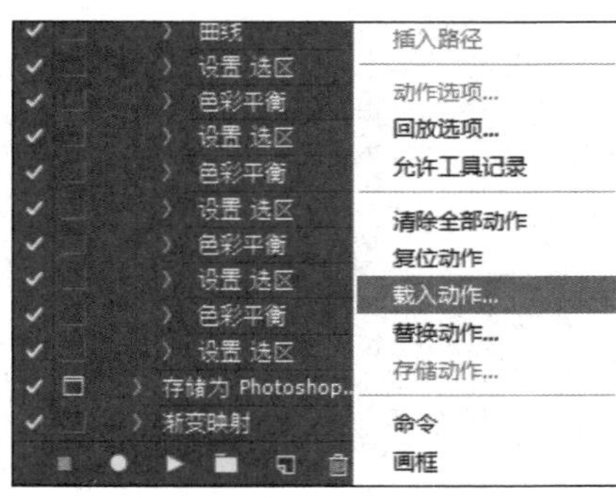

图 13-25 执行载入命令

典型应用

（1）在“动作”选项卡中，单击右上角的菜单按钮，打开快捷菜单，并选择“载入动作”选项，如图 13-25 所示。

（2）弹出“载入”对话框，选择本地保存的动作文件，如图 13-26 所示。

（3）单击“载入”按钮即可载入动作，如图 13-27 所示。

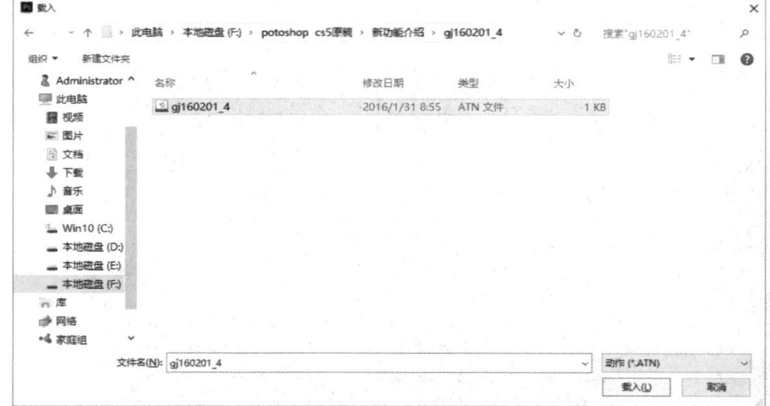

图 13-26 “载入”对话框

图 13-27 载入的动作

13.3 自动化工具

使用自动化工具，可以非常轻松地完成大量的图像处理，从而减少工作量，单击“文件”|“自动”命令，可以看到自动化工具。

13.3.1 批处理

在“批处理”对话框中可以对多个文件执行相同的操作。单击“文件”|“自动”|“批处理”命令，将弹出“批处理”对话框，如图 13-28 所示。

选项解析

❈ “播放”选项区：用于设置播放动作组和动作。

❈ “源”下拉列表框：用于设置源文件，包括文件夹、导入、打开的文件和 Bridge 等选项。

❈ “覆盖动作中的‘打开’命令”复选框：在进行批处理时，会忽略动作中的“打开”命令，但在动作中必须包含一个“打开”命令，否则源文件将无法打开。选中该复选框后，会弹出如图 13-29 所示的提示信息框。

❈ “包含所有子文件夹”复选框：在执行批处理时，选中该复选框。会自动对应选取文件夹中子文件夹里的所有图像。

❈ “禁止显示文件打开选项对话框”复选框：在执行“批处理”时，选中该复选框，将不会打开“文件打开选项”对话框。

❈ “禁止颜色配置文件警告”复选框：选中该复选框，将禁止处理过程中的颜色配置信息。

❈ “目标”下拉列表框：设置批处理后的文件的存储方式，包括无、储存并关闭和文件夹 3 个选项。

❈ “选择”按钮：在“目标”下拉列表框中选择“文件夹”后，此选项将被激活，用于设置批处理后文件保存的文件夹。

❈ “覆盖动作中的‘储存为’命令”复选框：如果动作中包含“储存为”命令，此选项将被激活，选中该复选框后，在进行批处理时动作的“储存为”命令将引用批处理文件，而不是动作中指定的文件名和位置。选中该复选框，将弹出如图 13-30 所示的提示信息框。

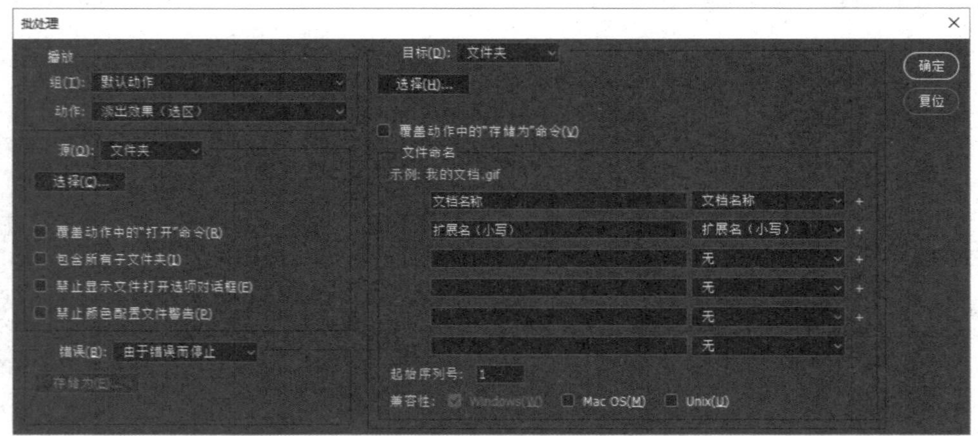

图 13-28 “批处理”对话框

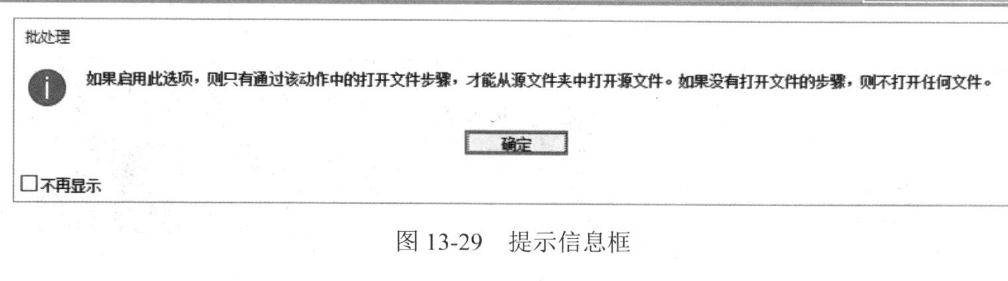

图 13-29 提示信息框

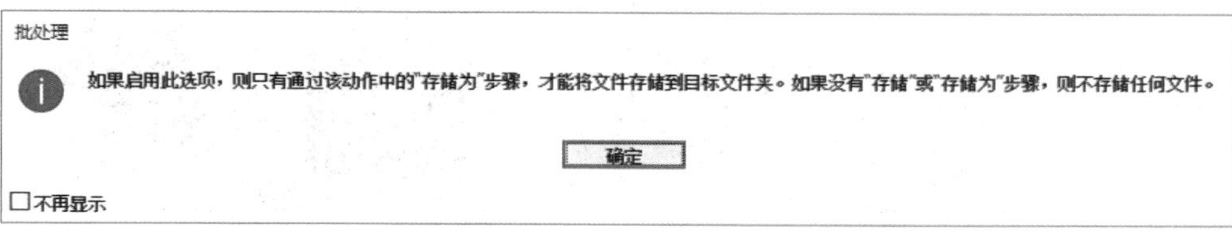

图 13-30 提示信息框

※ “文件命名”选项区：在“目标”下拉列表中选择“文件夹”后，可以在“文件命名”选项区域6个选项中设置文件的命名规范，还可以在其他的选项中指定文件的兼容性，包括 Windows、MacOS 和 Unix。

※ “错误”下拉列表框：用于设置出现错误的处理方式。

典型应用

（1）单击“文件”|“自动”|“批处理”命令，打开“批处理”对话框，在“组”下拉列表框中选择“默认动作”选项，在“动作”下拉列表框中选择先前创建的“拼贴”选项，在“源”下拉列表框中，选择“文件夹”选项，然后单击“选择”按钮，并选择需要处理的文件夹，如图 13-31 所示。

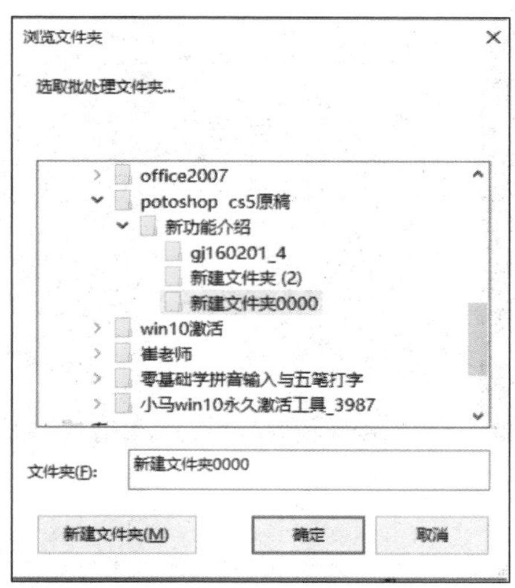

图 13-31 “批处理”对话框

（2）在“目标”下拉列表框中选择“文件夹”选项，然后单击“选择”按钮，选择存储位置，如图 13-32 所示。

（3）单击“确定”按钮开始批处理，完成之后可以发现所有图像都执行了“拼贴”动作，如图 13-33 所示。

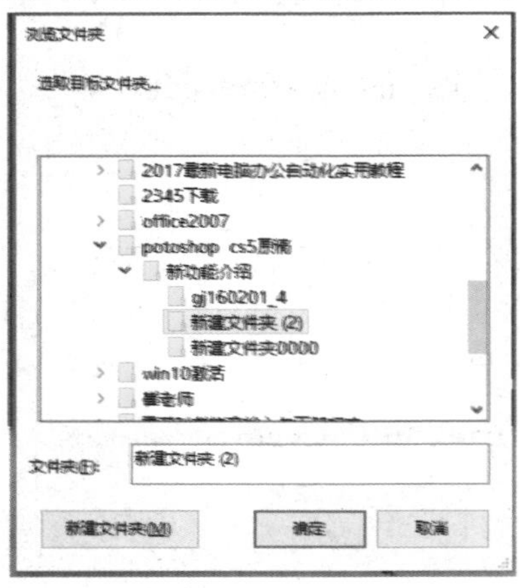

图 13-32 选择储存位置

图 13-33 拼贴结果

13.3.2 裁剪并修齐照片

使用“裁剪并修剪照片”命令，通常可以将扫描仪中一次性扫描到的多个图像文件分成多个单独的图像文件。

典型应用

本实例的效果如图 13-34 所示。

（1）打开一个素材文件。

（2）执行“文件”|“自动”|“裁剪并修齐照片”命令，即可将照片裁剪并修齐，最终结果如图 13-34 所示。

修剪前　　修剪后

图 13-34 裁剪并修剪前后效果对比

13.3.3 联系表

使用联系表功能，可以快速创建整齐排列的图片包。

典型应用

（1）执行“文件”|“自动”|“联系表”命令，在弹出的“联系表 II”对话框中的“源图像”选项区中单击“浏览”按钮，选择一个图片文件夹，如图 13-35 所示。

（2）单击“确定”按钮，即可创建联系表，如图 13-36 所示。

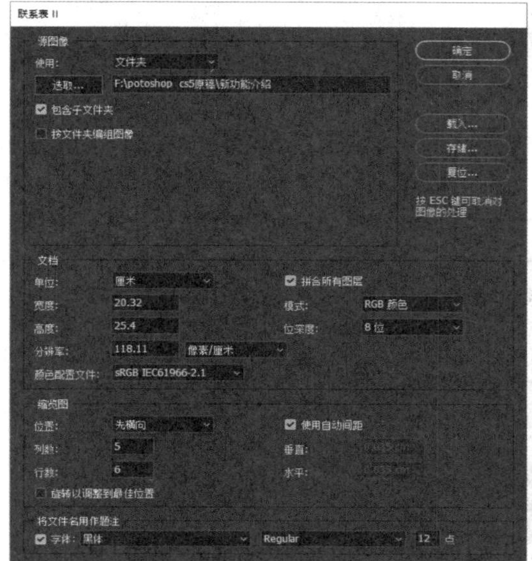

图 13-35 “联系表 II”对话框

图 13-36 创建的联系表

13.3.4 Photomerge

使用 Photomerge 命令可以将局部图像自动合成全景照片。单击“文件”|“自动”|Photomerge 命令，将弹出 Photomerge 对话框，如图 13-37 所示。

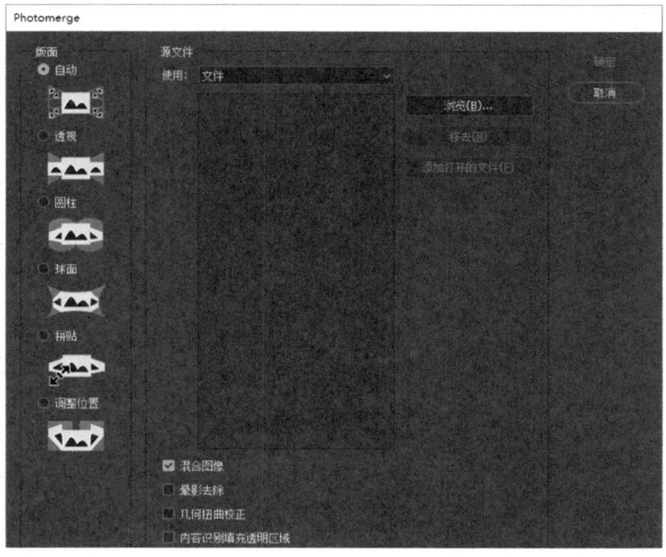

图 13-37 Photomerge 对话框

选项解析

- ❋ “版面”选项区：用于设置转换为前景图片时的模式。
- ❋ “使用”下拉列表框：可以选择文件夹或文件合成。
- ❋ “混合图像”复选框：选中该复选框后，图像合成后会直接套用混合图像蒙版。
- ❋ “晕影去除”复选框：选中该复选框后，可以校正摄影时镜头中的晕影效果。
- ❋ “几何扭曲校正”复选框：选中该复选框后，可以校正摄影时镜头中的几何扭曲效果。

典型应用

（1）单击“文件”|“自动”|Photomerge 命令，弹出 Photomerge 对话框，如图 13-38 所示。

（2）单击“浏览”按钮，将弹出“打开”对话框，在其中选择素材文件，如图 13-39 所示。

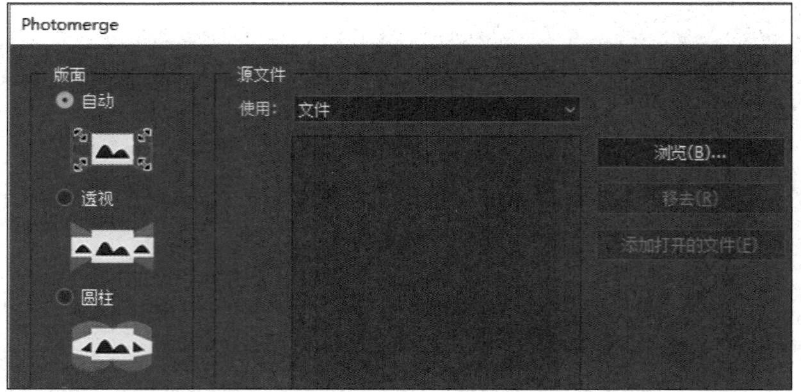

图 13-38　Photomerge 对话框

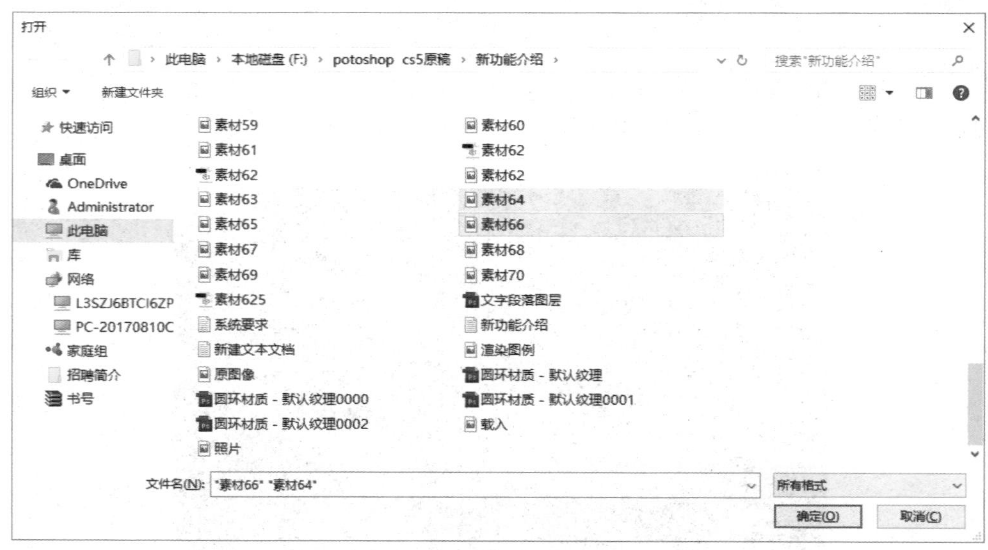

图 13-39　选择文件

（3）单击“确定”按钮，返回 Photomerge 对话框，保持版面选项为默认，如图 13-40 所示。

（4）单击“确定”按钮，系统自动分析文件，最终合成效果如图 13-41 所示。

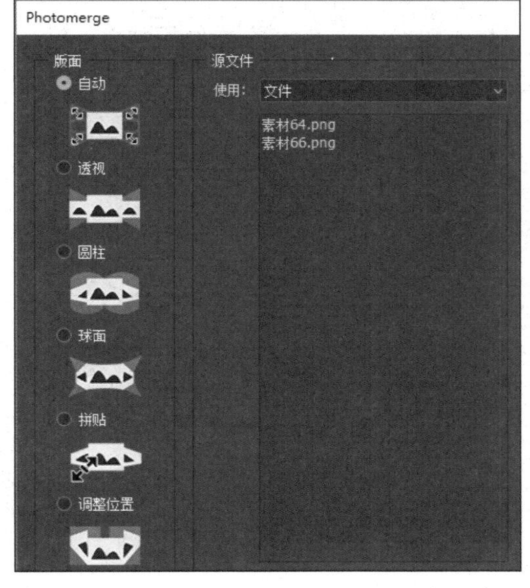

图 13-40　Photomerge 对话框

图 13-41　合成效果

13.3.5　限制图像

使用“限制图像”命令，可以在不改变图像分辨率的情况下改变图像的高度与宽度。单击“文件”|“自动”|“限制图像”命令，将弹出“限制图像”对话框，如图 13-42 所示。

选项解析

- ❋　“宽度”数值框：用于设置图像的宽度。
- ❋　“高度”数值框：用于设置图像的高度。
- ❋　“不放大”复选框：选中该复选框，当改大图像的尺寸后，图像的显示不会放大。

典型应用

（1）打开一幅素材图像，如图 13-43 所示。

（2）单击“文件”|“自动”|“限制图像”命令，修改图像尺寸，如图 13-44 所示。

（3）单击“确定”按钮，效果如图 13-45 所示。

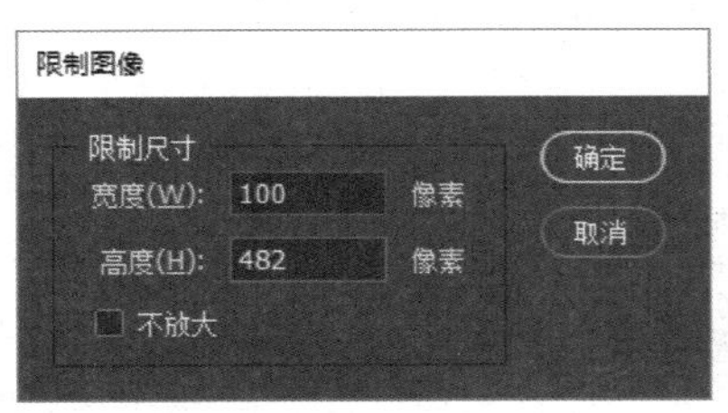

图 13-42　“限制图像”对话框

图 13-43　素材文件

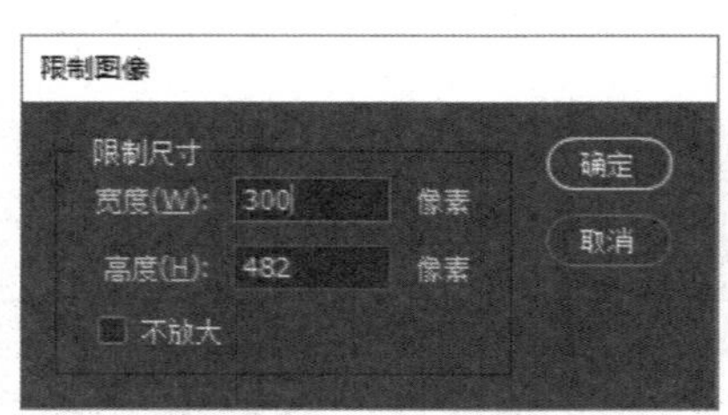

图 13-44 “限制图像”对话框

图 13-45 限制图像后的效果

13.3.6 更改条件模式

在 Photoshop CC2017 中，使用“条件模式更改”命令可以将当前选取的图像颜色模式转换为自定颜色模式。单击“文件”|“自动”|“条件模式更改”命令，弹出“条件模式更改”对话框，如图 13-46 所示。

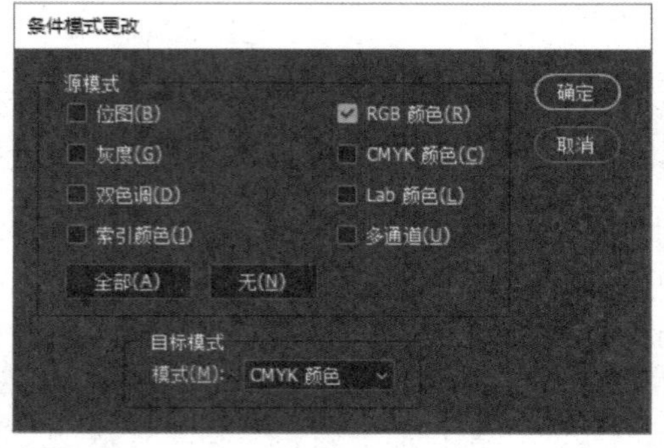

图 13-46 “条件模式更改”对话框

选项解析

❋ “源模式”选项区：用来设置将要转换的颜色模式。

❋ “目标模式”选项区：用于设置图像的目标颜色模式。

13.4 网络应用

Photoshop 在网络上的应用一般是处理图像、优化图像、创建切片等。

13.4.1 优化网络图像

网络上传输的图像要求在保证质量的前提下尽可能降低图像的大小。当前 Web 图像格式有 3 种：JPG 格式、GIF 格式和 PNG 格式。

打开图像后，单击“文件”|导出|“存储为 Web 所用格式”命令，将弹出“存储为 Web 所用格式”对话框，如图 13-47 所示。

在选择不同图像格式时，对话框中的选项会有所不同。

选项解析

❋ “预设”下拉列表框：用于选择常用的图像模式。

❋ 图像格式下拉列表框：用于选择图像的格式：如 GIF、JPEG、PNG 和 WBMP。

❋ “颜色”列表框：用于设置图像颜色的位深，数值越高，图像质量越好，同时文件

所占用的磁盘空间越大。

※ “预览”按钮：单击该按钮，可以在 Web 浏览器中预览图像。

图 13-47 “存储为 Web 和设备所用格式”对话框

13.4.2 创建切片

对图像进行优化后，可以将图像放在网络上。此外，可以为图像添加切片，对图像的切片区域作进一步的优化设置。

典型应用

（1）打开一幅素材图像，如图 13-48 所示。

（2）在工具箱中选取“切片工具”，在网站首页的 LOGO 上创建切片，如图 13-49 所示。

（3）用同样的方法，在其他图片上创建切片，如图 13-50 所示。

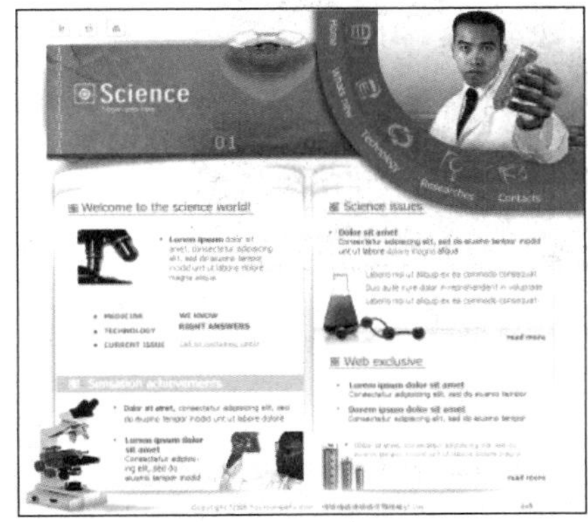

图 13-48 素材文件

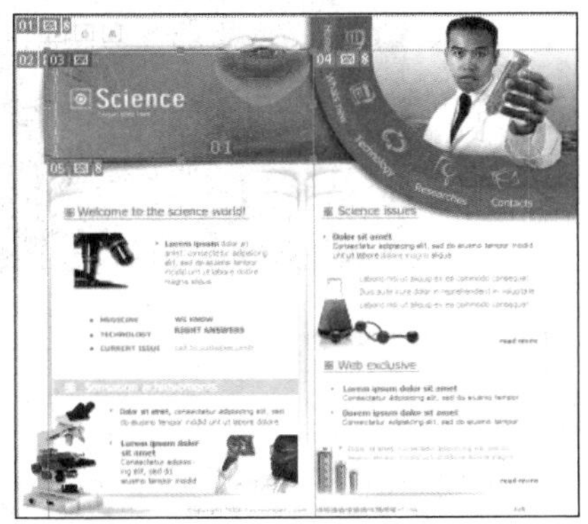

图 13-49 创建切片图

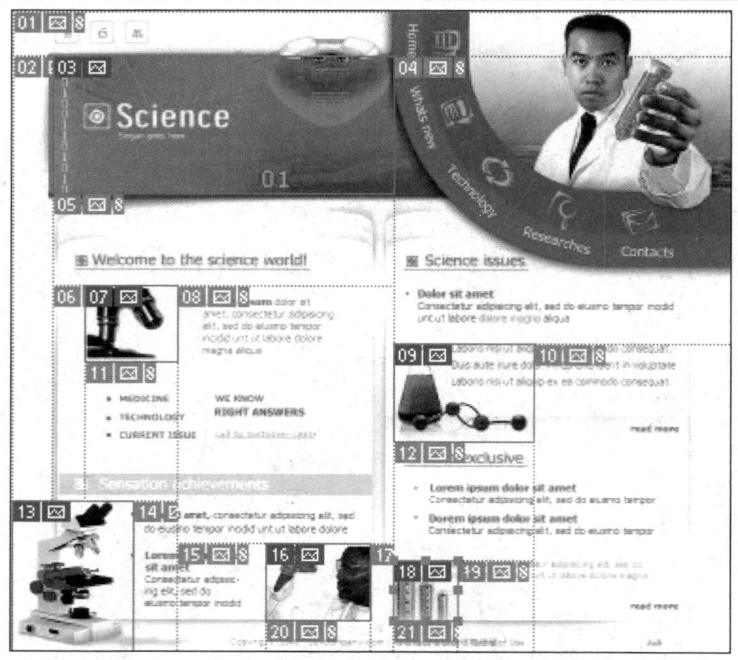

图 13-50 创建其他切片

13.4.3 编辑切片

创建切片后，可以对切片进行编辑，如命名、信息、链接等。选取“切片选择工具”，双击切片，将弹出“切片选项”对话框，在其中可以对切片进行详细设置，如图 13-51 所示。

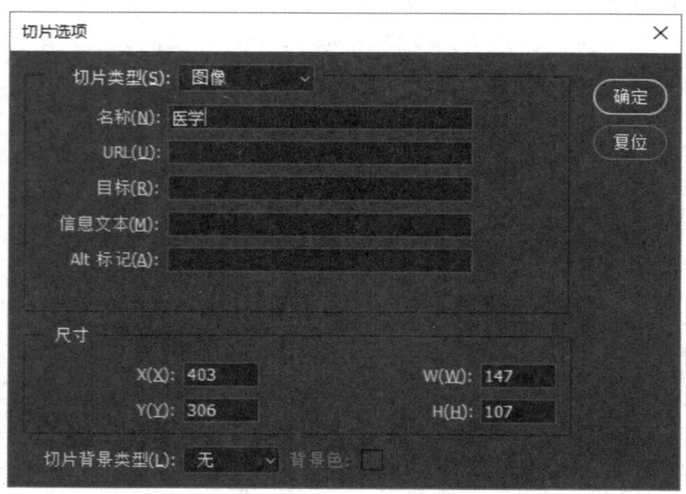

图 13-51 “切片选项”对话框

选项解析

- “切片类型”下拉列表框：可以选择切片的类型。
- “名称”文本框：用于设置切片的名称。

❋ URL：用于设置切片的链接地址。

❋ "信息文本"文本框：用于设置切片的提示信息。

典型应用

（1）打开一幅素材图像，如图 13-52 所示。

（2）选取"切片工具"在图片上创建切片，如图 13-53 所示。

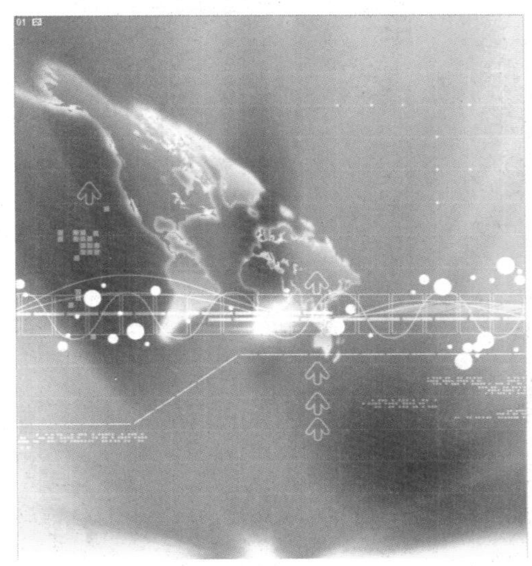

图 13-52　素材文件

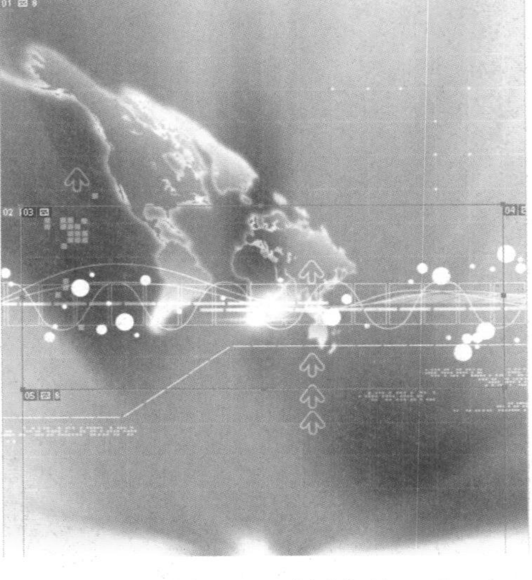

图 13-53　创建切片

（3）选取"切片选择工具"，双击切片，在弹出的"切片选项"对话框中，设置切片选项，如图 13-54 所示。

（4）单击"确定"按钮，再单击"文件"|"存储为 web 和设备所用格式"命令，将弹出"存储为 web 和设备所用格式"对话框，如图 13-55 所示。

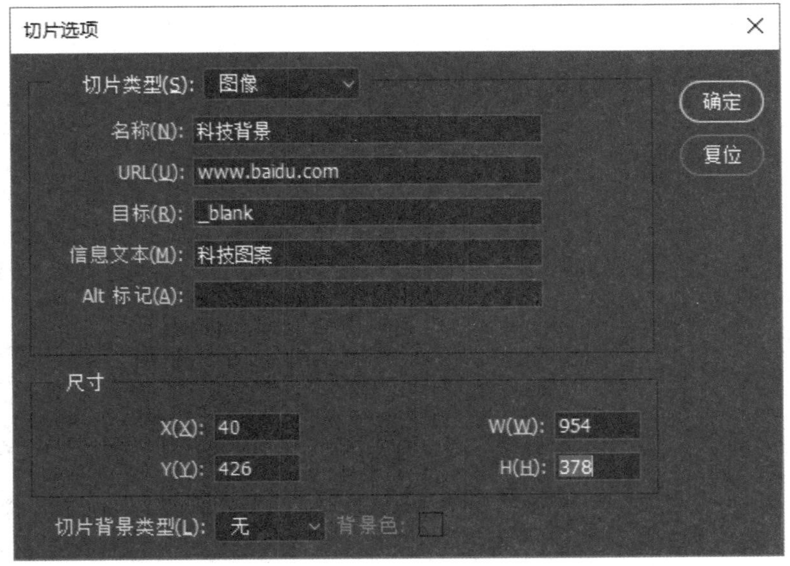

图 13-54　"切片选项"对话框

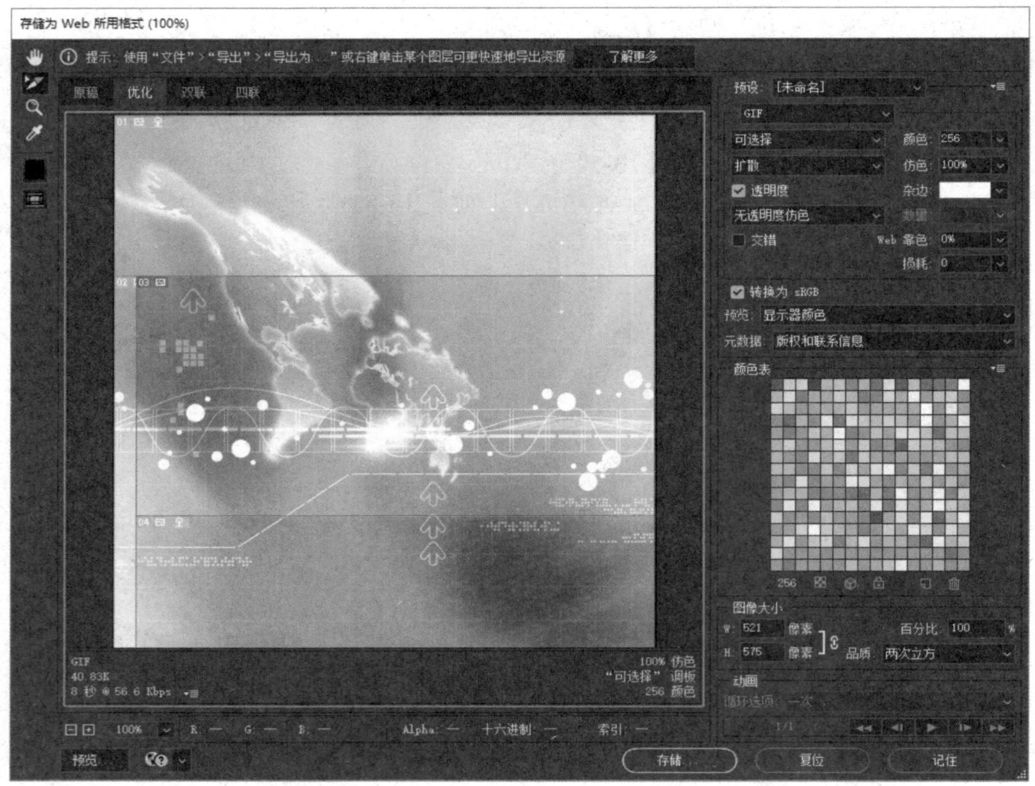

图 13-55 “存储为 web 和设备所用格式”对话框

（5）单击“存储”按钮，在弹出的“将优化结果存储为”对话框中将文件格式设置为“html 和图像”，单击“保存”按钮，如图 13-56 所示。

（6）用浏览器打开保存的 html 文件，移动鼠标移至创建的切片处，在状态栏将显示提示信息，如图 13-57 所示。

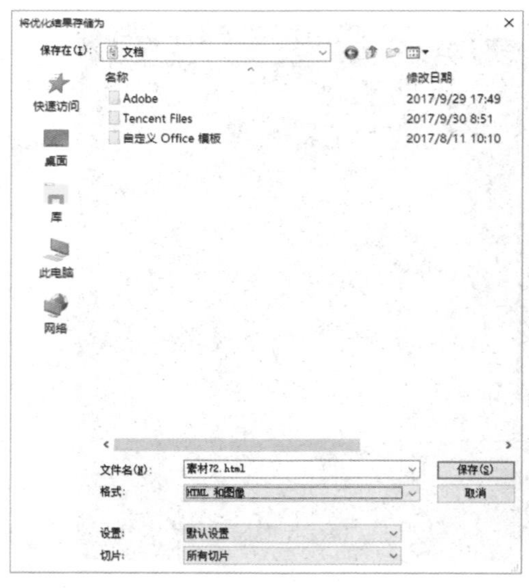

图 13-56 存储文件

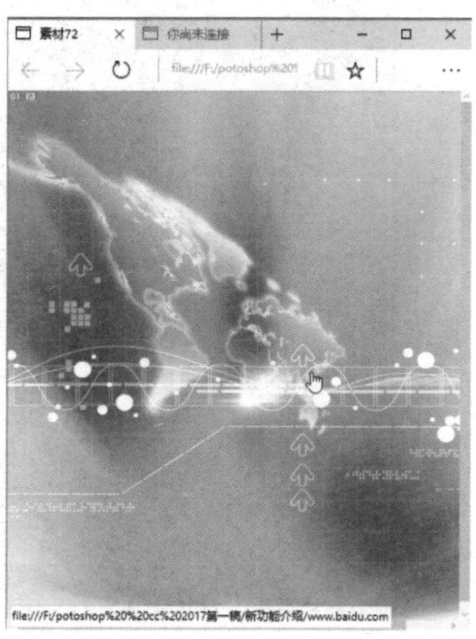

图 13-57 显示提示信息

在浏览器上单击切片，将链接至“百度”首页。

课堂实战——制作折扇

本例通过使用动作命令，制作逼真的折扇形状，通过此实例对前面的知识点进行总结，最终效果如图13-58所示。

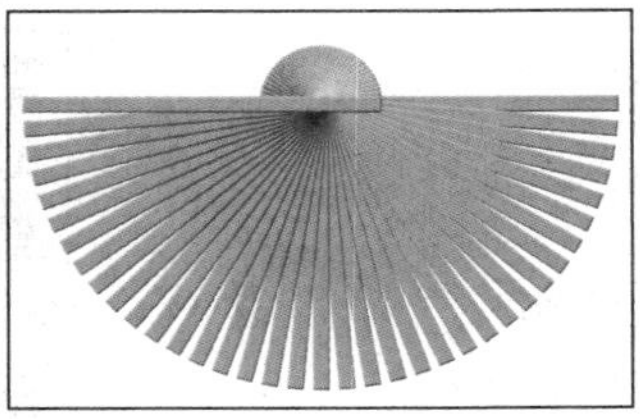

图13-58　折扇效果

实战操作

本实例使用“动作”选项卡，制作折扇效果，其具体操作步骤如下：

（1）新建文件，如图13-59所示。

（2）在工具箱中选取矩形选框工具，绘制如图13-60所示的选区。

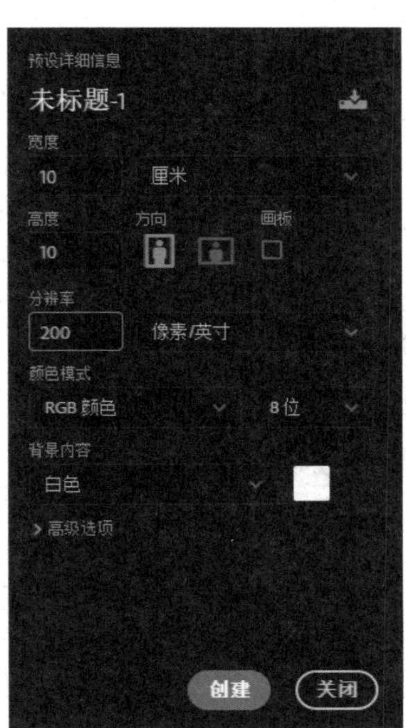

图13-59　“新建”对话框

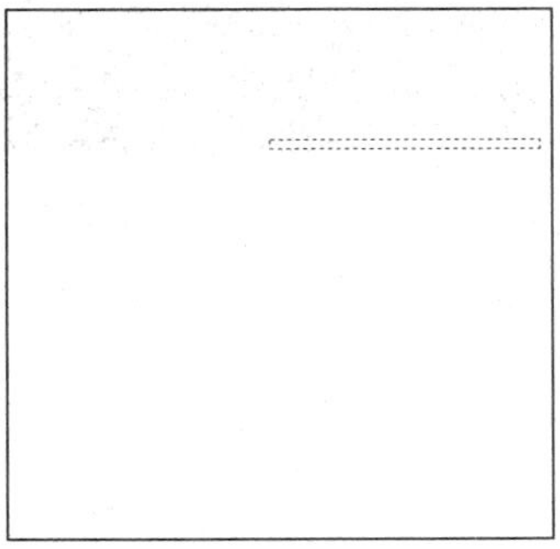

图13-60　绘制选区

（3）新建图层，在工具箱中选取油漆桶工具，设置填充属性为“图案”，图案为“木纹”，在选区内填充图案，效果如图13-61所示。

（4）双击新建的图层，为图层添加“斜面与浮雕”图层样式，参数设置如图13-62所示。

（5）单击“确定”按钮。按【Alt+F9】组合键打开“动作”选项卡，新建“扇形”动作，如图13-63所示。

（6）单击“记录”按钮开始记录动作，按【Ctrl+J】组合键复制图层，“图层”选项卡如图13-64所示。

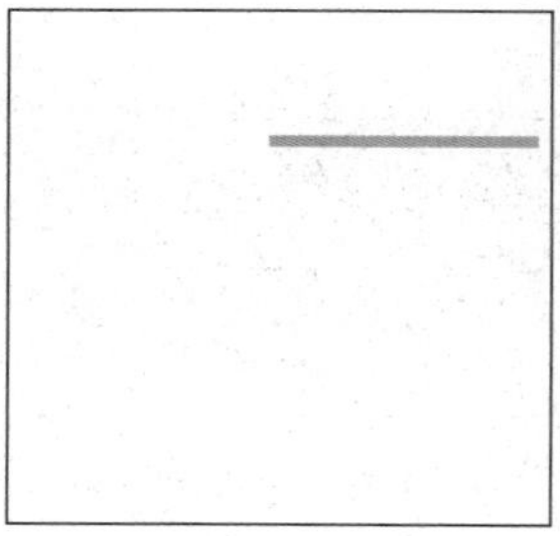

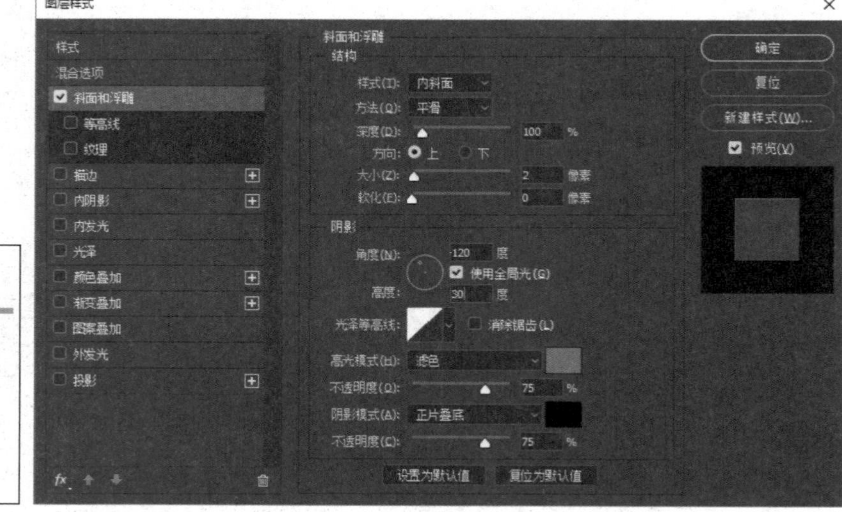

图 13-61 填充图案

图 13-62 添加图层样式

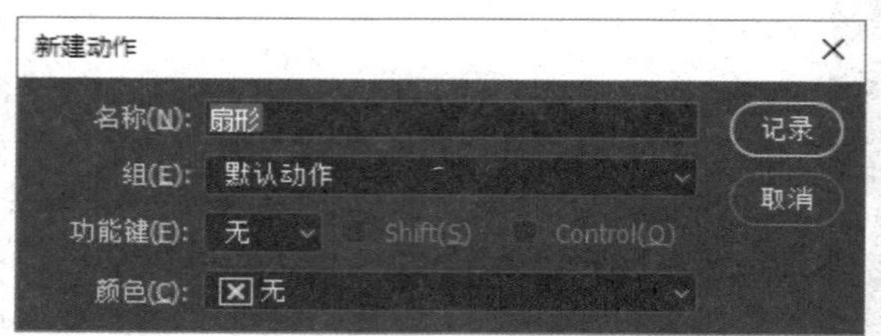

图 13-63 “新建动作”对话框

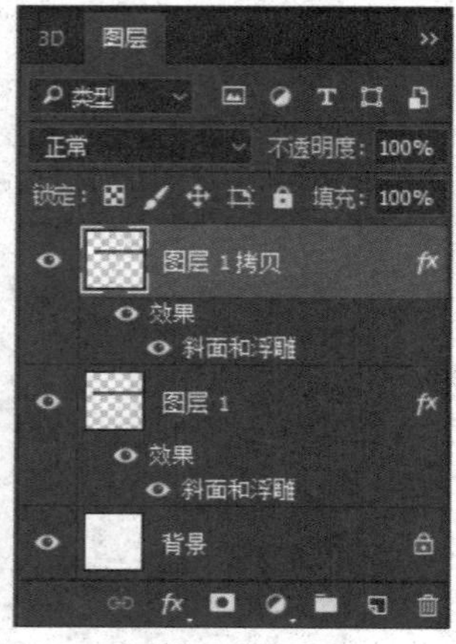

图 13-64 复制图层

（7）按【Ctrl+T】组合键，调出变换控制框，将变换中心调整至左侧，如图 13-65 所示。

（8）在属性栏中，设置旋转角度为 5，按【Ctrl+Enter】组合键确认变型，效果如图 13-66 所示。

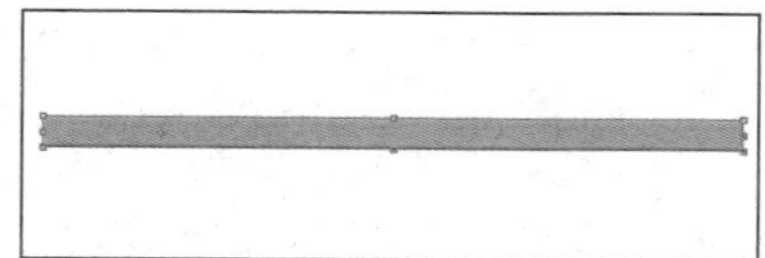

图 13-65 移动变换中心

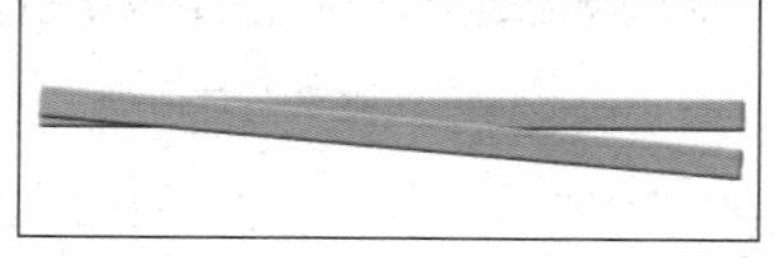

图 13-66 旋转图形

（9）在“动作”选项卡中停止录制动作，在“动作”选项卡中单击“播放选定动作”按钮 35 次，最终效果可参见图 13-58。

课堂总结

本章主要讲述了动作的应用和网络的优化。使用动作，可以使一些复杂的操作简单化，读者在学习时要重点理解动作的创建过程；优化图像主要应用于网络图像的处理上，基于 Photoshop 强大的优化功能，图像的优化不但显得智能化，而且数字化。读者在学习时应结合课堂指导内容灵活地应用。经过对本章的学习应掌握以下要点：

（1）在讲述动作时，要能够灵活地创建并使用动作。

（2）在讲述网络图像优化时，能够理解切片的作用，这对于网站编辑来说是至关重要的。

课后巩固

一、填空题

1．使用________工具，可以非常轻松地完成大量图像的处理过程，从而减少工作量。

2．使用________命令可以将局部图像自动合成全景照片。

3．当前 Web 图像格式有 3 种：________、________和________格式。

二、简答题

1．如何载入动作？

2．Photomerge 有何作用？

3．如何优化图像？

三、上机操作

1．创建动作，制作如图 13-67 所示的图形。

图 13-67　使用动作制作的图形

关键提示：绘制渐变填充图形，创建动作，复制图形。

2．使用 Photomerge 合成如图 13-68 所示的全景照。

素材 1

素材 2

图 13-68 全景照片

关键提示：分别拍摄两张不同位置的风景照，使用 Photomerge 合成全景照片。

第14章 Photoshop商业案例演练

本章导读

平面设计是 Photoshop 最主要的功能，本章将通过几个典型实例的设计与制作，向读者介绍 Photoshop 在商业平面设计中的应用。

学习目标

- 产品广告的设计
- 包装设计
- 网页元素的制作
- 电影海报的制作
- 房产广告的制作

14.1 产品广告

广告可以简单地理解为广而告之的意思，但随着经济的发展广告业应运而生，现在广告已成为现代商品经济活动的重要组成部分，是商家为达到盈利目的而选择的宣传方式。本节通过液晶平板电视广告，向大家介绍产品广告的制作流程，其最终效果如图 14-1 所示。

扫描观看本节视频

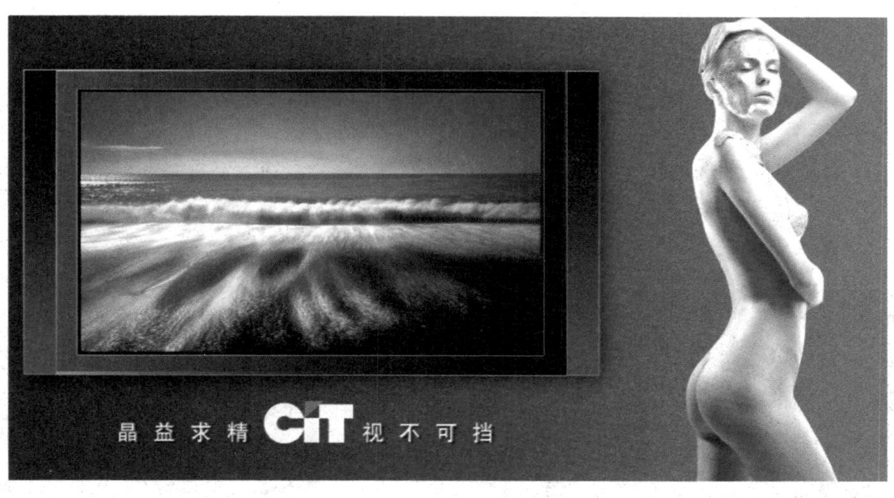

图 14-1 液晶平板电视广告效果

实战操作

本实例主要使用选框工具，渐变工具和“黑白”命令，制作产品广告效果，具体操作步骤如下：

（1）新建文件，参数设置如图14-2所示。

（2）单击“创建”按钮，新建文档。选取渐变工具，在“渐变编辑器”对话框中，调整参数设置，从左至右分别设置色标颜色值，依次为“R16、G43、B51”“R32、G82、B92”“R58、G121、B135”和“R81、G138、B146”，如图14-3所示。

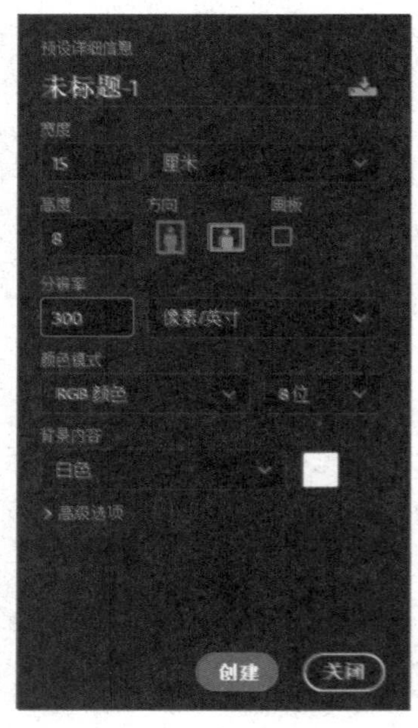

图14-2 “新建”对话框

图14-3 “渐变编辑器”对话框

（3）设置渐变类型为“线性渐变”，从右至左应用渐变，效果如图14-4所示。

（4）单击“滤镜”|“杂色”|“添加杂色”命令，在弹出的“添加杂色”对话框中设置参数，如图14-5所示。

图14-4 应用渐变

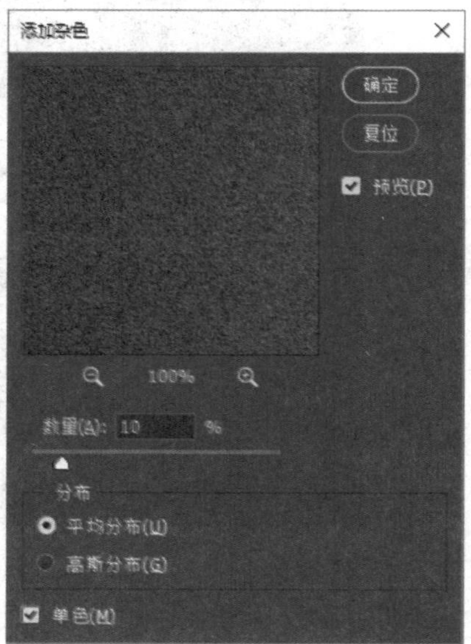

图14-5 “添加杂色”对话框

（5）单击“确定”按钮，效果如图 14-6 所示。

（6）在工具箱中选取矩形选框工具，绘制矩形选框，如图 14-7 所示。

图 14-6 添加杂色后的效果

图 14-7 绘制选框

（7）修改渐变设置，从左至右的色标值依次为“R223、G226、B229”“R53、G72、B86”和“R0、G0、B0”，如图 14-8 所示。

（8）新建图层，应用渐变并取消选区，效果如图 14-9 所示。

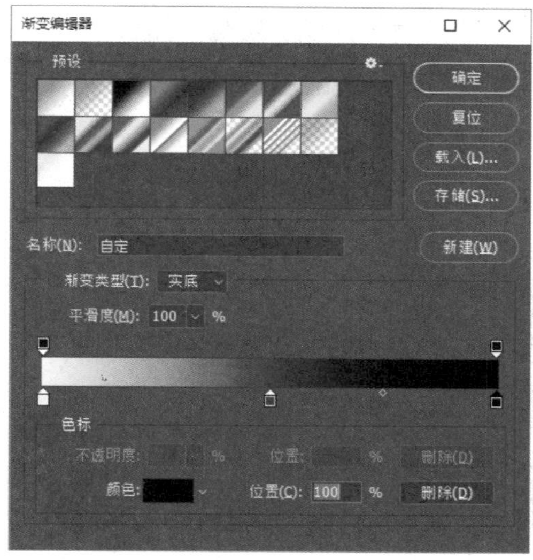

图 14-8 修改渐变颜色

图 14-9 应用渐变

（9）使用矩形选框工具绘制矩形选区，选区的大小比上一矩形略小，如图 14-10 所示。

（10）修改渐变色标颜色值，从左至右依次为“R63、G87、B99”“R33、G38、B56”和“R0、G0、B0”，新建图层并应用渐变，效果如图 14-11 所示。

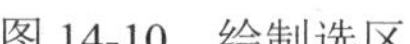

图 14-10 绘制选区

图 14-11 应用渐变

（11）双击“图层 1”，在弹出的“图层样式”对话框中，为“图层 1”添加“描边”图层样式，设置描边“大小”为 1 像素，颜色为“R207、G207、B209”，如图 14-12 所示。

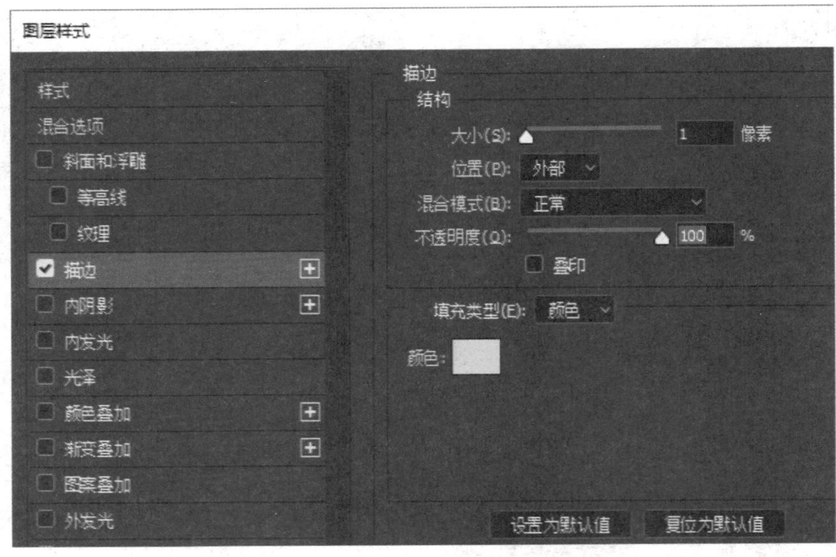

图 14-12　“图层样式”对话框

（12）单击“确定”按钮，效果如图 14-13 所示。

图 14-13　描边效果

（13）继续使用矩形选框工具，绘制选区，如图 14-14 所示。

（14）在图层顶部新建图层。设置前景色为黑色，按【Alt+Delete】组合键填充前景色，效果如图 14-15 所示。

图 14-14　绘制选区

图 14-15　填充黑色

（15）使用矩形选框工具，绘制选区，如图 14-16 所示。

（16）修改渐变设置，色标值从左至右依次为“R124、G125、B129”“R214、G215、B216”和“R124、G125、B129”，新建图层并从上向下应用渐变，效果如图 14-17 所示。

图 14-16　绘制选区

图 14-17　应用渐变

（17）按住【Ctrl】键，单击“图层 4”的缩略图，调出选区，单击“选择”|“修改”|“收缩”命令，在弹出的“收缩”对话框中，设置收缩值，如图 14-18 所示。

（18）单击“确定”按钮。修改渐变设置，从左至右设置色标值颜色为“R75、G87、B93”和“R0、G0、B0”，应用渐变并取消选区，效果如图 14-19 所示。

图 14-18 “收缩选区”对话框

图 14-19　应用渐变

（19）复制“图层 4”，并将复制的图层移动至合适位置，如图 14-20 所示。

（20）为“图层 3”添加描边，效果如图 14-21 所示。

图 14-20　复制图层

图 14-21　添加描边

（21）选择除背景层以外的所有图层，按【Ctrl＋E】组合键合并图层，然后为合并所得的图层添加“投影”图层样式，参数设置如图 14-22 所示。

（22）单击“确定”按钮，效果如图 14-23 所示。

图 14-22 添加阴影效果

图 14-23 添加投影后的效果

（23）打开一个素材文件，拖动素材至正在编辑的图像内，并调整至合适大小，如图 14-24 所示。

（24）选择平板电视所在图层，在工具箱中选取魔棒工具，在工具选项栏中选中“连续”复选框，在黑色区域单击鼠标创建选区，如图 14-25 所示。

图 14-24 粘贴图像

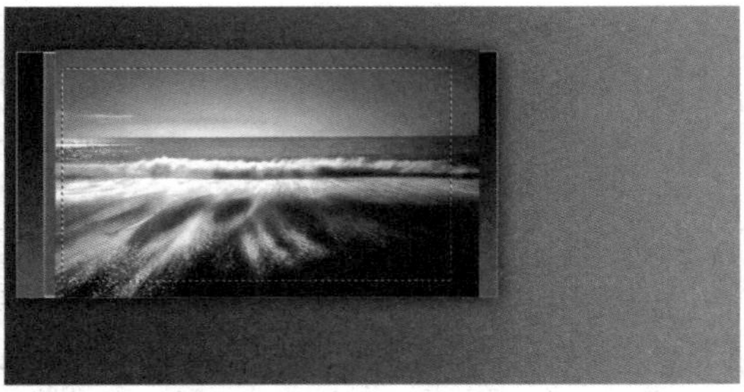

图 14-25 创建选区

（25）单击“选择”|“修改”|“收缩”命令，在弹出的“收缩”对话框中，设置收缩值为 5，如图 14-26 所示。

（26）单击“确定”按钮，选择海洋图像所在图层，为图层添加蒙版，效果如图 14-27 所示。

图 14-26 “收缩选区”对话框

图 14-27 添加蒙版

（27）拖入另一个素材文件，如图 14-28 所示。

（28）单击“图像”|“调整”|“黑白”命令，在弹出的“黑白”对话框中的预设下拉列表中选择“中灰密度”选项，如图 14-29 所示。

图 14-28 调入素材图像

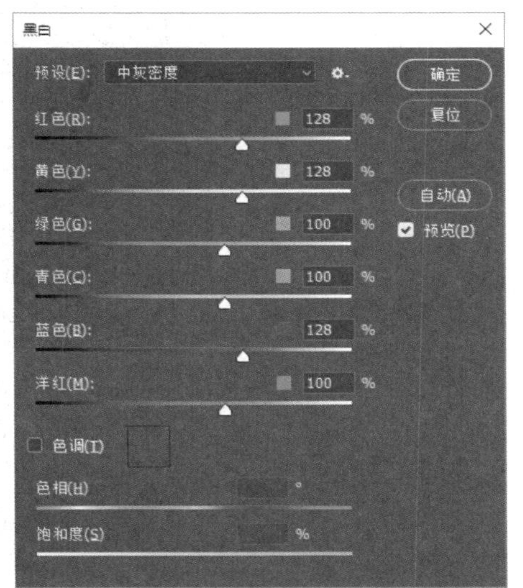

图 14-29 “黑白”对话框

（29）单击“确定”按钮，关闭对话框，调整后的图像效果如图 14-30 所示。

（30）使用文本工具输入文本，字体为黑体，颜色为白色，大小为 18 点，为文本图层添加阴影图层样式，参数为默认设置，如图 14-31 所示。

（31）在广告页面中加上 logo，最终效果如图 14-32 所示。

图 14-30 调整图像后的效果

图 14-31 输入文本

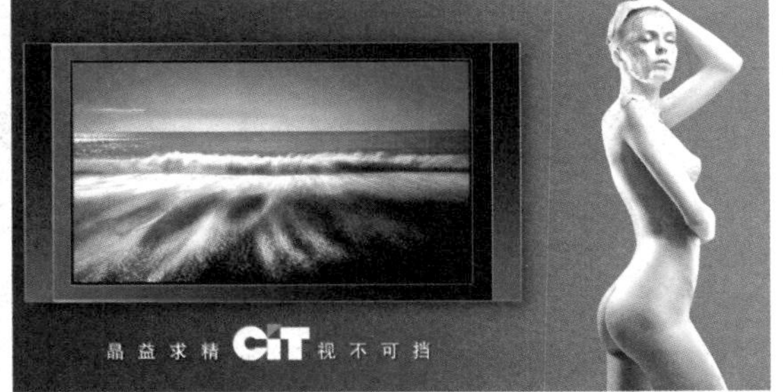

图 14-32 调入 logo

14.2 包装设计

包装是指在商品流通过程中为保护产品，方便储运，促进销售及辅助物等的总称。本例通过制作皮质包装，向大家介绍包装设计的方法。最终效果如图 14-33 所示。

扫描观看本节视频

图 14-33 包装设计效果

实战操作

本实例使用渐变、文本和“网状”滤镜制作皮革效果，具体操作步骤如下：

（1）新建文件，参数设置如图 14-34 所示。

（2）单击“创建”按钮创建文档。选择渐变工具修改渐变类型，如图 14-35 所示。

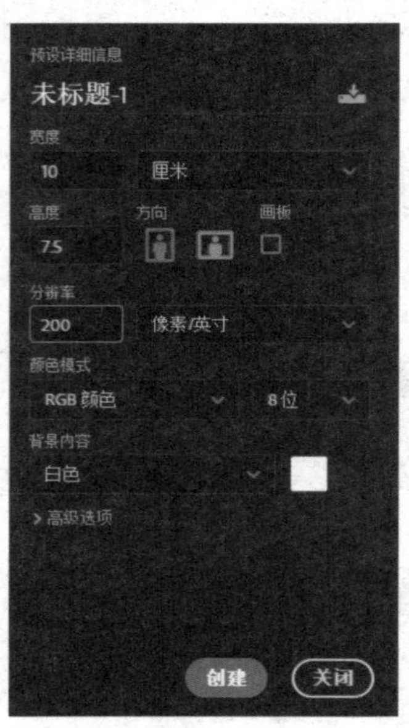

图 14-34 “新建”对话框

图 14-35 修改渐变设置

专家提醒

若“渐变编辑器”对话框中出现的渐变颜色不符合要求，可单击“随机化”按钮进行变换，选择合适的渐变。

（3）在画布垂直方向应用渐变，效果如图 14-36 所示。

（4）按【Ctrl+U】组合键，在弹出的“色相/饱和度”对话框中选中“着色”复选框，并修改参数，如图 14-37 所示。

图 14-36　应用渐变后的效果

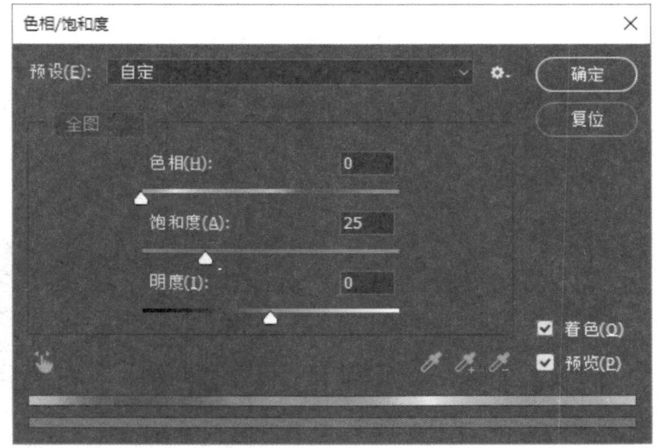

图 14-37　"色相/饱和度"对话框

（5）单击"确定"按钮，渐变效果如图 14-38 所示。

（6）按【Ctrl＋M】组合键打开"曲线"对话框，修改参数如图 14-39 所示。

图 14-38　渐变效果

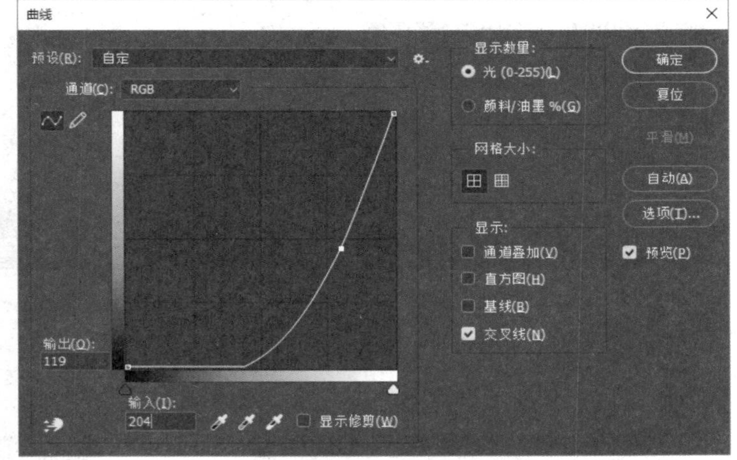

图 14-39　调整曲线

（7）单击"确定"按钮，效果如图 14-40 所示。

（8）在工具箱中选取"圆角矩形工具"，在工具选项栏中设置圆角半径为 10 像素，绘制路径，如图 14-41 所示。

图 14-40　调整曲线后的效果

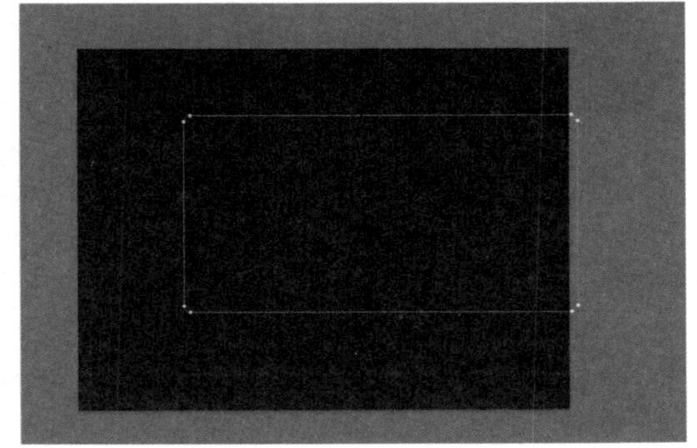

图 14-41　绘制路径

（9）按【Ctrl＋Enter】组合键将路径转换为选区，设置前景色为暗红色（R87、G20、B0），新建图层，按【Alt＋Delete】组合键填充前景色，效果如图14-42所示。

（10）按【Ctrl＋D】组合键取消选区，按【Ctrl＋J】组合键复制图层，按【X】键切换前景色和背景色。单击“滤镜”|“素描”|“网状”命令，在弹出的“网状”对话框中设置参数，如图14-43所示。

图14-42　填充前景色

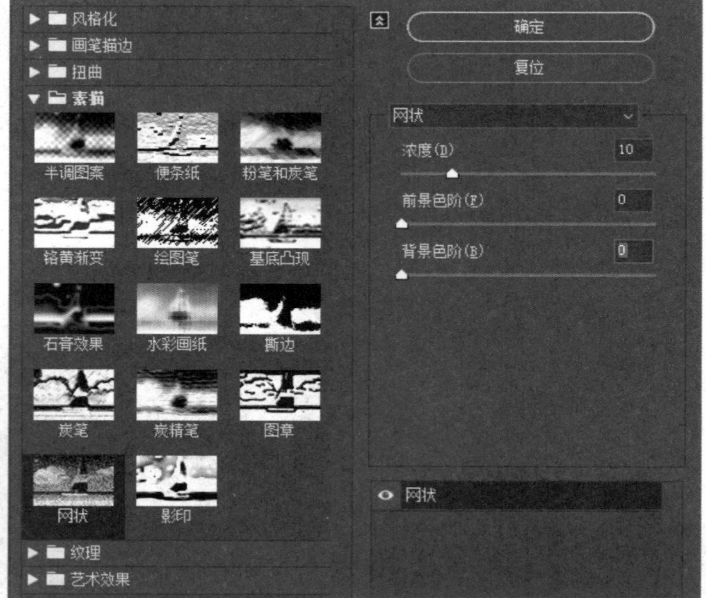

图14-43　应用“网状”滤镜

（11）单击“确定”按钮，效果如图14-44所示。

（12）将“图层1副本”图层的混合模式设置为“柔光”，效果如图14-45所示。

图14-44　添加网状滤镜后的效果

图14-45　更改图层混合模式后的效果

（13）按【Ctrl＋E】组合键向下合并图层，然后继续使用圆角矩形工具绘制路径，如图14-46所示。

（14）按【Ctrl＋Enter】组合键将路径转换为选区，按【Ctrl＋J】组合键复制图层。为“图层1”添加图层样式，如图14-47所示。

图 14-46 绘制路径

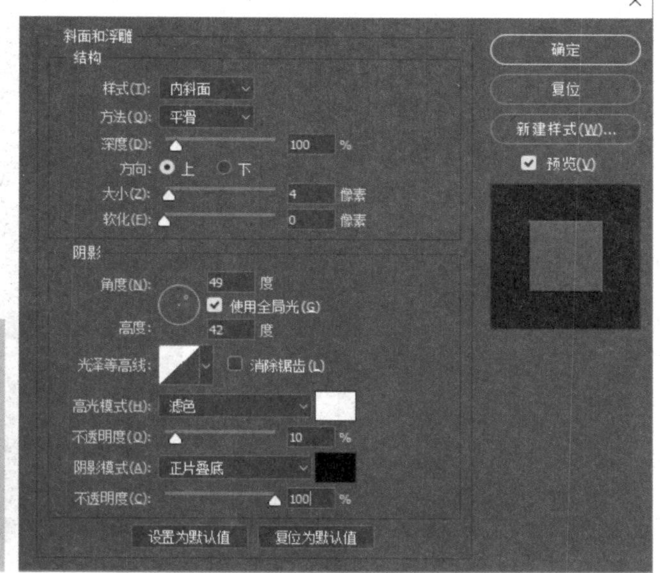

图 14-47 图层 1 添加效果

（15）单击“确定”按钮，效果如图 14-48 所示。

（16）为“图层 2”添加图层样式，如图 14-49 所示。

图 14-48 添加图层样式后的效果

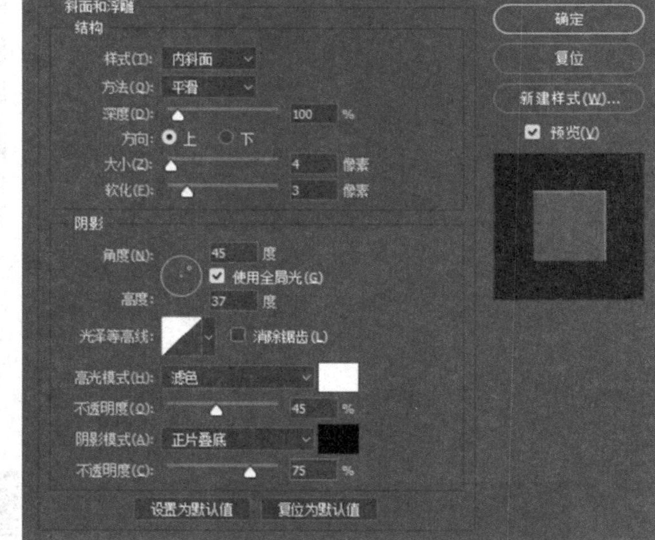

图 14-49 图层 2 添加效果

（17）单击“确定”按钮，效果如图 14-50 所示。

（18）在工具箱中选取渐变工具，修改渐变设置，并在位置 0、20、75 和 100 处分别添加色标，并分别修改颜色值为“R255、G252、B0”和“R255、G96、B0”黑色、黑色，如图 14-51 所示。

图 14-50　添加图层样式后的效果

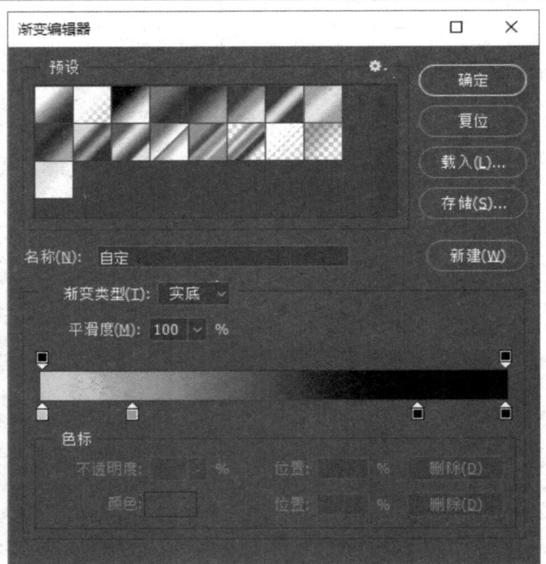

图 14-51　修改渐变设置

（19）单击“确定”按钮，然后新建图层，设置渐变类型为“径向渐变”，按住【Ctrl】键，单击“图层2”缩略图提取选区，应用渐变，效果如图14-52所示。

（20）按【Ctrl+D】取消选区，修改“图层3”的混合模式为“柔光”，效果如图14-53所示。

图 14-52　应用渐变

图 14-53　修改图层混合模式

（21）使用文本工具输入文本，并调整至合适大小，字体为黑体，白色，效果如图14-54所示。

（22）在工具箱中，选取自定义形状工具，在工具选项栏中，选取“注册商标符号”绘制路径并在新图层填充白色，效果如图14-55所示。

图 14-54　输入文本

图 14-55　绘制注册商标符号

（23）栅格化文本图层，然后使用背景橡皮擦工具，擦除部分图形，如图 14-56 所示。

（24）使用椭圆选框工具，绘制正圆选区并在新图层填充白色，如图 14-57 所示。

图 14-56　擦除部分图形

图 14-57　绘制圆

（25）单击“窗口”|“样式”命令，在打开的“样式”选项卡中单击菜单按钮■，在弹出的快捷菜单中选择 web 样式选项，在列表框中选择“黑色电镀金属”样式，效果如图 14-58 所示。

（26）在“图层”选项卡中，隐藏“投影”图层样式，效果如图 14-59 所示。

图 14-58　应用样式后的效果

图 14-59　隐藏投影后的效果

（27）按【Ctrl＋Shift＋Alt＋E】组合键，盖印图层。按住【Ctrl】键单击“图层 2”的缩略图，提取选区，按【Ctrl＋J】组合键复制图层，然后使用钢笔工具绘制路径，如图 14-60 所示。

图 14-60　绘制路径

（28）按【Ctrl＋Enter】组合键将路径转换为选区，按【Delete】键删除图像，然后为“图层 7”添加图层样式，如图 14-61 所示。

（29）单击“确定”按钮，最终效果可参照图 14-33。

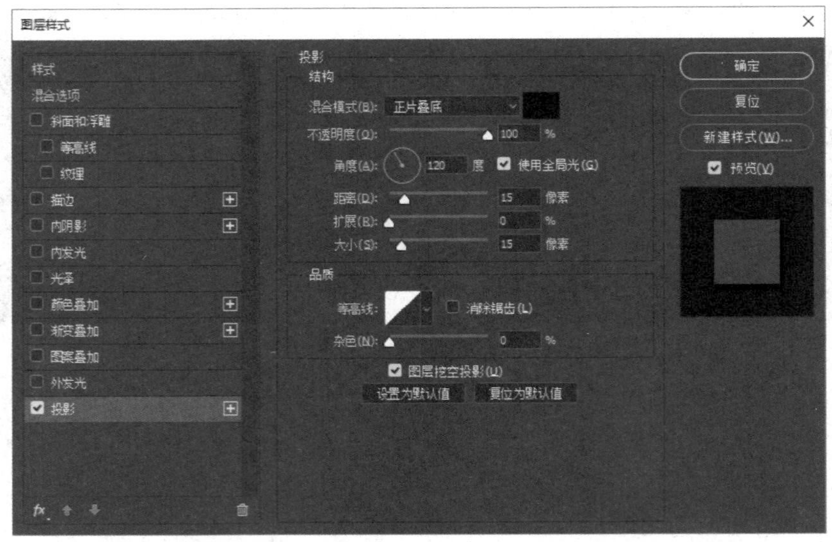

图 14-61 “图层样式”对话框

14.3 网页元素制作

网页元素是构成网站的重要元素，它以小巧，精致为特点，本实例的最终效果如图 14-62 所示。

扫描观看本节视频

实战操作

本实例主要使用对图层样式和复制图层加以灵活运用，制作网页元素效果，具体操作步骤如下：

（1）新建文件，参数设置如图 14-63 所示。

图 14-62 网页元素效果

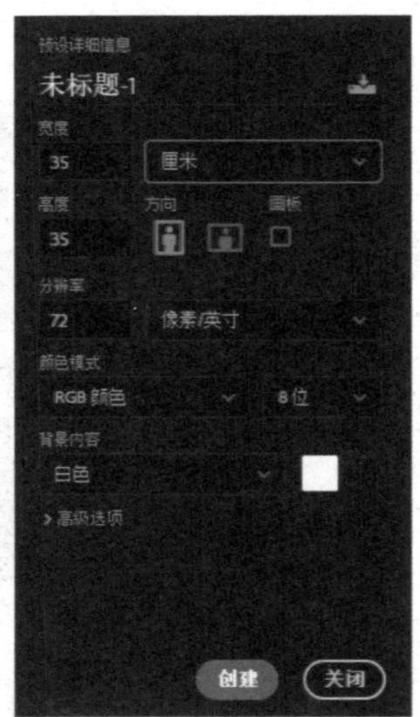

图 14-63 “新建”对话框

（2）单击“创建”按钮创建文件。设置前景色为 R169、G92、B0，新建图层，按【Alt＋Delete】组合键，填充前景色，效果如图 14-64 所示。

（3）拖入素材文件，移动至合适位置，如图 14-65 所示。

图 14-64　填充前景色

图 14-65　拖入素材文件

（4）按【Ctrl＋J】组合键复制图层，使用移动工具移动图层，使图案布满画布，效果如图 14-66 所示。

（5）按【Ctrl＋E】组合键合并图层，设置图层的混合模式为“正片叠底”，并将图层的不透明度设置为 20%，效果如图 14-67 所示。

图 14-66　复制图层

图 14-67　修改图层混合模式

（6）在工具箱中，选取矩形选框工具，绘制选区，如图 14-68 所示。

（7）设置前景色为黑色，新建图层，按【Alt＋Delete】组合键填充前景色并按【Ctrl＋D】组合键取消选区，效果如图 14-69 所示。

图 14-68　绘制选区

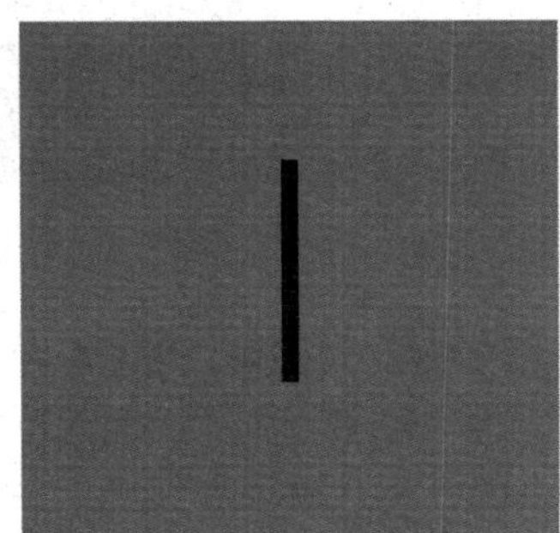

图 14-69　填充前景色

（8）设置前景色为 R118、G78、B43，新建图层，创建矩形选区，填充前景色，效果如图 14-70 所示。

（9）使用减淡工具，将“图层 4”左上角的图像稍微减淡，效果如图 14-71 所示。

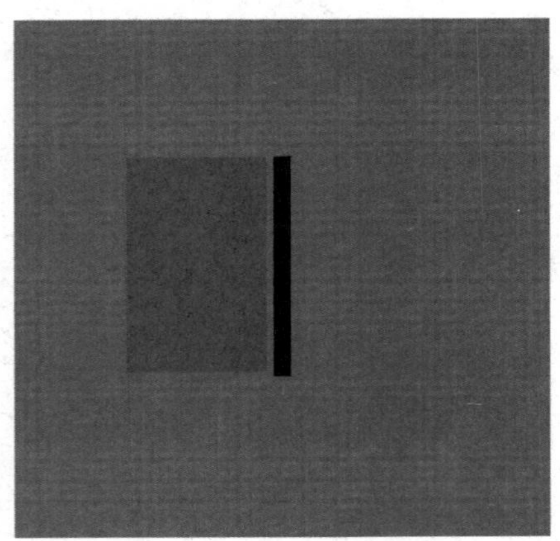
图 14-70　绘制选区并填充前景色

图 14-71　减淡图像

（10）为“图层 4”添加“投影”图层样式，如图 14-72 所示。

（11）为“图层 4”添加“渐变叠加”图层样式，如图 14-73 所示。

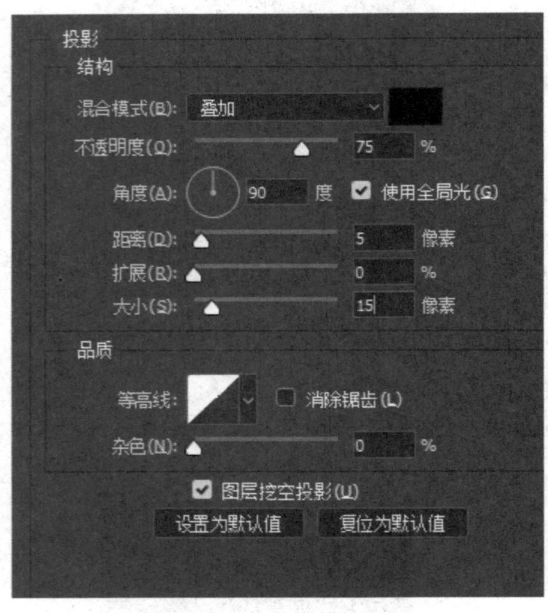

图 14-72　添加投影

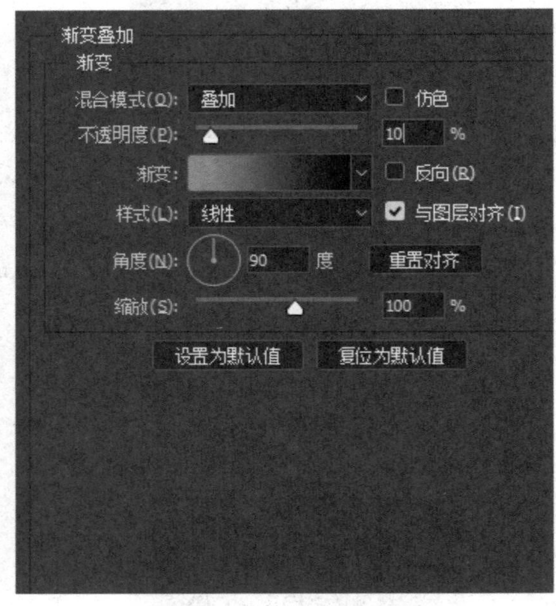

图 14-73　添加“渐变叠加”样式

（12）单击“确定”按钮，效果如图 14-74 所示。

（13）按【Ctrl＋J】组合键复制图层，按【Ctrl＋T】组合键调出变换控制框，变换图形，并将该图层填充为白色，效果如图 14-75 所示。

图 14-74　添加图层样式后的效果

图 14-75　填充白色

（14）按【Ctrl＋J】组合键复制图层，修改复制所得图层的图层样式，“投影”图层样式设置如图 14-76 所示。

（15）“渐变叠加”图层样式，修改为如图 14-77 所示。

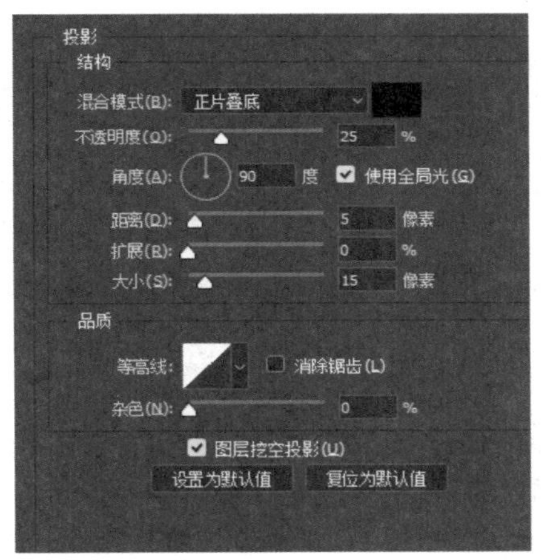

图 14-76　复制图层并修改图层样式

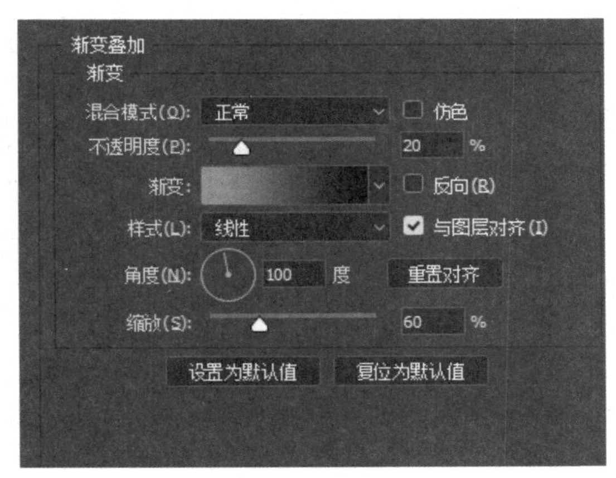

图 14-77　修改“渐变叠加”图层样式

（16）修改图层样式后的效果，如图 14-78 所示。

（17）按【Ctrl＋J】组合键复制图层，按【Ctrl＋T】组合键调出变换控制框，将图像放大，如图 14-79 所示。

图 14-78　修改图层样式后的效果

图 14-79　放大图像

（18）按【Ctrl＋Shift＋Alt＋T】组合键两次复制图层，效果如图 14-80 所示。

（19）设置前景色为 R201、G150、B79，绘制矩形选区，新建图层并填充前景色，效果如图 14-81 所示。

图 14-80 变换复制图像

图 14-81 绘制矩形选框并填充颜色

（20）在工具箱中选取加深工具，在图像边缘涂抹，效果如图 14-82 所示。

（21）选择图层 4 及其所有副本层，按【Ctrl＋E】组合键合并图层。按【Ctrl＋J】组合键复制图层，并将复制所得的图层水平翻转，移动至合适位置，效果如图 14-83 所示。

图 14-82 加深图像

图 14-83 水平翻转图像

（22）按【Ctrl＋T】组合键对“图层 3”图形稍作调整，合并图层 4 及其副本层，按【Ctrl＋J】组合键复制图层，变换图形，效果如图 14-84 所示。

（23）单击“滤镜”|“模糊”|“高斯模糊”命令，在弹出的“高斯模糊”对话框中设置“半径”为 8，效果如图 14-85 所示。

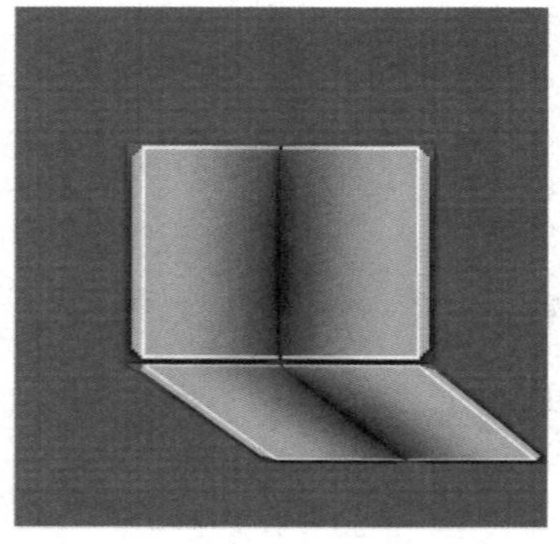

图 14-84 复制并变换图像

图 14-85 高斯模糊后的效果

（24）为图层添加图层蒙板，并遮盖部分图形，设置图层的不透明度为 50%，效果如图 14-86 所示。

（25）使用合适的字体，输入文本，并打上 logo，效果如图 14-87 所示。

图 14-86 添加蒙版并设置不透明度的效果

图 14-87 添加 logo 和文本

14.4 电影海报制作

电影海报是常见的平面广告，电影海报的艺术性非常强，它根据电影本身内容的不同而定位于不同的色调，如恐怖电影、喜剧电影、爱情电影等。本实例向读者介绍带有惊悚味的电影海报制作，最终效果如图 14-88 所示。

扫描观看本节视频

实战操作

本实例使用自定义形状工具以及文本工具，制作惊悚海报效果，具体操作步骤如下：

（1）新建文件，参数设置如图 14-89 所示。

图 14-88 电影海报效果

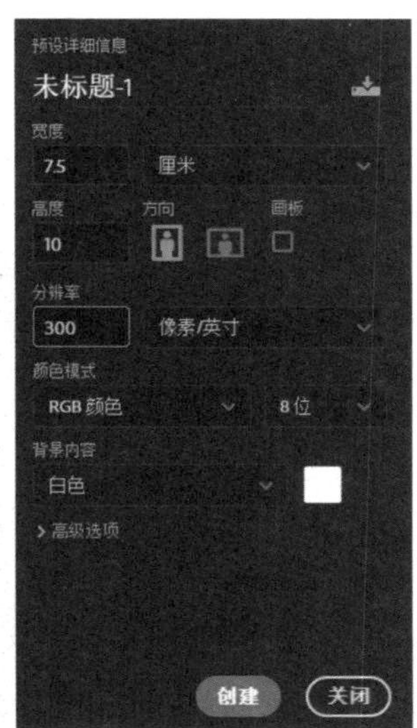

图 14-89 “新建”对话框

（2）单击“创建”按钮创建文件。设置前景色为黑色，按【Alt+Delete】组合键填充前景色，效果如图 14-90 所示。

（3）拖入素材文件，调整其大小及位置如图 14-91 所示。

图 14-90　填充黑色

图 14-91　调入素材图像

（4）为图层添加蒙版，在图像边缘使用黑色柔和画笔涂抹，效果如图 14-92 所示。

（5）拖入素材文件，如图 14-93 所示。

图 14-92　添加并修改蒙版

图 14-93　调入素材

（6）为图层添加蒙版，在图像边缘使用黑色柔和画笔涂抹，效果如图 14-94 所示。

（7）在工具箱中选取自定义形状工具，在形状列表中单击菜单按钮，在弹出的下拉列表中选择“污渍矢量包”选项，如图 14-95 所示。

图 14-94　添加并修改蒙版

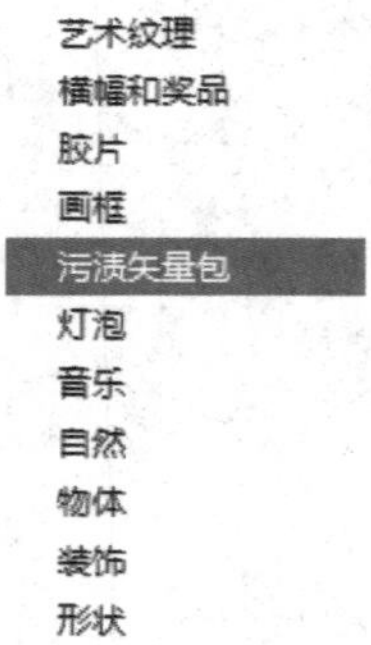

艺术纹理
横幅和奖品
胶片
画框
污渍矢量包
灯泡
音乐
自然
物体
装饰
形状

图 14-95　快捷菜单

（8）在形状列表中选择形状“污渍 3”，如图 14-96 所示。

（9）按住【Shift】键在画布上按等比例绘制路径，按【Ctrl＋Enter】组合键，将路径转换为选区，设置前景色为 R182、G3、B3，然后新建图层，按【Alt＋Delete】组合键填充前景色，效果如图 14-97 所示。

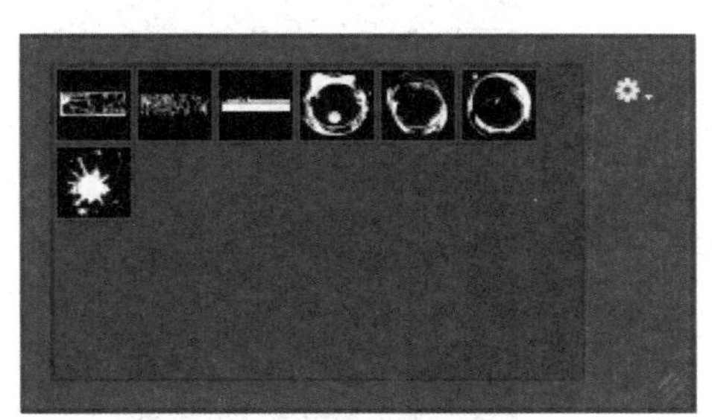
图 14-96 选择形状

图 14-97 绘制路径并填充前景色

（10）按【Ctrl＋T】组合键调出变换控制框，调整图形，效果如图 14-98 所示。

（11）按【Ctrl＋J】组合键复制图层，按【Ctrl＋T】组合键调出变换控制框，变换图形，效果如图 14-99 所示。

（12）使用文本工具输入文本，设置字体为“汉仪圆叠体简”，将文本调整至合适大小，并旋转文本，效果如图 14-100 所示。

（13）将“图层 3 副本”置为当前图层，对其进行换调整。将文本图层置为当前层，将文本稍作旋转，效果如图 14-101 所示。

图 14-98 变换图像

图 14-99 复制并变换图像

图 14-100 输入文本

图 14-101 变换文本

（14）继续使用文本工具，设置字体为黑体，输入导演名称，效果如图 14-102 所示。

（15）使用文本工具输入主演名称及影片简介，最终效果如图 14-103 所示。

图 14-102　输入文本

图 14-103　输入其他文本

14.5　房产广告

房产广告是指开发企业、房地产权利人、房地产中介机构发布的房地产项目预售、预租、出售、出租、项目转让以及其他房地产项目介绍的广告。在涉及房地产广告设计时不能不考虑到它的艺术性，因为设计的过程和最后的成品都是极具艺术性的。本实例以独栋别墅房产广告为例，向大家介绍房产广告的制作过程，本例最终效果如图 14-104 所示。

扫描观看本节视频

图 14-104　房产广告效果

实战操作

本实例使用钢笔工具、蒙版和文本工具，制作清晰自然的房产广告效果，具体操作步骤如下：

（1）新建文件，参数设置如图 14-105 所示。

（2）单击“创建”按钮创建文件。在工具箱中选取矩形选框工具绘制矩形选框，如图 14-106 所示。

（3）在工具箱中选取渐变工具，修改渐变颜色，其中左侧色标颜色值为 R4、G121、B144，右侧的色标颜色值为 R183、G233、B234，如图 14-107 所示。

（4）新建图层，应用线性渐变，效果如图 14-108 所示。

（5）取消选区，调入素材，如图 14-109 所示。

（6）为图层添加蒙版，使用黑色柔和画笔涂抹图像上部分，效果如图 14-110 所示。

（7）使用钢笔工具绘制路径，如图 14-111 所示。

（8）按【Ctrl＋Enter】组合键将路径转换为选区，在蒙版内用黑色画笔涂抹，效果如图 14-112 所示。

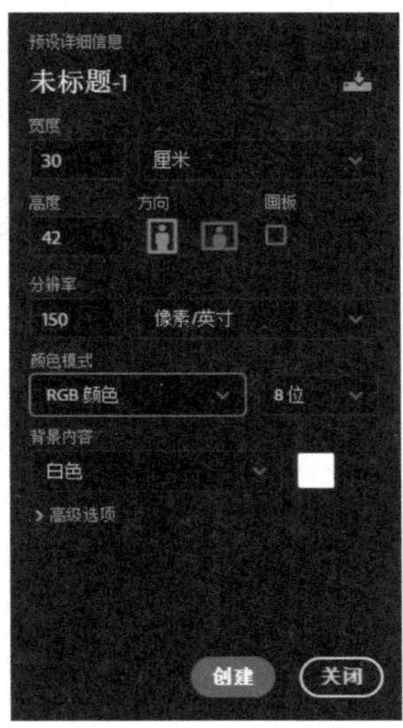

图 14-105 “新建”对话框

图 14-106 绘制选区

图 14-107 修改渐变设置

图 14-108 应用渐变

图 14-109 调入素材

图 14-110 添加并修改蒙版

图 14-111 绘制路径

图 14-112 修改蒙版

（9）调入素材，如图 14-113 所示。

（10）在“路径”选项卡中调出路径，按【Ctrl+Enter】组合键，将路径转换为选区，使用背景橡皮擦工具擦去部分图像，效果如图 14-114 所示。

图 14-113 调入素材

图 14-114 擦除图像

（11）设置前景色为 R240、G245、B225，保持显示选区的同时选择背景图层并按【Alt+Delete】组合键填充前景色，如图 14-115 所示。

（12）在背景层上方新建一图层，并调入素材，如图 14-116 所示。

图 14-115 填充前景色

图 14-116 调入素材

（13）将素材图像所在层的混合模式设置为“颜色加深”，效果如图 14-117 所示。

（14）在工具箱中选取自定义形状工具，选择电话图形绘制路径，并填充颜色（R189、G151、B128），效果如图 14-118 所示。

图 14-117　修改图层混合模式

图 14-118　绘制形状

（15）使用画笔工具，设置画笔笔头为硬质 2 号画笔，按住【Shift】键绘制直线，效果如图 14-119 所示。

（16）输入文本，效果如图 14-120 所示。

图 14-119　绘制直线

图 14-120　输入文本

（17）输入其他文本，效果如图 14-121 所示。

（18）调入地图素材，效果如图 14-122 所示。

图 14-121　输入其他文本

图 14-122　调入地图素材

（19）继续调入素材，如图 14-123 所示。

（20）在素材内输入文本，中文文本字体为“汉仪细行楷简”，数字字体为“汉仪丫丫体简”，最终效果如图 14-124 所示。

图 14-123 调入素材

图 14-124 输入文本

课堂总结

本章通过五个典型的商业案例，向大家介绍了 Photoshop CC2017 在平面设计中的应用。在学习本章时，需要注意：广告需要艺术，但广告艺术不能玩得过分。广告的目的是迅速、准确地把信息及时传递给消费者，劝说、诱导消费者购买，从而促进销售。而艺术化只是设计表现的一种技法，其最终目的仍是商业化的，而非纯艺术表现。经过本章的几个实例学习，应做到以下几点：

（1）在讲述产品广告和学习平面构图的同时，要掌握色彩的搭配及对细节的处理；

（2）在讲述包装设计时，需要掌握各种不同材质的表现手法；

（3）在制作网页元素时，要能够将元素尽量做到精致，做到这点的方法很多，例如使用图层样式可以制作出完美的按钮效果；

（4）在学习海报制作时，需要对海报所表现的内容有一个准确的把握，要慎重选择海报的整体色调，因为海报的整体色调决定了其表现的情感色彩；

（5）在制作房产广告时，亲和力和房产的庄严性需保持高度统一。

课后巩固

一、填空题

1．随着经济的发展广告业应运而生，它已成为现代商品经济活动的重要组成部分，是商家为达到________目的的宣传方式。

2．包装是指在商品流通过程中为________、________、促进销售及辅助物等的总称。

3．房产广告是指房地产开发企业、房地产权利人、房地产中介机构发布的房地产项目预售、预租、________、出租、项目转让以及其他房地产项目介绍的广告。

二、简答题

1．广告的主要目的是什么？
2．包装的用途有哪些？
3．网页元素有哪些特点？

三、上机操作

1．综合各种工具，制作如图 14-125 所示的广告效果。

图 14-125　唇膏广告

关键提示：调入素材并应用外发光图层样式，输入广告词。

2．使用变形工具，制作如图 14-126 所示的包装设计效果图。

图 14-126　包装设计效果

关键提示：

（1）沿饮料罐创建选区并为选区添加图层蒙版。

（2）使用加深工具，在饮料罐边缘涂抹。

附录 习题答案

第1章

一、填空题

1.【F】

2.【Ctrl+R】

3. 黑色

二、简答题（略）

第2章

一、填空题

1. 色彩范围

2.【Ctrl+Shift+I】

3. 钢笔

二、简答题（略）

第3章

一、填空题

1. 铅笔工具

2.【Shift】

3. 恢复图像

二、简答题（略）

第4章

一、填空题

1. 修补

2. 红眼

3. 海绵

二、简答题（略）

第5章

一、填空题

1. 加色原色

2. 色相/饱和度

3.【Ctrl+I】

二、简答题（略）

第6章

一、填空题

1.【Ctrl+G】

2. 27

3. 光泽

二、简答题（略）

第7章

一、填空题

1.【Enter】

2.【Ctrl+Enter】

3. 15

二、简答题（略）

第8章

一、填空题

1. 白色　黑色

2. 可以自由变换形状

3.【Q】

二、简答题（略）

第9章

一、填空题

1. 形状工具

2.【Shift】

3. 直接选择

二、简答题（略）

第10章

一、填空题

1. 消失点

2. 锐化

3. 纹理

二、简答题（略）

第11章

一、填空题

1. Photoshop CS4

2. 金属加工技术

3. 栅格化

二、简答题（略）

第12章

一、填空题

1. 时间轴　图层

2. “窗口”|“时间轴”

3. 中间帧

二、简答题（略）

第13章

一、填空题

1. 自动化

2. Photomerge

3. JPG、GIF、PNG

二、简答题（略）

第14章

一、填空题

1. 盈利

2. 保护产品　方便储运

3. 出售

二、简答题（略）